U0333998

算法！大爆炸

面试通关步步为营

杨峰（@算法匠人）◎著

电子工业出版社
Publishing House of Electronics Industry
北京•BEIJING

内 容 简 介

本书旨在帮助读者筑牢数据结构和算法的基础，提升职场竞争力。本书代码采用 Java 语言编写，分为上、下两篇，共 15 章。其中，第 1~9 章为上篇，讲解数据结构和算法基础，为读者全面梳理基本知识，内容涵盖线性结构、树结构、图结构、排序与查找、穷举法、递归算法、贪心算法、动态规划、回溯法；第 10~15 章为下篇，收集了 50 多道经典且有趣的大厂面试真题，针对每道题都给出了详细的分析和解答，帮助读者全面提升解决实际问题的能力，同时为读者准备笔试、面试提供帮助。

本书坚持"夯实基础、注重实践、举一反三"的理念，内容丰富翔实、妙趣横生，讲解深入浅出、清晰到位。希望能够陪伴读者在轻松愉快的氛围中学习。

本书既可作为计算机相关专业的学生以及算法爱好者学习用书，也可作为应届毕业生及社招人员笔试、面试的求职参考书，还可作为培训机构的教材。

图书在版编目（CIP）数据

算法大爆炸：面试通关步步为营 / 杨峰著. —北京：电子工业出版社，2023.2
ISBN 978-7-121-44950-5

Ⅰ．①算… Ⅱ．①杨… Ⅲ．①数据结构②算法分析 Ⅳ．①TP311.12②TP301.6

中国国家版本馆 CIP 数据核字（2023）第 016275 号

责任编辑：张　晶
印　　刷：北京天宇星印刷厂
装　　订：北京天宇星印刷厂
出版发行：电子工业出版社
　　　　　北京市海淀区万寿路 173 信箱　　邮编：100036
开　　本：787×980　　1/16　　印张：27　　字数：562 千字
版　　次：2023 年 2 月第 1 版
印　　次：2023 年 3 月第 2 次印刷
定　　价：100.00 元

凡所购买电子工业出版社图书有缺损问题，请向购买书店调换。若书店售缺，请与本社发行部联系，联系及邮购电话：（010）88254888，88258888。

质量投诉请发邮件至 zlts@phei.com.cn，盗版侵权举报请发邮件至 dbqq@phei.com.cn。

本书咨询联系方式：（010）51260888-819，faq@phei.com.cn。

前　言

在信息科技迅猛发展的今天，互联网、5G、人工智能等已成为炙手可热的行业，这些行业凭借其光明的发展前景和令人羡慕的薪资水平，吸引着一届又一届的年轻人，而进入这些行业的门槛也随之"水涨船高"。记得在我毕业找工作时，面试题目比今天容易很多，考查的内容基本就是 Java 或 C++的语法知识和基础的编程题，最多有一两道算法题"压轴"，用以区分面试者的水平。但是现在大厂的面试题更侧重于数据结构和算法，认为这样更能考查面试者的综合水平，包括基本的编程能力、计算机逻辑思维、数学功底，以及对数据结构和算法本身的理解。所以，学好数据结构和算法是通往大厂、获取高薪的必由之路，大家应该认真对待。

如何才能学好数据结构和算法呢？我认为大道至简：只要做到夯实基础、注重实践、举一反三，就一定能学通弄懂。因此在写作本书的过程中，我力求将这三点贯穿始终，努力为广大读者呈现一本适合自学和自我提高的算法书。

夯实基础是指要对数据结构和算法最基础的知识点有非常深刻的理解和认识。这就像盖大楼，地基必须夯实筑牢，否则盖出的大楼不会稳固。这似乎不言自明，但是往往容易被大家忽视。现在人们生活节奏加快，速成、抄近道的想法普遍存在，很多人希望通过背几个模板、学几个套路就把数据结构和算法搞懂，这其实是不太可能的。任何知识体系的构建都有其客观规律，只有扎扎实实地把这些基础的知识点学通透、弄明白，才能稳扎稳打、步步为营。因此我在本书的上篇中用了相当大的篇幅为读者梳理和总结数据结构和算法的基础知识，目的就是希望读者在刷题之前能够温习和巩固这些最基础、最重要的内容。只有这样，我们构建的知识体系大厦才能稳固坚硬，不但有利于应聘职位，对于大家今后从事开发和研究工作也有很多好处。

除了夯实基础，注重实践也是学好数据结构和算法的必要条件。学习数据结构和算法的最终目标是解决实际问题，所以必须进行大量的实践和练习，不断加深理解，进而提高水平。我在本书中为读者整理和分析了大量的题目，旨在帮助读者通过实践和练习提高自身的水平。

　　大家在刷题的同时，还应该清楚地认识到：题目是无穷无尽的，试图穷举出每一个题目是不可能的。我们如何在有限的时间内高效刷题，覆盖尽可能多的知识点呢？答案就是举一反三。对于一个问题，我们不应当只局限于一个思路、一种解法，而是应当尽可能多地用不同的方法求解。本书中的题目分析就充分体现出举一反三的特点，很多题目并不拘泥于单一解法，而是采取由易到难、由低级到高级的方式给出多种解法，这样读者就可以通过一个问题复习多个知识点，学习效率也会显著提高。

　　以上是我的经验总结，也是创作本书的核心理念。除此之外，与同类图书相比，本书还有以下亮点。

结构清晰，内容全面

　　本书分为上、下两篇。上篇主要介绍数据结构和算法基础知识，为读者梳理数据结构的基础知识以及常用的算法思想，方便读者复习和巩固已有知识、夯实理论基础，为后续刷题打下基础。下篇主要介绍经典的大厂面试题，通过妙趣横生的数据结构和算法题目帮助读者巩固基础、开阔思路，提高职场竞争力。

实例丰富，讲解到位

　　注重实践是本书的创作理念和主要特色，书中包含大量编程实例，从上篇的案例分析到下篇的大厂面试题，每个题目都经过精挑细选，很值得读者学习研究。同时每个题目都使用星号（★）标注其难度，从难度最小的一星（★）到难度最大的四星（★★★★），一目了然。除此之外，讲解到位是本书的另一大特点，不采用"贴代码"式的讲解，而是将每个题目的思考过程清晰地展示给读者，力求深入浅出、把问题讲清讲透，使读者在看懂题目的同时学到思考问题的正确方法，从而在遇到类似问题时能够举一反三、触类旁通。

题目经典，妙趣横生

　　本书中选取的题目多为经典的数据结构和算法题目，不但具有明确的针对性，也经常被拿来当作大厂的笔试或面试题目，因此具有很高的学习价值和实用价值。除此之外，本书中的题目还兼具趣味性，力求让读者对数据结构和算法产生兴趣，进而不再畏惧难题，愿意思考和解决它们。

读者可以关注我的微信公众号"算法匠人"并在"匠人作品"中下载全书源代码资源。让我们共同切磋，一起提高。

由于本人水平有限，书中难免存在不足和纰漏之处，欢迎广大读者批评指正。

杨峰

2023 年 2 月

目　录

上篇　数据结构与算法基础

第1章　线性结构 2

　1.1　数组 2

　　1.1.1　数组的基本概念 2

　　1.1.2　数组的定义 3

　　1.1.3　数组的基本操作 5

　　1.1.4　数组的性能分析 11

　　1.1.5　案例分析 12

　1.2　链表 19

　　1.2.1　链表的基本概念 19

　　1.2.2　链表的定义 20

　　1.2.3　链表的基本操作 21

　　1.2.4　链表的性能分析 27

　　1.2.5　不同形态的链表结构 28

　　1.2.6　案例分析 29

　1.3　栈 38

　　1.3.1　栈的基本概念 38

　　1.3.2　栈的定义 38

　　1.3.3　栈的基本操作 40

　　1.3.4　案例分析 44

　1.4　队列 50

　　1.4.1　队列的基本概念 50

　　1.4.2　队列的定义 50

     1.4.3　队列的基本操作 52
     1.4.4　双端队列 56
     1.4.5　案例分析 56

第 2 章　树结构 **64**

  2.1　树的基本概念 64
  2.2　二叉树 65
  2.3　二叉树的遍历 68
  2.4　创建二叉树 71
  2.5　二叉排序树与 AVL 树 76
  2.6　案例分析 81

第 3 章　图结构 **89**

  3.1　图的基本概念 89
  3.2　图的存储形式 92
  3.3　邻接表的实现 94
  3.4　图的遍历 97
  3.5　案例分析 103

第 4 章　排序与查找 **109**

  4.1　直接插入排序 109
  4.2　冒泡排序 112
  4.3　简单选择排序 114
  4.4　快速排序 117
  4.5　希尔排序 120
  4.6　堆排序 122
  4.7　各种排序算法的比较 129
  4.8　折半查找算法 130
  4.9　案例分析 132

第 5 章　穷举法 **139**

  5.1　穷举法的基本思想 139
  5.2　案例分析 142

第 6 章　递归算法 149

　　6.1　递归算法的基本思想 149

　　6.2　案例分析 150

第 7 章　贪心算法 159

　　7.1　贪心算法的基本思想 159

　　7.2　案例分析 160

第 8 章　动态规划 168

　　8.1　动态规划算法的基本思想 168

　　8.2　案例分析 173

第 9 章　回溯法 185

　　9.1　回溯法的基本思想 185

　　9.2　案例分析 188

下篇　大厂经典面试题详解

第 10 章　数组和字符串类面试题 200

　　10.1　数组元素的奇偶重排（★）..200

　　10.2　不改变顺序的数组元素奇偶重排（★★）..203

　　10.3　有序数组的两数之和（★★）..206

　　10.4　三数之和（★★★）..209

　　10.5　两个有序数组的交集（★★）..214

　　10.6　最长公共前缀问题（★★）..219

　　10.7　最长公共子串问题（★★★）..221

　　10.8　长度最小的连续子数组（★★★）..224

　　10.9　最长无重复子串（★★★）..232

　　10.10　删除字符数组中特定字符（★★★）..236

　　10.11　最短连续子数组问题（★★）..240

　　10.12　字符数组的内容重排（★★★）..242

　　10.13　字符串数组类面试题解题技巧 246

第 11 章　线性结构类面试题 249

11.1　约瑟夫环（★★）...249

11.2　单链表的逆置（★★）...253

11.3　判断链表中是否存在循环结构（★★）...256

11.4　判断两个链表是否相交（★★）...260

11.5　判断回文链表（★★）...265

11.6　最小栈问题（★★）...269

11.7　每日温度（★★★）...275

11.8　LRU 缓存的设计（★★★★）...281

11.9　线性结构类面试题解题技巧...291

第 12 章　二叉树类面试题 293

12.1　完全二叉树的判定（★★）...293

12.2　二叉树节点的最大距离（★★★）...298

12.3　打印二叉树中的重复子树（★★★）...302

12.4　还原二叉树（★★★★）...307

12.5　二叉树类面试题解题技巧...312

第 13 章　递归和动态规划系列面试题 315

13.1　分解质因数（★）...315

13.2　拨号盘字母组合（★★）...317

13.3　组合的总和（★★★）...322

13.4　在大矩阵中找 k（★★★）...327

13.5　跳跃游戏（★★）...332

13.6　机器人的最小路径长度（★★★）...336

13.7　聪明的侦探（★★★）...342

第 14 章　穷举法和回溯法系列面试题 347

14.1　数组元素之差的最小值（★★）...347

14.2　数的分组问题（★★）...350

14.3　最佳的碰面地点（★★★）...354

14.4　多点共线问题（★★★★）...360

14.5　复原 IP 地址（★★★）...369

14.6　矩阵中的相邻数（★★★）...372

14.7　被包围的区域（★★★）...377

第 15 章　其他类型算法面试题..**382**

15.1　相差多少天（★★）...382

15.2　万年历（★★★）...386

15.3　1 的数量（★★）...389

15.4　找出人群中唯一的"单身者"（★★）...................................392

15.5　找出人群中 3 个"单身者"中的任意一个（★★★）.......................393

15.6　空瓶换汽水问题（★★）...397

15.7　渔夫捕鱼问题（★★）...399

15.8　亲密数（★★）...401

15.9　筛选出 100 以内的素数（★★）...403

15.10　寻找丑数（★★★）..405

15.11　组成最小的数（★★★）..410

15.12　数字翻译器（★★★）..413

15.13　计算 π 值（★★★）...416

上篇　数据结构与算法基础

第1章
线性结构

1.1 数组

1.1.1 数组的基本概念

数组（Array）是最简单的数据结构，是由有限个相同类型的变量（或对象）组成的有序集合。因为数组中各元素之间是按顺序线性排列的，所以数组是一种线性数据结构。图 1-1 为数组的结构示意。

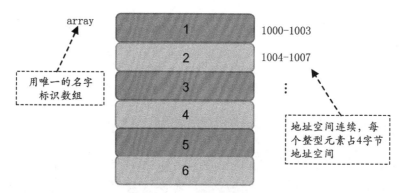

图 1-1 数组的结构示意

从图 1-1 可以看出，数组有以下特征。

（1）数组用唯一的名字标识，例如图 1-1 中的数组名为 array，通过数组名可以对数组中的元素进行引用，例如 array[0]就表示数组中的第 1 个元素"1"。

（2）数组中的元素类型必须相同，例如图 1-1 中的数组元素类型为整型，当然也可以是其他类型的变量或对象。

（3）数组的内存单元是连续的，一个数组要占据一个地址连续的内存空间。

（4）数组中的数据元素都是顺序存放的，元素之间有先后关系，数组元素之间不能存在空隙。

综上所述，数组是一类物理空间和逻辑形式都连续的线性数据结构。

本书将用 Java 代码来实现数组的定义及操作。

1.1.2　数组的定义

可以通过以下方法定义一个整型数组。

```
int[] array;
```

或者，

```
int array[];
```

上面两种定义数组的方法是等价的，不过这里更加推荐使用第 1 种方法定义数组，因为第 1 种方法更加符合 Java 的代码风格。

请注意，上面只是声明了一个引用变量 array，其本质还是一个指针，而该数组本身并不存在，也就是说在内存中还没有开辟那段连续的存储空间。要使用该数组，必须先对数组进行初始化。

在 Java 中初始化数组有两种方法：静态初始化和动态初始化。

静态初始化指在定义数组时显式地指定数组的初始值，系统会根据初始值的个数和类型自动为数组在堆内存中开辟空间。例如，

```
int[] array = {1,2,3,4,5,6}; //定义数组和初始化数组同时完成
```

或者

```
int[] array ;                //定义数组
array = new int[] {1,2,3,4,5,6};   //初始化数组
```

执行了上面的代码后，系统会在堆内存中分配 6 个 int 类型长度的内存空间，并为数组 array 初始化元素 1、2、3、4、5、6。

动态初始化指在初始化数组时仅指定数组的长度，不指定数组元素的初始值，例如，

```
int[] array = new int[6] //定义数组和初始化数组同时完成
```

或者

```
int[] array ;                      //定义数组
array = new int[6];                //动态初始化数组，只指定数组的长度
```

执行了上面的代码后，系统会在堆内存中为数组 array 分配 6 个 int 类型长度的内存空间。需要注意的是，动态初始化数组不会显式地为数组指定初始值，系统会为该数组指定默认的初始值。

如果我们希望定义更加完备的数组结构，则可以定义一个数组类，对数组的属性和操作进行封装。下面这段代码描述了如何定义一个数组类。

```
public class MyArray {
    int[] array;                   //数组本身
    int elemNumber;                //记录数组中元素的个数
    public MyArray(int capacity) {
        array = new int[capacity];         //动态初始化数组，长度为 capacity
        elemNumber = 0;                    //数组中的元素个数为 0
    }

    public boolean insertElem(int elem, int index) {
      //在数组的第 index 个位置上插入一个元素
      ......
    }
    public boolean deleteElem(int index) {
      //删除数组中第 index 个位置上的元素
      ......
    }
}
```

MyArray 是我们定义的数组类，在该类中包含两个成员变量：array 表示一个 int[]类型的数组，通过 array[index]的形式可以引用到数组中的元素；成员变量 elemNumber 表示数组中元素的数量。在调用了 MyArray(int capacity)构造函数初始化该数组后，elemNumber 被赋值为 0，这表示数组此时已在堆内存中开辟内存空间，但是还没有存入任何数据。

请注意区分数组的容量和数组中元素数量之间的区别。数组的容量指数组在堆内存中开辟出的内存单元的数量，也就是上述代码中构造函数的参数 capacity 所指定的大小，它表示该数组中最多可以存放多少个元素；而数组中元素的数量是变量 elemNumber 记录的数据，它表示该数组中当前存储的有效元素的数量，如图 1-2 所示。

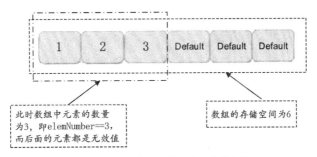

图 1-2　数组的容量和数组中元素的个数

我们可以通过 array.length() 函数获取数组的容量，所以在 MyArray 类中不需要再定义一个变量专门记录数组的容量。但是变量 elemNumber 是必需的，因为数组的容量与数组中元素的数量可能不相等，如图 1-2 所示，这就需要通过一个变量来记录数组中有效元素的数量，否则可能从数组中取出无效值。

除了 array 和 elemNumber，MyArray 类还定义了一些操作数组的方法，例如向数组中插入元素的函数 insertElem()，从数组中删除元素的函数 deleteElem() 等，可以根据需要定义不同的操作方法，我们将在后续的章节中介绍如何实现这些方法。

1.1.3　数组的基本操作

数组的基本操作包括向数组中插入元素、从数组中删除元素等。

1. 向数组中插入元素

前面已经给出了向数组中插入元素的函数，如下。

```
public boolean insertElem(int elem, int index);
```

这个函数的作用是在整型数组中的第 index 个位置上插入一个整型元素 elem。要实现该函数，首先要理解什么是数组的第 index 个位置以及什么是在数组的第 index 个位置上插入元素。

这里规定，数组中元素的位置是从 1 开始的，因此数组元素的下标与数组元素的位置相差 1，如图 1-3 所示。

这是一种约定俗成的规则，很多数据结构的书籍都是这样规定的，所以本书也沿用这一规则。当然，从 0 开始计算数组中元素的位置也是可以的，大家应当根据具体情况灵活掌握。

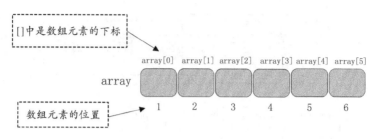

图 1-3　数组元素的下标与数组元素的位置

所谓在数组的第 index 个位置上插入元素，就是插入的这个新的元素要位于数组的第 index 个位置上，原第 index 个位置上的元素以及后续元素都要顺序向后移动一个位置。

前面已经讲到，数组中的元素之间不能存在"空隙"，因此插入新元素的位置 index 的取值范围应在 1（包含）到 elemNumber+1（包含）之间，否则数组中会出现"空隙"，从而无法判断哪些是无效的数组元素，哪些是有效的数组元素。

可以按照下面步骤来实现在数组的第 index 个位置上插入一个元素。

（1）将数组中第 index 个元素及之后的所有元素都向后移动一个位置，将数组的第 index 个位置空出来，如图 1-4 所示。

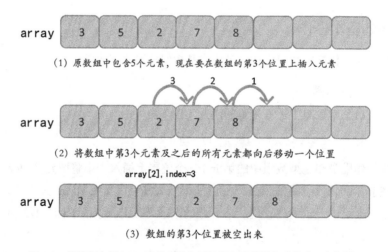

图 1-4　将数组中第 index 个元素及之后的所有元素都向后移动一个位置

需要注意的是，在移动数组元素时要从数组的最后一个元素开始，从后向前逐个移动，直到将第 index 个元素向后移动一个位置为止。在图 1-4 中，首先将第 5 个元素 array[4]向后移动一个位置，再将第 4 个元素 array[3]向后移动一个位置，最后将第 3 个元素 array[2]向后移动一个位置。只有按照这种方式移动数组元素，数据才不会被覆盖，最终将数组的第 index 个位置空出来。

（2）将新的元素插入数组的第 index 个位置，即 array[index-1]=elem；因为数组的下标与数组的位置之间相差 1，所以 array[index-1]就是数组的第 index 个元素。如图 1-5 所示。

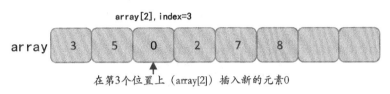

图 1-5　将新的元素插入数组的第 index 个位置

经过以上两步操作，可以将元素 elem 插入数组的第 index 个位置。最后还要将记录数组元素数量的变量 elemNumber 加 1，表示数组中元素的数量增加了 1。

下面给出向数组中插入元素的 Java 代码描述。

```java
public boolean insertElem(int elem, int index) {
    // index 的取值范围是[1,elemNumber+1]
    // 如果index 不在这个范围内，则返回 false
    if (index<1 || index > elemNumber+1)  {
        System.out.println("Insert position error ");
        return false;
    }
    //将第 index 个元素及后面的元素都向后移动一个位置
    for (int i=elemNumber-1; i>=index-1; i--) {
        array[i+1] = array[i];
    }
    //将新元素插入空的 array[index-1]
    array[index-1] = elem;  //array[index-1] 即为数组的第 index 个元素
    elemNumber ++;          //数组的元素数量加 1
    return true;
}
```

需要指出的是，如果插入元素的位置是 elemNumber+1，也就是在数组最后插入一个元素，则不需要执行移动数组元素的操作，直接将元素插入数组的 elemNumber+1 位置即可。在上面这段代码中，如果函数 insertElem()的参数 index 等于 elemNumber+1，则代码中循环移动元素的操作实际上是不被执行的，因为循环变量 i 的初始值是 elemNumber–1，不满足 i≥index–1 的循环条件，所以上述代码对于向数组的 elemNumber+1 位置插入一个元素的情形同样适用。

接下来，我们通过一个测试程序来检查这段代码的正确性。

```
public static void main(String[] args) {
    MyArray array = new MyArray(8);        //初始化一个容量为 8 的数组
    array.insertElem(3,1);                 //在数组的第 1 个位置上插入 3
    array.insertElem(5,2);                 //在数组的第 2 个位置上插入 5
    array.insertElem(2,3);                 //在数组的第 3 个位置上插入 2
    array.insertElem(7,4);                 //在数组的第 4 个位置上插入 7
    array.insertElem(8,5);                 //在数组的第 5 个位置上插入 8
    array.printArray();                    //打印数组内容
    array.insertElem(0,3);                 //在数组的第 3 个位置上插入 0
    array.printArray();                    //打印数组内容
}
```

上述这段测试程序模拟了图 1-4 和图 1-5 描述的实例。首先初始化一个容量为 8 的整型数组；然后通过调用 MyArray 类的 insertElem()函数，将整数元素 3、5、2、7、8 依次插入数组的第 1 至第 5 个位置；接下来调用 printArray()函数，打印该数组中的内容，该函数定义如下。

```
public void printArray() {
    for (int i=0; i<elemNumber; i++) {
        System.out.print(array[i] + " ");   //遍历数组，打印出每一个元素
    }
    System.out.println();                    //打印换行
}
```

最后调用 MyArray 类的 insertElem()函数在数组的第 3 个位置上插入元素 0；再次调用 printArray()函数打印该数组中的内容，运行结果如图 1-6 所示。

图 1-6　运行结果

图 1-6 的运行结果是符合预期的，看来 insertElem()函数的实现似乎没有什么问题。但是如果我们对测试程序稍加修改，就能发现一些问题。

```
public static void main(String[] args) {
    MyArray array = new MyArray(5);        //初始化一个容量为 5 的数组
    array.insertElem(3,1);                 //在数组的第 1 个位置上插入 3
    array.insertElem(5,2);                 //在数组的第 2 个位置上插入 5
    array.insertElem(2,3);                 //在数组的第 3 个位置上插入 2
    array.insertElem(7,4);                 //在数组的第 4 个位置上插入 7
    array.insertElem(8,5);                 //在数组的第 5 个位置上插入 8
    array.printArray();                    //打印数组内容
    array.insertElem(0,3);                 //在数组的第 3 个位置上插入 0
```

```
    array.printArray();                    //打印数组内容
}
```

与之前的测试程序唯一的不同是，在上面这段测试程序中初始化了一个容量为 5 的数组，而不是容量为 8 的数组。这时如果在数组的第 3 个位置上插入元素 0，就会抛出一个数组越界异常。因为该数组中已保存了 5 个数据元素，没有更多的空间存储新的元素了，所以在执行到 array.insertElem(0,3); 时会抛出数组越界异常，如图 1-7 所示。

图 1-7　数组越界异常

解决这个问题有两种方法，第 1 种方法是当数组中的元素数量达到数组的容量上限时，就不允许再向数组中插入新元素，而是直接返回 false 表示插入元素失败。但是这种方法限定了数组中元素的数量，不够灵活。这里推荐第 2 种方法——动态扩容方法。当向数组中插入元素，而数组中的元素数量又达到容量上限时，可以调用一个数组扩容方法对数组进行扩容，这样数组的存储空间就会随着数组元素的增多而不断增大，理论上该数组就能存放任意数量的元素了。

下面给出向数组中插入元素的带扩容机制的完整的 Java 代码描述。

```java
public boolean insertElem(int elem, int index) {
    // index 的取值范围是[1,elemNumber+1]
    // 如果 index 不在这个范围内则返回 false
    if (index<1 || index > elemNumber+1) {
        System.out.println("Insert position error ");
        return false;
    }
    //当数组元素数量等于数组容量时，对其进行扩容
    if (elemNumber == array.length) {
        increaseCapacity();
    }

    //将第 index 个元素及后面的元素都向后移动一个位置
    for (int i=elemNumber-1; i>=index-1; i--) {
        array[i+1] = array[i];
    }
    //将新元素插入空的 array[index-1]
    array[index-1] = elem;                 //array[index-1] 即为数组的第 index 个元素
    elemNumber ++;                         //数组的元素数量加 1
```

```
    return true;
}
```

increaseCapacity()函数的实现如下。

```
private void increaseCapacity() {
    //初始化一个新数组 arrayTmp, 其容量是 array 容量的 2 倍
    int[] arrayTmp = new int[array.length * 2];

    //将原数组 array 的内容整体拷贝到新数组 arrayTmp 中
    System.arraycopy(array,0,arrayTmp ,0,array.length);

    array = arrayTmp;    //array 指向这个新数组
}
```

每调用一次 increaseCapacity()函数，就将数组扩容至原来的 2 倍，同时保留原数组中已有的元素，这样再向该数组中插入元素时就不会报出数组越界异常了。

2. 从数组中删除元素

前面已经给出了从数组中删除元素的函数定义，如下。

```
public boolean deleteElem(int index);
```

该函数的作用是删除数组中第 index 个位置上的元素。这个过程与插入元素的过程正好相反，我们只需将第 index 个位置之后的元素（不含第 index 个位置上的元素）顺序向前移动一个位置，并将数组元素的数量减 1，就可以完成删除操作。如图 1-8 所示。

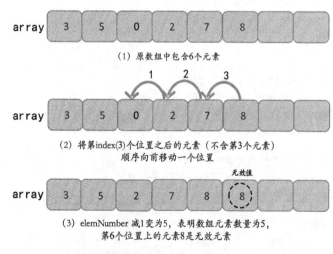

图 1-8　删除数组中第 index 个位置上的元素

如图 1-8 所示，删除第 3 个元素的方法是将第 3 个元素（不含）之后的所有元素顺序向前移动一个位置，同时将记录数组元素数量的变量 elemNumber 减 1。

在执行上述删除数组元素的操作时，有几点需要大家特别注意。

（1）被删除数组元素的位置只能在 1（包含）到 elemNumber（包含）之间，删除其他位置的元素是非法的。

（2）在移动数组元素时要从数组的第 index+1 个元素开始从前向后逐个进行，直到移动到第 elemNumber 个元素。如图 1-8 所示，首先将第 4 个元素 array[3] 向前移动一个位置，然后将第 5 个元素 array[4] 向前移动一个位置，最后将第 6 个元素 array[5] 向前移动一个位置。这样移动数组元素不会覆盖有效的元素值，同时可将第 index 个位置上的元素覆盖。

（3）数组的元素数量只能通过变量 elemNumber 记录，所以在删除一个数组元素后一定要将变量 elemNumber 的值减 1，从而保证数组下标在 elemNumber−1 之外的元素都是无效元素。

下面给出从数组中删除元素的 Java 代码描述。

```java
public boolean deleteElem(int index) {
    // index 的取值范围是[1,elemNumber]
    // 如果 index 不在这个范围内，则返回 false
    if (index<1 || index>elemNumber) {
        System.out.println("Delete item index error ");
        return false;
    }
    //将 index 位置之后的元素顺序向前移动一个位置
    for (int i=index; i<elemNumber; i++) {
        array[i-1] = array[i];
    }
    //数组的元素数量减 1
    elemNumber--;
    return true;
}
```

至此，我们完成了数组类 MyArray 的定义，并实现了 insertElem()、deleteElem()、increaseCapacity() 等基本操作函数。以上完整的代码及测试程序可从"微信公众号@算法匠人→匠人作品→《算法大爆炸》全书源代码资源→1-1"中获取。

1.1.4　数组的性能分析

数组是一种可随机访问的线性结构。由于数组存储于连续的地址空间，所以只要给定数组名（例如 array）和数组的下标，就可以用 $O(1)$ 时间复杂度直接定位到对应的元素。这也是数组作为顺序存储结构的优势所在。

数组的缺点主要体现在以下两方面。

（1）由于数组中的元素都是顺序存储的，且数组元素之间不能存在空隙，因此在插入、删除元素时会有大量元素移动，将严重影响效率。在数组中插入或删除一个元素的时间复杂度都是 $O(n)$ 级的。

（2）没有扩容功能的数组的大小是固定的，在使用数组时容易出现越界问题。增加了自动扩容功能的数组虽然能避免内存越界问题，但在一定程度上又会导致内存资源的浪费（因为总会有一些空闲的数组空间）。

综上所述，数组比较适合读操作频繁，而插入、删除操作较少的场景。在定义数组时，应根据实际需求指定数组的大小。如果需要扩容，则应选择合适的扩容因子（扩容后数组容量是原容量的倍数），既要尽量提高空间的利用率、减少内存资源的浪费，又要最大限度地避免频繁扩容对数组性能的影响。

1.1.5 案例分析

案例 1-1：数组元素的逆置

编写一个函数 reverseArray()，将数组中的元素逆置。例如原数组中的元素顺序是{1, 2, 3, 4, 5}，那么逆置后数组中的元素顺序是{5, 4, 3, 2, 1}。

本题难度：★

题目分析：

数组元素的逆置操作一般要求不创建新数组，只在原数组内将数组元素的顺序颠倒过来，这样操作的效率比较高，实现起来也更加简单。

要将包含 elemNumber 个元素的数组进行逆置，需要定义一个临时变量 tmpElem 作为数据缓冲区，同时要设置变量 low 和 high，作为数组的下标分别指向数组的第 1 个元素和最后一个元素。然后执行以下步骤。

（1）将 low 指向的元素和 high 指向的元素通过临时变量 tmpElem 交换位置。

（2）执行 low++ 和 high--，重复执行步骤（1）直到 low≥high。

通过以上步骤可将一个包含 elemNumber 个元素的数组原地逆置。该算法的时间复杂度为 $O(n)$，空间复杂度为 $O(1)$。该算法的 Java 代码描述如下。

```
public void reverseArray() {
    int tmpElem;
    //low 指向数组的第 1 个元素 array[0],
```

```
//high 指向数组的最后一个元素 array[elemNumber - 1]
int low = 0, high = elemNumber - 1;

while (low < high) {
    tmpElem = array[low];       //通过变量 tmpElem 实现数据交换
    array[low] = array[high];
    array[high] = tmpElem;
    low++;
    high--;
}
}
```

请注意，函数 reverseArray() 是 MyArray 类的成员函数，因此该函数可直接对数组 array 进行操作，不需要通过参数传递进来。

下面我们通过一个测试程序来检查 reverseArray() 函数的正确性。

```
public static void main(String[] args) {
    MyArray array = new MyArray(5); //初始化一个容量为 5 的数组
    for (int i=0; i<5; i++) {
        array.insertElem(i+1, i+1);
    }
    array.printArray();       //打印数组内容
    array.reverseArray();     //数组元素逆置
    System.out.println("The result of array reversed");
    array.printArray();       //打印数组内容
}
```

测试程序首先初始化了一个容量为 5 的数组，然后通过循环调用 array.insertElem() 函数向数组中插入元素 1、2、3、4、5，再调用 array.printArray() 函数打印数组内容，接下来调用 array.reverseArray() 函数将数组元素逆置，最后再次调用 array.printArray() 函数打印数组内容。运行结果如图 1-9 所示。

图 1-9　运行结果

本题完整的代码及测试程序可从"微信公众号@算法匠人→匠人作品→《算法大爆炸》全书源代码资源→1-2"中获取。

案例 1-2：删除数组中的重复元素

编写一个函数 purge()，删除整数数组中的重复元素。例如，数组为{1, 1, 3, 5, 2, 3, 1, 5, 6, 8}，删除重复元素后数组变为{1, 3, 5, 2, 6, 8}。

本题难度：★★

题目分析：

本题是一道经典的数组问题，我们用三种方法求解。

要删除数组中的重复元素，最直观的方法就是先定位一个数组元素，然后从前向后扫描整个数组，如果发现与定位的元素相同的元素，就调用 deleteElem()函数将该元素删除。不断调整定位的元素，直到将整个数组中重复的元素全部删除为止。该方法的 Java 代码描述如下。

```java
void purge() {
    //删除数组中的重复元素
    int i=0, j;
    while (i < elemNumber) {
        j = i + 1;                          //从 array[i+1]开始逐个进行比较
        while (j < elemNumber) {
            if (array[i] == array[j]) {     //如果 array[i]与 array[j]是重复元素
                deleteElem(j+1);            //则删除数组中第 j+1 个元素,对应的元素是 array[j]
            } else {
                j++;                        //否则 j++，继续比较下一个元素
            }
        }
        i++;                                //定位下一个元素
    }
}
```

上述代码实现了删除整型数组中重复元素的操作。在代码中，变量 i 指向的元素 array[i]即为定位的元素，也就是数组中最终要保留的元素，然后通过变量 j 从元素 array[i+1]开始顺序遍历，将后续的每个元素都与 array[i]进行比较，一旦发现 array[i]与 array[j]重复，就调用 deleteElem()函数将元素 array[j]删除。

在函数 purge()中，内层的 while 循环在 j 等于数组元素的数量 elemNumber 后停止，表示数组中再没有与元素 array[i]重复的元素了。外层的 while 循环由变量 i 控制，表示要在数组 array 中删除与当前元素 array[i]重复的所有元素。外层循环在 i 等于 elemNumber 后停止，此时数组中所有的重复元素都将被删除（只保留一个，删掉重复的）。

下面我们通过一个测试程序检验函数 purge()的正确性。

```
public static void main(String[] args) {
    MyArray array = new MyArray(10); //初始化一个容量为10的数组
    // 向数组中插入元素{1,1,3,5,2,3,1,5,6,8}
    array.insertElem(1,1);          //在数组的第 1 个位置上插入 1
    array.insertElem(1,2);          //在数组的第 2 个位置上插入 1
    array.insertElem(3,3);          //在数组的第 3 个位置上插入 3
    array.insertElem(5,4);          //在数组的第 4 个位置上插入 5
    array.insertElem(2,5);          //在数组的第 5 个位置上插入 2
    array.insertElem(3,6);          //在数组的第 6 个位置上插入 3
    array.insertElem(1,7);          //在数组的第 7 个位置上插入 1
    array.insertElem(5,8);          //在数组的第 8 个位置上插入 5
    array.insertElem(6,9);          //在数组的第 9 个位置上插入 6
    array.insertElem(8,10);         //在数组的第 10 个位置上插入 8
    array .printArray();            //打印数组内容
    array.purge();                  //删除数组中的重复元素
    array .printArray();            //打印数组内容
    }
}
```

运行结果如图 1-10 所示。

图 1-10　运行结果

如图 1-10 所示，最初数组的内容是{1, 1, 3, 5, 2, 3, 1, 5, 6, 8}，删除重复元素后数组的内容变为{1, 3, 5, 2, 6, 8}，可见程序执行正确。

上述算法简单直观，但是时间复杂度很高，可达到(n^3)。首先通过二重循环找出数组中存在的重复元素，这个操作的时间复杂度是 $O(n^2)$；而执行 deleteElem()函数的时间复杂度是 $O(n)$，综合起来该算法的时间复杂度为 $O(n^3)$。其实该算法还存在一些优化空间。

当找到重复元素后，可以不马上调用 deleteElem()函数，而是先做一个标记，这样就可以节省每次调用 deleteElem()函数时批量移动数组元素的时间。当找出了全部重复元素后再进行整体删除，这样只需要执行一次二重循环找出数组中的重复元素，再加上一次循环删除重复的元素即可，时间复杂度降为 $O(n^2)+O(n)$，整体的时间复杂度仍是 $O(n^2)$级别。改进后的算法描述如下。

```
void purge() {
    int i,j;
    int FLAG = -111;
    int number = elemNumber;
    //通过一个二重循环找到数组中的全部重复元素
```

```
//并将重复元素用 FLAG 覆盖
for (i=0; i<number ; i++) {
    if (array[i] != FLAG) {
        for (j = i+1; j<number ; j++) {
            if (array[i] == array[j]) {
                array[j] = FLAG;
            }
        }
    }
}
for (i = 0; array[i] != FLAG; i++); //找到第 1 个特殊标记 FLAG
for (j = i + 1; j < number ; ) {
    if (array[j] != FLAG) {
        //若 array[j]不是 FLAG, 则用 array[j]覆盖 array[i], 然后 i++, j++
        array[i++] = array[j++];
    } else {   //若 array[j]是 FLAG, 则 j++, 寻找下一个非 FLAG 的有效值
        j++;
    }
    //修改 elemNumber, 因为删除重复元素后数组元素数量会发生改变
    elemNumber = i;
}
}
```

在上述算法中，首先通过一个二重 for 循环找出数组中的全部重复元素，并将这些重复的元素用标记 FLAG 即−111 覆盖。以数组{1, 1, 3, 5, 2, 3, 1, 5, 6, 8}为例，经过这个二重循环处理后，其数组状态如图 1-11 所示。

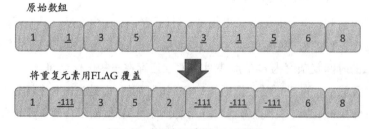

图 1-11　将重复元素用 FLAG 覆盖

然后执行一个一重循环，找到数组中第 1 个 FLAG 标记，并用变量 i 指向该数组元素，如图 1-12 所示。

图 1-12　变量 i 指向第 1 个 FLAG

接下来用一重 for 循环将 FLAG 标记的重复元素删除，也就是用后面的数组元素覆盖 FLAG。具体做法如下。

（1）初始化变量 j=i+1。

（2）用变量 j 扫描数组中的后续元素，如果 array[j] 不是 FLAG，则用 array[j] 覆盖 array[i]，然后 i 和 j 都向后移动一个位置（i++，j++）；如果 array[j] 是 FLAG，则 j++，寻找下一个非 FLAG 的有效值。按照这种方法用变量 j 扫描完整个数组后，所有 FLAG 都将被删除。

（3）最后还要修正 elemNumber 的值，因为删除数组中的重复元素后，数组元素的数量将减少。

如图 1-13 所示，在上面的操作过程中，变量 i 指向的是最终存放有效元素的位置，而变量 j 的作用是在数组中寻找有效元素，即未被 FLAG 标识的元素，并将这个有效元素的值赋给 array[i]。只要经过这样一重循环操作，就可将数组中的 FLAG 全部删除。

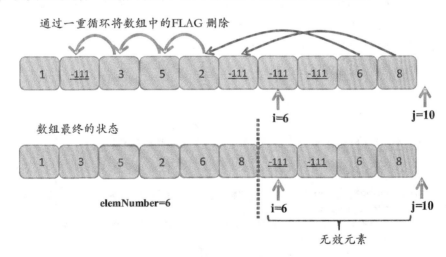

图 1-13　删除数组中的 FLAG 的过程

下面我们通过相同的测试程序检验改进后的函数 purge() 的正确性，运行结果如图 1-14 所示。

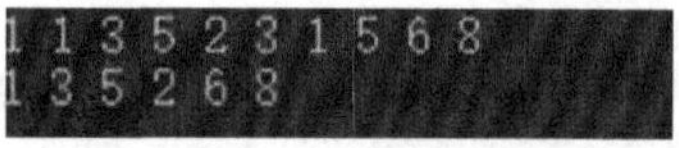

图 1-14　运行结果

可见改进后的算法也可以得到正确的结果。

现在我们已将算法的时间复杂度从 $O(n^3)$ 优化到了 $O(n^2)$，还可以利用 Java 类库中提供的容器类 HashSet 来进行进一步的优化。

熟悉 Java 容器类的读者应当知道，HashSet 是 java.util 包中的类，在向 HashSet 中添加新的对象时，HashSet 会判断重复的对象。如果添加的对象与 HashSet 内已有对象重复则添加失败，同时返回 false；如果没有重复则添加成功并返回 true。向 HashSet 中添加元素并查重的操作的时间复杂度仅为 $O(1)$，这是因为 HashSet 内部封装了 HashMap，其本身是一个 Hash 表结构。

我们可以利用 HashSet 的这一特性，将数组中的元素依次添加到 HashSet 中（调用 HashSet.add()函数），如果添加成功，则说明当前添加的数组元素与 HashSet 中的已有元素不重复；如果添加失败，则说明当前添加的数组元素与 HashSet 中的已有元素有重复，且该元素就是数组中的重复元素。将找出的这些重复元素标记为 FLAG，再通过一次 for 循环将数组中的 FLAG 全部删除，这样就可以删除数组中的重复元素。

不难看出，利用 HashSet 查找数组中重复元素的时间复杂度为 $O(n)$，将数组中的 FLAG 全部删除的时间复杂度也为 $O(n)$，所以整个算法的时间复杂度是 $O(n)+O(n)$，也是 $O(n)$ 级别。代价就是需要一个 HashSet 作为辅助工具，空间复杂度要高一些。

该算法的 Java 代码描述如下。

```java
void purge() {
    int i,j;
    int FLAG = -111;                    //重复元素标志
    int number = elemNumber;            //记录数组中最初的元素数量
    HashSet<Integer> set = new HashSet<Integer>();
    //使用 HashSet 辅助找出数组中的重复元素
    for (i=0; i<number ; i++) {
        if (!set.add(array[i])) {
            //如果不能存储到 HashSet，则说明 array[i]与 HashSet 中的元素有重复
            array[i] = FLAG;
        }
    }
    for (i = 0; array[i] != FLAG; i++); //找到第 1 个特殊标记 FLAG
    for (j = i + 1; j < number ; ) {
        if (array[j] != FLAG) {
            //若 array[j]不是 FLAG，则用 array[j]覆盖 array[i]，然后 i++, j++
```

```
        array[i++] = array[j++];
    } else {  //若 array[j] 是 FLAG，则 j++，寻找下一个非 FLAG 的有效值
        j++;
    }
    //修改 elemNumber，因为删除重复元素后数组元素数量会发生改变
    elemNumber = i;
    }
}
```

使用上面提供的测试程序检验改进后的 purge()，程序的运行结果如图 1-15 所示。

图 1-15　运行结果

可见改进后的算法也可以得到正确的结果。

其实还有一种更简单的方法甚至不需要给原数组中的重复元素标记 FLAG。因为 HashSet 中已保存了过滤了重复元素的数组元素，所以可以直接将 HashSet 中保存的数据依次读出，再更新到原数组中。但是这种方法存在一个问题，就是 HashSet 中的数据是无序的，所以从 HashSet 中读取出的元素顺序可能与原数组中的元素顺序不一致。如果不在意数组中元素的顺序而只考虑删除重复元素，那么也可以采用这种方法。本题完整的代码及测试程序可从"微信公众号@算法匠人→匠人作品→《算法大爆炸》全书源代码资源→1-3"中获取。

1.2　链表

1.2.1　链表的基本概念

链表也是一种常用的线性数据结构，与数组不同的是，链表的存储空间并不连续，它是用一组地址任意的存储单元来存放数据的，也就是将存储单元分散在内存的各个地址上。

这些地址分散的存储单元叫作链表的节点，链表就是由一个个链表节点连结而成的。那么这些地址分散的节点是如何关联到一起的呢？每个节点中都包含一个叫作"指针域"的成员，指针域中存储了下一个节点的内存地址，这样就可以连接后继节点。

每个链表都会有"链表头"，通常是一个指针（对于 Java 而言，它是链表节点对象的引用），用来存放链表中第 1 个节点的地址。同时，链表中最后一个节点的指针域通常会置为空（null），用来表示该节点是链表的最后一个节点，没有后继节点。

图 1-16 为链表在内存中的结构示意，通过这个图我们可以对链表有更加直观的认识。

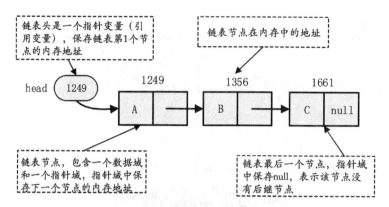

图 1-16　链表的结构示意

从图 1-16 中可以看到链表具有以下特征。

链表在逻辑上是连续的，而在物理上并不一定连续，链表节点可能分散在内存的各个地址上。

（1）每个链表节点中都必须包含指针域，用来存放下一个节点的内存地址，数据域则用来存放节点的数据元素。这里需要注意，数据域可以是一个也可以是多个，由具体的需求而定。数据域的类型可以是任意类型（图 1-16 中是字符类型），而指针域的类型必须是定义的链表节点类型，或链表节点指针类型。

（2）只要获取了链表头（head）就可以通过指针遍历整个链表。以图 1-16 为例，获取了链表头就可以知道第 1 个节点的内存地址 1249，继而访问到第 1 个节点中的数据 A；然后通过第 1 个节点中的指针域 1356 可以访问到第 2 个节点中的数据 B。以此类推，直到访问到最后一个节点（指针域为 null）。所以获取链表头非常重要。

1.2.2　链表的定义

链表是由链表节点构成的，因此在定义链表结构之前，先要定义链表的节点类型。链表节点可以用 Java 语言描述如下。

```java
class Node {
    int data;        //数据域，这里是一个整型变量
    Node next;       //指针域，指向下一个节点，因此是 Node 类型（引用类型）
    public Node(int data) {
        //构造函数，在构造节点对象时将 data 赋值给 this.data 成员
        this.data = data;
    }
}
```

类 Node 包含两个成员变量：data 为整型的变量，是该链表节点的数据域，可用来存放一个整数；next 是 Node 类型的变量（引用类型变量），是该链表节点的指针域，用来指向下一个节点。

定义完链表节点类 Node，接下来我们可以定义链表类。链表是靠节点间的指针相互关联的，只要获取了链表头就可以通过头指针遍历整个链表。在一个链表类中没有必要包含该链表的所有节点，只需要定义一个 head 成员就足够了。操作链表的函数可根据需要而定，常见的函数包括向链表的指定位置插入一个节点、从链表的指定位置删除一个节点等，大家可以自行定义。下面给出用 Java 语言定义的链表类。

```
public class MyLinkedList {
    Node head = null;   //链表头，指向链表的第 1 个节点
    int length;         //链表的长度

    public boolean insertNode(int data, int index) {
        //在链表的第 index 个位置上插入一个整型变量data 节点
        ......
    }

    public boolean deleteNode(int index) {
        //删除链表中第 index 个位置上的节点
        ......
    }
}
```

MyLinkedList 是定义的链表类，在这个类中包含两个成员变量：head 是 Node 类型的成员，它是链表中第 1 个节点的引用，也就是指向第 1 个节点的指针；length 是整型变量，用来记录数组中元素的数量。同时定义了两个成员函数用来对链表进行操作：函数 insertNode(int data, int index)表示在链表的第 index 个位置上插入一个整型变量 data 节点；函数 deleteNode(int index)表示删除链表中第 index 个位置上的节点。我们会在后面的章节中介绍这些函数的实现。

1.2.3　链表的基本操作

链表的基本操作包括向链表中插入节点和从链表中删除节点，另外根据实际需要可以定义获取链表长度、销毁链表等操作。

向链表中插入节点
向链表中插入节点函数的定义如下。

```
public boolean insertNode(int data, int index);
```

这个函数表示在链表的第 index 个位置上插入一个整型变量 data 节点。在实现该函数之前，有两点需要特别注意。

（1）参数 data 指链表节点中的元素值而不是节点对象。因为我们定义的链表节点 Node 中的数据域是 int 类型，所以参数 data 也是 int 类型。

（2）参数 index 表示要将节点插入链表中的位置。与数组元素的位置相似，我们规定 index 只能是从 1（包含）到 length+1（包含）之间的值，其他的值都是非法的。

如图 1-17 所示，在链表的第 1 个位置上插入节点指将新节点插入链表中并使其位于链表的第 1 个位置；同理，在链表的第 6 个位置上插入节点指将新节点插入链表中并使其位于链表的第 6 个位置。不难理解，当一个链表的长度为 length 时，插入一个节点后其长度将变为 length+1，所以新插入的节点只可能位于该链表的第 1~length+1 个位置上，在其他的位置上必然是非法的。

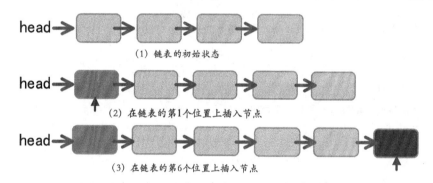

（1）链表的初始状态

（2）在链表的第 1 个位置上插入节点

（3）在链表的第 6 个位置上插入节点

图 1-17　在链表的第 index 个位置上插入节点

如何在链表的第 index 个位置上插入一个节点呢？可以依照下面的步骤进行。

（1）首先通过一个循环操作找到要插入位置的前一个节点，并用指针 p 指向该节点。如图 1-18 所示。

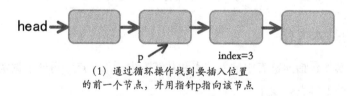

（1）通过循环操作找到要插入位置
的前一个节点，并用指针 p 指向该节点

图 1-18　用指针 p 指向要插入位置的前一个节点

如图 1-18 所示，假设要在链表的第 3 个位置上插入一个新节点，首先要找到链表中的第 2 个节点，并用指针 p 指向该节点。

（2）创建一个新的节点，将节点元素赋值为 6（data），同时用指针 node 指向该节点，如图 1-19 所示。

data = 6
（2）创建一个包含元素值6（data）
的新节点，并用node指向该节点

图 1-19　创建一个新节点并用 node 指向该节点

（3）将 p 所指节点的 next 域的值（即 p 的后继节点指针）赋给 node 节点的 next 域。

（4）再将 node 赋值给 p 节点的 next 域，如图 1-20 所示。

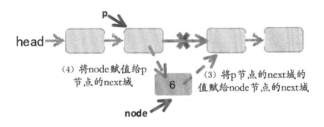

图 1-20　实现 node 节点的插入

如图 1-20 所示，通过步骤（3）和步骤（4），节点插入 p 节点和 p 节点的后继节点之间。

注意，如果要在链表的第 1 个位置上（index=1）插入节点，那么因为第 1 个位置上之前并没有节点而只有一个头指针 head，所以步骤（3）、步骤（4）不再适用。这里需要考虑两种情况。

（1）如果 head==null，则说明链表是一个空链表，没有任何节点，此时将步骤（2）生成的新节点 node 赋值给 head 即可，这样 head 就指向了链表的第 1 个节点。

（2）如果 head!=null，则说明链表中已存在节点，此时将 head（即原链表中的第 1 个节点的引用）的值赋给 node 节点的 next 域，再将 node 赋值给 head 即可，如图 1-21 所示。

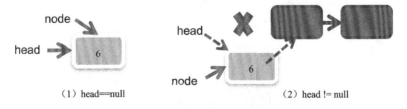

（1）head==null　　　　　（2）head != null

图 1-21　在链表的第 1 个位置上插入节点的两种情况

下面给出向链表中插入节点的 Java 代码描述。

```java
public boolean insertNode(int data, int index) {
    //在链表的第 index 个位置上插入一个节点，节点数据为 data (这里是 int 类型)

    if (index < 1 || index > (length+1)) {
        //这种情况说明插入节点的位置不合法
        System.out.println("Insert error position. index =
            " + index + " length = " + length);
        return false;
    }
    //要插入节点的位置为 1，这时的操作有些特殊
    if (index == 1) {
        if (head == null) {
            head = new Node(data); //创建第 1 个节点，并赋值给 head
        } else {
            Node node = new Node(data);      //创建一个新节点 node
            node.next = head;                //将 head 赋值给 node 的 next 域
            head = node;                     //再将 node 赋值给 head
        }
        length++;
        return true;
    }

    //要插入的节点位置不是 1，此时
    //1. 将指针 p 指向要插入位置的前一个节点
    //2. 创建新的节点，并插入 p 指向的节点后面

    Node p = head;  //p 指向链表的第 1 个节点
    int i = 1;
    while(i < index-1 && p != null) {
        p = p.next;
        i++;
    }

    Node node = new Node(data); //创建该节点
    Node q = p.next;
    p.next = node;
    node.next = q;
    length++;
    return true;
}
```

相信大家注意到了，在插入节点成功后，成员变量 length 的值会加 1，这样每次需要得到链表的长度时直接读取 length 值就可以了。当然也可以通过遍历链表的方法获取链表的长度，但是效率较低，其时间复杂度为 $O(n)$。

链表是一种动态的数据结构，可以随时在其中插入节点或删除节点，所以链表的长度是不断变化的。如果我们在插入、删除的过程中随时修改 length 值，让 length 始终记录链表当前的长度，那么在获取链表的长度时就不需要重新遍历整个链表了，直接返回 length 值即可，效率就会高很多，其时间复杂度为 $O(1)$。所以在设计算法时，应根据数据结构自身的特性选择性能最佳的方法。

从链表中删除节点

下面介绍如何从一个非空链表中删除指定位置的节点。前面已经给出了删除链表中 index 位置上的节点的函数定义。

```
public boolean deleteNode(int index);
```

这个函数表示将链表中第 index 个位置上的节点删除。在实现该函数之前，首先需要明确什么叫将链表中第 index 个位置上的节点删除。

如图 1-22 所示，删除链表中 index=3 的节点就是将链表中的第 3 个节点移除，使其前驱节点与后继节点直接连接。删除成功后，链表的长度减 1。很显然，index 的取值范围是从 1（包含）到 length（包含），其他的值都是非法的。

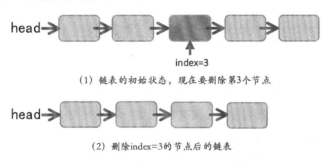

（1）链表的初始状态，现在要删除第3个节点

（2）删除index=3的节点后的链表

图 1-22　删除链表中 index=3 的节点

删除步骤如下。

（1）首先通过一个循环操作找到要删除节点的前一个节点（前驱节点），并用指针 p 指向该节点，如图 1-23 所示。

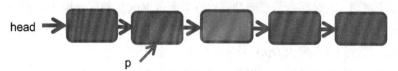

（1）通过循环操作找到要删除节点的前驱节点，并用 p 指向它

图 1-23　用 p 指向要删除节点的前一个节点

（2）执行"p.next = p.next.next;"语句完成删除节点的操作，如图 1-24 所示。

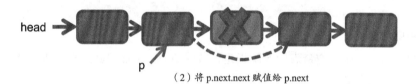

（2）将 p.next.next 赋值给 p.next

图 1-24　执行"p.next = p.next.next;"语句完成删除节点的操作

　　另外，如果要删除的节点是链表中的第 1 个节点，即 index=1，则需要特殊处理。因为 index=1 的节点前面没有其他节点，所以不能按照步骤（1）、步骤（2）执行。这时只需要将 head.next 赋值给 head 即可，这样 head 就会指向原链表第 1 个节点的后继节点，也就是删除了原链表中的第 1 个节点，如图 1-25 所示。

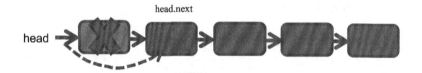

图 1-25　执行 head=head.next 删除链表的第 1 个节点

　　下面给出从链表中删除节点的 Java 代码描述。

```java
public boolean deleteNode(int index) {
    //将链表中第 index 个位置上的节点删除
    if (index<1 || index>length) {
        //这种情况说明插入节点的位置不合法
        System.out.println("Delete error position.");
        return false;
    }
    //删除第 1 个节点
    if (index == 1) {
        head = head.next;
```

```
      length--;
      return true;
   }

   Node p = head;    //p指向链表的第1个节点
   int i = 1;

   while(i < index-1 && p != null) {
      p = p.next;
      i++;
   }
   p.next = p.next.next;
   length--;
   return true;
}
```

　　向链表中插入节点和从链表中删除节点是链表的最基本操作，除此之外，我们还可以根据需要定义其他操作。在后面的实战演练中会有更多关于链表的操作方法，大家可以参考学习。

1.2.4　链表的性能分析

　　上一节介绍了数组的性能问题，因为数组存储于连续的地址空间，所以支持随机访问，只要给定数组名和数组的下标，就可以在 $O(1)$ 的时间内定位到数组元素。而链表不支持随机访问，链表节点是分散存储的，无法通过一个索引在常量时间内定位到链表中的元素，必须从链表头开始顺序遍历链表，所以在链表中定位一个元素的时间复杂度是 $O(n)$ 级别。

　　但是与数组相比，在链表中插入元素和删除元素的效率要高很多，如果已知要插入或删除节点之前节点的指针，那么插入或删除操作的时间复杂度仅为 $O(1)$。

　　除此之外，在使用数组时需要预先开辟一整块内存空间，存在内存越界的风险，也可能导致内存资源的浪费。而链表只需要在使用时动态申请节点，不会产生内存越界，内存的使用效率也相对较高。

　　综上所述，相较于数组，链表的优势在于能够更加灵活地进行插入和删除操作，且内存使用效率更高。因此，对于线性表规模难以估计或插入删除操作频繁、随机读取数据的操作较少的场景，更建议使用链表。

　　表 1-1 是数组和链表的比较，可以帮助大家加深对数组和链表的认识。

表 1-1　数组和链表的比较

数据结构	优　点	缺　点	适用场景
数组	支持随机访问，读取数据的时间复杂度为 $O(1)$	插入删除操作需要批量移动数据，时间复杂度为 $O(n)$；存在内存越界风险，可能导致内存资源的浪费	读操作频繁，插入删除操作较少
链表	插入删除操作时间复杂度为 $O(1)$；没有内存越界风险，内存资源使用效率高	不支持随机访问，在链表中定位元素位置的时间复杂度为 $O(n)$	插入删除操作频繁，读操作较少

1.2.5　不同形态的链表结构

我们将节点中只包含一个指针域且指针只能指向该节点的后继节点的链表称作单链表。除单链表外，链表家族中还有功能更加强大的循环链表和双向链表。

循环链表

循环链表是一种特殊形式的单链表，它的最后一个节点的指针域不为 null，而指向链表的第 1 个节点，图 1-26 为循环链表的结构示意。

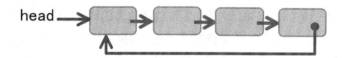

图 1-26　循环链表的结构示意

循环链表具备一些普通单链表所不具备的特性。例如普通的单链表只能沿着指针方向找到一个节点的后继节点，无法回到其前驱节点。而由于循环链表最后一个节点的指针域指向了链表的第 1 个节点，所以只要通过指针后移，就一定能够找到其前驱节点。在解决某些问题时，循环链表要比普通的单链表更有优势。

双向链表

双向链表在单链表的基础上进行了改进。单链表的节点中只有一个指针域，该指针域中保存其后继节点的指针。而双向链表的节点中存在两个指针域，一个指针域中的指针指向其直接前驱节点，另一个指针域中的指针指向其直接后继节点，如图 1-27 所示。

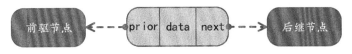

图 1-27　双向链表的节点

双向链表示意图如图 1-28 所示。

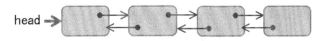

图 1-28　双向链表示意图

与循环链表类似，双向链表可以方便地访问到一个节点的前驱节点，这种访问不需要遍历整个链表，而是通过 prior 指针域直接访问，性能比循环链表更高。如果需要经常沿两个方向进行节点操作，那么更适合使用双向链表。

双向循环链表

如果把循环链表和双向链表结合起来，就是结构更为复杂的双向循环链表，如图 1-29 所示。

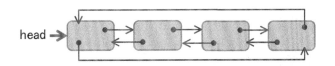

图 1-29　双向循环链表示意图

双向循环链表结合了循环链表和双向链表的优点，对节点的操作更加方便灵活。与此同时，双向循环链表的结构比其他类型的链表更加复杂，所以还要结合具体需要选择链表结构。

本书的后续章节将结合具体问题对前面介绍的各种链表结构进行更加深入的探讨。

1.2.6　案例分析

案例 1-3：链表的综合操作

创建一个包含 10 个节点的单链表保存整型数据 1~10，在屏幕上显示链表中的内容。在链表中第 1、3、5、20 个位置上分别插入一个节点，节点中的数据均为 0，每插入一个节点，就在屏幕上显示链表中的内容。将插入的节点全部删除，再显示链表中的内容，最后将链表销毁。

本题难度：★

题目分析：

本题考查单链表的灵活操作，核心要点是掌握向链表中的指定位置插入元素以及从链表中的指定位置删除元素的操作。对于创建链表，可以通过插入节点的操作来实现。对于显示链表，则可以从链表的第 1 个节点开始顺序向后遍历整个链表，每访问一个节点，就在屏幕上显示该节点中的数据值，直到遍历到最后一个节点。

销毁链表的操作则稍显特殊，大家不要试图通过调用 deleteNode(int index)函数将链表中的节点逐一删除，这是一种冗余操作。对 Java 而言，如果一个对象失去了引用，则该对象最终会被 Java 的垃圾回收机制回收并释放，因此用户没有必要，也无法显式地释放一个对象实例。所以，要销毁一个链表，只需要将链表的头指针 head 置为 null 即可，这样链表的第 1 个节点将失去引用（没有任何指针指向它），最终会被回收并释放；当第 1 个节点被释放后，第 2 个链表节点也将失去引用，最终被回收并释放，以此类推，最终整条链表中的节点都将被回收，从而完成了整条链表的销毁操作。

需要注意的是，C 或 C++没有垃圾回收机制，如果使用这两种语言实现链表，那么销毁链表时需要循环调用 free()函数或 delete()函数显式地释放内存，否则失去引用（无指针指向）的链表节点会造成内存泄漏，从而影响正常的内存使用。

下面给出本题完整的 Java 代码实现。

```java
public class MyLinkedList {
    Node head = null;
    int length = 0;
    //main()函数，程序的入口
    public static void main (String[] args) {
        MyLinkedList list = new MyLinkedList();
        //通过 insertNode()函数创建一个链表，里面包含整型数据1~10
        for (int i=1; i<=10; i++) {
            list.insertNode(i, i);
        }
        list.printLinkedList();        //打印链表中的内容
        list.insertNode(0, 1);         //在第 1 个位置上插入整数 0
        list.printLinkedList();        //打印链表中的内容
        list.insertNode(0, 3);         //在第 3 个位置上插入整数 0
        list.printLinkedList();        //打印链表中的内容
        list.insertNode(0, 5);         //在第 5 个位置上插入整数 0
        list.printLinkedList();        //打印链表中的内容

        list.insertNode(0, 20);        //在第 20 个位置上插入整数 0
        list.printLinkedList();        //打印链表中的内容

        list.deleteNode(1);            //删除第 1 个位置上的节点
        list.deleteNode(2);            //删除第 2 个位置上的节点
```

```
    list.deleteNode(3);           //删除第 3 个位置上的节点
    list.printLinkedList();       //打印链表中的内容
    list.destroyLinkedList();     //销毁链表
}

public boolean insertNode(int data, int index) {
    //向链表的第 index 位置插入一个节点，节点数据为 data（这里是 int 类型）
    //此处省略

}
public boolean deleteNode(int index) {
    //将链表中 index 位置上的节点删除
    //此处省略

}
public void printLinkedList() {
    //打印链表内容
    Node p = head;
    while (p != null) {  //遍历链表中的每一个节点，并打印 data 域值
        System.out.print(p.data + " ");
        p = p.next;
    }
    System.out.print("\n--------------\n ");  //打印分隔线

}

public void destroyLinkedList() {
    //销毁链表
    head = null;          //将 head 置为 null
    length = 0;           //将链表长度 length 设为 0

}
}
```

首先创建一个 MyLinkedList 类的实例 list，然后调用 list.insertNode()函数向这个空链表中依次插入 1, 2, 3, …, 10，接下来调用 list.printLinkedList()函数打印链表的内容，此时链表的内容如下。

head → 1 → 2 → 3 → 4 → 5 → 6 → 7 → 8 → 9 → 10

然后调用 list.insertNode()函数在链表的第 1、3、5、20 个位置上分别插入整数 0。上述操作完成后链表的内容如下。

head → 0 → 1 → 0 → 2 → 0 → 3 → 4 → 5 → 6 → 7 → 8 → 9 → 10

请注意，在向第 20 个位置上插入节点时，链表的长度为 13，而插入的位置是 20，是非法的，因此插入失败并在屏幕上显示错误信息。

接下来调用 list.deleteNode()函数将第 1、2、3 个位置上的节点删除。请注意，在删除第 1 个位置上的节点后，最初位于第 3 的 0 此时位于第 2，所以需要删除链表中的第 2 个节点；同理删除了第 2 个 0 元素后，最初位于第 5 的 0 此时位于第 3，所以需要删除链表中的第 3 个节点。经过上述操作，链表中的内容如下。

head -> 1 -> 2 -> 3 -> 4 -> 5 -> 6 -> 7 -> 8 -> 9 -> 10

最后调用 list.destroyLinkedList()函数将链表销毁。

运行结果如图 1-30 所示。

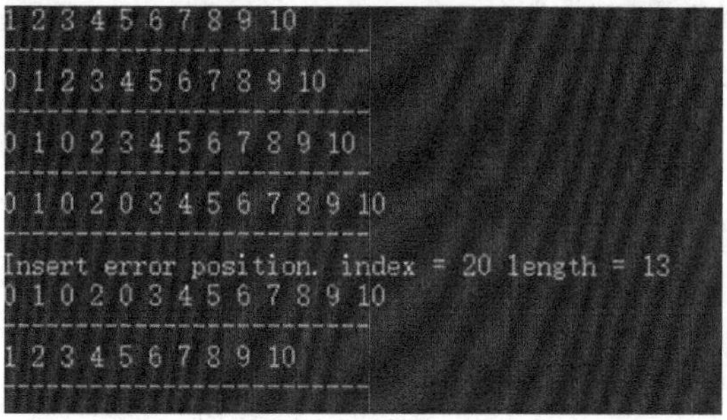

图 1-30　运行结果

本题及完整的代码测试程序可从"微信公众号@算法匠人→匠人作品→《算法大爆炸》全书源代码资源→1-4"中获取。

案例 1-4：将两个有序链表归并

编写一个函数 MyLinkedList MergeLinkedList(MyLinkedList list1, MyLinkedList list2)，实现将有序链表 list1 和 list2 合并成一个链表，要求合并后的链表依然按值有序，且不开辟额外的内存空间。

本题难度：★★★

题目分析：

本题是常见面试题。在解答本题时要注意以下几点。

（1）链表 list1 和 list2 都是按值有序的，将两个链表合并后要求链表依然按值有序。例如，list1 为 1->3->5，list2 为 2->4->6->7，那么合并后的链表 list3 应为 1->2->3->4->5->6->7。

（2）本题要求不开辟额外的内存空间，也就是要利用原链表的内存空间，在不创建新节点的前提下实现链表的合并。

在设计算法时，要利用 list1、list2 的节点资源，在不创建和删除节点的前提下，通过改变节点指针域的指针来调整链表节点之间的先后顺序，从而实现链表合并的功能。

我们通过一个具体实例来详细分析。

初始条件：内存中已有 list1 和 list2，其状态如图 1-31 所示。

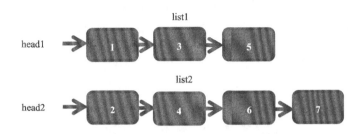

图 1-31　链表 list1 和 list2 的初始状态

操作步骤：

（1）定义一个 Node 类型的头指针 head3 指向 list3 的第 1 个节点。同时定义 Node 类型指针（引用）变量 p、q、r 辅助实现链表的合并。

（2）将 head3 指向 head1 节点和 head2 节点中的较小者。head1 节点中的元素为 1，head2 节点中的元素为 2，所以 head3 指向 head1 节点。初始化指针（引用）变量 p、q、r。这里规定指针 r 始终指向 list3 的最后一个节点，因为当前 head3 指向 head1 节点，所以 r 指向 head1 节点，此时该节点就是 list3 的最后一个节点（list3 会随着两个链表的合并不断变长）。同时规定指针 p 和 q 分别指向 list1 和 list2 中待合并的节点，因此 p 指向 3，q 指向 2，下一步将比较这两个节点的大小。这一步完成后链表的状态如图 1-32 所示。

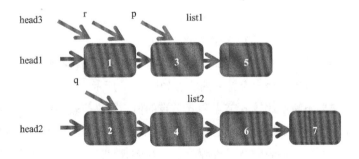

图 1-32　执行步骤（2）后链表的状态

（3）循环并不断比较指针 p 和指针 q 指向的节点值。如果 p 指向的节点值小，则将 p 指向的节点插入 r 指向的节点后（因为 r 始终指向 list3 的最后一个节点），然后向后移动 p 和 r；如果 p 指向的节点值大，则将 q 指向的节点插入 r 指向的节点后面，将指针 r 指向它，并将 q 指针后移，这样 r 指向的节点依然是 list3 的最后一个节点。本例中完成一次循环后链表的状态如图 1-33 所示。

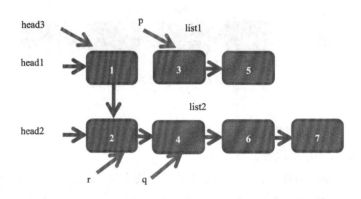

图 1-33   完成一次循环后链表的状态

此时已将 list2 的第 1 个节点（也就是 head2 节点）合并到了 list3 中，指针 r 指向该节点，说明它是 list3 当前的最后一个节点。在本次循环中，指针 p 没有发生改变，而指针 q 指向了下一个节点，在下一次循环中将继续比较指针 p 和指针 q 指向的节点值。

（4）不断重复步骤（3），不断比较 p 指向的节点值和 q 指向的节点值，将较小者插入 r 指向的节点后面，然后调整 p、q、r 的指向，当 p 等于 null 或者 q 等于 null 时结束循环，此时 list1 或者 list2 中至少有一个链表的节点已全部合并到 list3 中。

（5）将 list1 或 list2 中剩余的节点（尚未合并到 list3 中的链表）整体插入 r 指向的节点后面，实现完整的合并操作。本例中链表合并后的状态如图 1-34 所示。

在合并链表时需要不断地比较 p 节点和 q 节点的值，并将值较小的节点连接到 r 节点后，所以合并后的 list3 仍保持按值有序排列（从小到大排列）。同时，整个合并过程中没有开辟额外的内存空间，而是利用原链表的节点资源，通过调整指针实现链表的合并，因此符合题目要求。

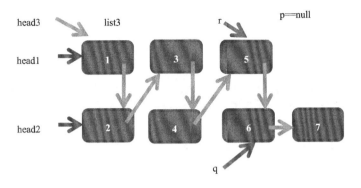

图 1-34　链表合并后的状态

下面给出完整的 Java 代码实现。

```java
public class MergeLinkedListTest {

    //将list1和list2合并，返回链表list3
    public static MyLinkedList
        MergeLinkedList(MyLinkedList list1 , MyLinkedList list2) {

        Node head3;    //定义head3，指向list3的第1个节点
        //通过getHead()函数获取list1的第1个节点，并用p指向list1的第1个节点
        Node p = list1.getHead();
        //通过getHead()函数获取list2的第1个节点，并用q指向list1的第1个节点
        Node q = list2.getHead();
        Node r;        //定义r指针
        if (p.data <= q.data) {
            //如果p节点的值小于或等于q节点的值
            head3 = p;        //则head3指向p节点
            r = p;            //r指向p节点
            p = p.next;       //p指向下一个节点
        } else {
            //如果p节点的值大于q节点的值
            head3 = q;        //则head3指向q节点
            r = q;            //r指向q节点
            q = q.next;       //q指向下一个节点
        }

        while (p != null && q != null) {
            //进入循环，直到p或q等于null，也就是一个链表遍历结束
            if (p.data <= q.data) {
```

```
                    //如果p节点的值小于或等于q节点的值
                    //则将p节点插入r节点后
                    r.next = p;
                    r = p;
                    p = p.next;
                } else {
                    //如果q节点的值小于p节点的值
                    //则将q节点插入r节点后
                    r.next = q;
                    r = q;
                    q = q.next;
                }
            }
            //将p或q指向的剩余链表连接到r节点后
            r.next = (p !=null) ? p : q;
            MyLinkedList list3 = new MyLinkedList(); //创建list3实例
            list3.setHead(head3);            //将head3赋值给list3中的head成员
            return list3;                    //返回list3实例引用
    }

//main()函数，测试程序入口
public static void main (String[] args) {
    MyLinkedList list1 = new MyLinkedList();
    MyLinkedList list2 = new MyLinkedList();
    MyLinkedList list3 = new MyLinkedList();
    for (int i=0; i<5; i++) {
        //创建list1的内容1->3->5->7->9
        list1.insertNode(i*2+1, i+1);
    }
    for (int i=1; i<=5; i++) {
        //创建list2的内容2->4->6->8->10
        list2.insertNode(i*2, i);
    }

    list1.printLinkedList();        //打印链表list1
    list2.printLinkedList();        //打印链表list2
    //合并list1和list2
    list3 = MergeLinkedListTest .MergeLinkedList(list1, list2);
    list1 = null;       //销毁对象list1
    list2 = null;        //销毁对象list2
    list3.printLinkedList();        //打印list3
    }
}
```

　　在代码中定义了一个 MergeLinkedListTest 类，类中定义了 static 函数 MergeLinkedList()用来将两个 MyLinkedList 链表合并，并返回新的 MyLinkedList 对象。

　　函数 MergeLinkedList()的具体实现是定义了 p、q、r 三个指针变量（Node 类型的引用变量），通过对 p 节点值和 q 节点值的比较，将值较小的节点连接到 r 节点后面，再将剩余的链表连接到 r 节点的后面。需要注意的是，因为 MergeLinkedList()函数的参数是 MyLinkedList 类型对象引用，而一个 MyLinkedList 对象中包含了链表的头节点指针 head，所以我们需要获取这个 head 指针才能对该链表进行操作，因此在 MyLinkedList 中需要新定义两个函数。

```
//获取链表的头节点指针
public Node getHead() {
    return head;
}
//设置链表的头节点指针
public void setHead(Node head) {
    this.head = head;
}
```

　　使用 getHead()函数将 list1 和 list2 的头节点取出，这样可以在 MergeLinkedList()函数中对链表 list1 和 list2 进行处理。使用 setHead()函数可将一个链表的头节点指针设置给一个 MyLinkedList 对象，这样可将合并后的链表头节点指针 head3 设置给新的链表对象 list3 并返回。

　　代码中的 MyLinkedList 类、insertNode()函数及 printLinkedList()函数等都是前面已经定义过的，这里不再给出。

　　运行结果如图 1-35 所示。

图 1-35　运行结果

　　list1 为 1->3->5->7->9，list2 为 2->4->6->8->10，合并后的链表为 1->2->3->4->5->6->7->8->9->10。

　　本题完整的代码及测试程序可从"微信公众号@算法匠人→匠人作品→《算法大爆炸》全书源代码资源→1-5"中获取。

1.3 栈

1.3.1 栈的基本概念

栈（Stack）是一个后进先出（Last In First Out，LIFO）的线性表，它要求只在表尾对数据执行删除和插入等操作。说得通俗一些，栈就是一个线性表（可以是数组，也可以是链表），但是它在操作上有别于一般的线性表。栈的元素必须先进后出，也就是先进入栈的元素必须后出栈，而不能像一般的链表或数组那样从任意位置读取元素；另外，栈的操作只能在线性表的表尾进行，这个表尾被称为栈的栈顶（top），相应的表头被称为栈的栈底（bottom）。

栈的形态很像一个子弹匣，最先压入弹匣的子弹一定最后弹出，而最后压入弹匣的子弹一定最先弹出，如图 1-36 所示。

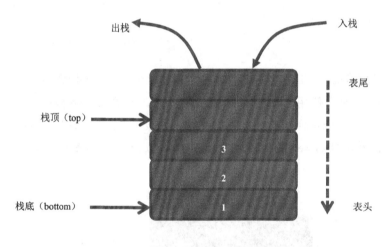

图 1-36 栈的示意

栈的数据必须从栈顶进入，也必须从栈顶取出，先入栈的数据在后入栈的数据的下面。栈中不含有任何数据时的状态叫作空栈，此时栈顶等于栈底（top 等于 bottom），随着数据不断地从栈顶进入栈中，栈顶与栈底逐渐分离（top 逐渐增大）。数据出栈时从栈顶弹出，栈顶下移（top 逐渐减小），当数据全部出栈后栈顶又重新等于栈底（top 等于 bottom）。

1.3.2 栈的定义

前面讲到，作为一个线性结构，栈既可以用数组实现也可以用链表实现。在大多数情况下，人们使用数组来实现栈，本书中只介绍用数组实现的顺序栈。

可以用下面这段代码定义一个栈。

```
class MyStack {
    int[] stack;              //用数组实现一个栈
    int top;                  //栈顶索引，实际上就是栈顶位置的数组下标
    int capacity;             //栈的容量

    public MyStack(int capacity) {
        stack= new int[capacity];     //动态初始化栈，长度为 capacity
        top= 0;                       //栈顶索引为 0，说明此时是空栈
        this.capacity = capacity;     //初始化栈的容量
    }
    public void push(int elem) {
        //入栈操作
        ......
    }

    public int pop() {
        //出栈操作
        ......
    }

    public void increaseCapacity() {
        //增加栈的容量
        ......
    }

}
```

MyStack 是我们定义的栈类，在该类中包含 3 个成员变量：stack 是 int[]类型的数组，说明用一个整型数组来实现栈。top 表示栈顶位置在数组 stack 中的下标，一般规定 top 始终指向栈顶元素的上一个空间，例如在图 1-36 中，栈顶元素是 3，而 top 指向该元素的上一个空间，所以真正的栈顶元素是 stack[top−1]。成员变量 capacity 用来记录栈当前的容量，随着栈中元素不断增加，可对栈进行扩容，变量 capacity 的值也应随之进行调整。

需要注意的是，MyStack 类中并没有定义栈底位置 bottom 的值，这是因为我们是使用数组来实现栈的，所以 bottom 的值恒等于 0，不需要定义成员变量 bottom。如果采用链表的形式实现栈，则需要定义 bottom 的值，它应当是指向栈底节点的指针变量（引用变量）。

在调用构造函数 MyStack(int capacity)初始化一个栈后，会在系统的堆内存上开辟大小为 capacity 的栈空间，但此时 top 的值为 0，即栈顶等于栈底，也就是说，此时该栈中还没有任何数据（空栈），如图 1-37 所示。

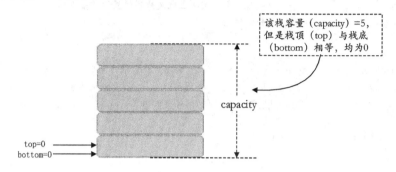

图 1-37　调用构造函数 MyStack(int capacity)初始化后栈的状态

在 MyStack 类中还定义了入栈操作 push()、出栈操作 pop()、栈扩容操作 increaseCapacity() 等函数，我们将在后续的章节中介绍。

1.3.3　栈的基本操作

1. 入栈

入栈就是向栈中存入数据。入栈要在栈顶进行，每当向栈中压入一个数据，栈顶指针 top 都要增加 1，直到栈满。可以用下面这段代码实现入栈操作。

```
public void push(int elem) {
    //入栈操作
    if (top == capacity) {
        //栈中元素已达到栈容量上限，需要扩容
        increaseCapacity();
    }
    stack[top] = elem;  //将元素 elem 存放在 stack[top]中
    top++;  //top 指向栈顶元素的上一个空间，此时栈顶元素为 stack[top-1]
}
```

通过上面这段代码，可将一个整型元素 elem 压入 MyStack 栈中，它的具体操作步骤如下。

（1）在将数据入栈前要判断栈是否已满，这里通过 if(top == capacity)条件语句来判断栈是否已满。

　　因为规定了 top 始终指向栈顶元素的上一个空间，而 stack 本质是一个数组（顺序栈），其下标 top 是从 0 开始计算的，所以 stack[top-1]是栈顶元素，并且 top 值等于该栈中元素的个数。当 top 等于 capacity 时，栈中元素的个数等于 capacity，top 已经指向 stack 数组的外面，所以不能再向栈中压入元素，需要调用 increaseCapacity()函数对栈进行扩容。increaseCapacity()函数的定义如下。

```
public void increaseCapacity() {
    //增加栈的容量
    //初始化一个新栈，容量是原栈容量的 2 倍
    int[] stackTmp = new int[stack.length * 2];
    System.arraycopy(stack,0,stackTmp ,0,stack.length);
    stack = stackTmp;
}
```

　　这一步操作如图 1-38 所示。

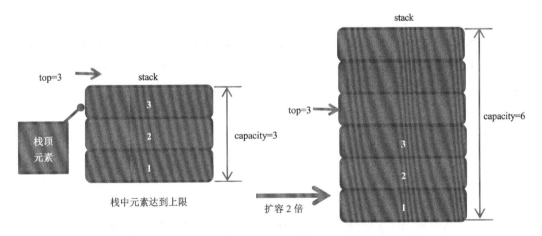

图 1-38　栈中元素达到上限需要扩容

　　（2）将参数 elem 存入栈顶，即执行"stack[top] = elem;"操作。

　　（3）将 top 加 1，这样 top 就指向了栈顶元素的上一个空间，栈顶元素为 stack[top−1]。入栈的过程如图 1-39 所示。

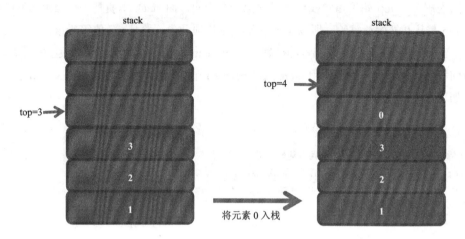

图 1-39　入栈

2. 出栈

出栈与入栈正好相反，它是从栈顶取出元素，同时栈顶指针 top 减 1。每从栈顶取出一个元素，栈内元素就减少一个。若重复执行出栈操作，那么最终可将栈内元素全部取出，使得栈顶等于栈底，此时该栈成为空栈。可以用下面这段代码实现出栈。

```
public int pop() {
    //出栈
    if (top == 0) {
        //栈顶等于栈底，说明栈中没有数据
        System.out.println("There are no elements in stack");
        return ERROR_ELEM_VALUE;          //返回一个无效值
    }
    top--;                                //栈顶指针 top 减 1，使其指向栈顶元素
    return stack[top];                    //将栈顶元素返回
}
```

函数 pop()的作用是将栈顶元素取出并返回，同时调整栈顶指针 top 的值（减 1）。它的具体操作步骤如下。

（1）在从栈顶取出元素前，需要判断栈内是否有元素，这里通过条件语句 if (top == 0)来判断。当 top 值等于 0 时，栈顶等于栈底（bottom 恒等于 0），此时栈内没有任何元素。如果栈内没有元素，则 pop 操作就是非法的，所以要返回一个无效值 ERROR_ELEM_VALUE。该值可以是任意整数，可根据具体需要自行定义，但要注意的是，一旦将某个整数赋值给常量 ERROR_ELEM_VALUE，该整数就不能作为栈中的有效元素了。

（2）将 top 值减 1，使其指向栈顶元素。

（3）将 stack[top]返回，完成出栈。

出栈的过程如图 1-40 所示。

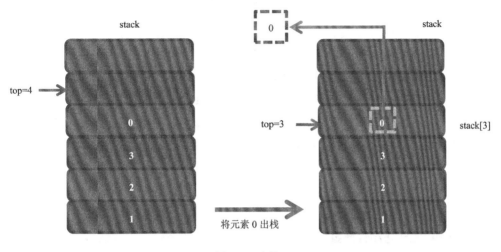

图 1-40　出栈

下面通过一个测试程序验证我们定义的 push()函数和 pop()函数。

```java
public static void main(String[] args) {
    MyStack stack = new MyStack(3);
    stack.push(1);
    stack.push(2);
    stack.push(3);
    stack.push(4);
    stack.push(5);
    System.out.println(stack.pop());
    System.out.println(stack.pop());
    System.out.println(stack.pop());
    System.out.println(stack.pop());
    System.out.println(stack.pop());
}
```

在上面这段测试程序中，首先初始化了一个容量为 3 的 MyStack 类型的栈，然后将整数 1、2、3、4、5 依次入栈，最后将这些元素依次出栈并打印出来。运行结果如图 1-41 所示。

图 1-41 运行结果

入栈顺序为 1->2->3->4->5，出栈顺序为 5->4->3->2->1，符合栈的先进后出（FIFO）原则。同时需要注意到，初始化该栈对象时指定的栈容量为 3，而实际压入栈中的元素数量为 5，这说明在入栈过程中成功地实现了栈的扩容，因此运行结果符合预期。

至此，我们完成了栈类 MyStack 的定义，并实现了 push()、pop()、increaseCapacity()等基本函数。以上完整的代码及测试程序可从"微信公众号@算法匠人→匠人作品→《算法大爆炸》全书源代码资源→1-6"中获取。

1.3.4 案例分析

案例 1-5：二/十进制转换器

利用栈结构将二进制数转换为十进制数。

本题难度：★

题目分析：

二进制数是计算机中数据的存储形式，它是由一串只包含 0 和 1 的编码组成的。每个二进制数都可以转换成对应的十进制数，每个十进制数也可以转换为相应的二进制数。二进制数和十进制数的转换规则如下。

$$(x_n x_{n-1} \cdots x_3 x_2 x_1)_2 = x_1 + 2x_2 + 2^2 x_3 + \cdots + 2^{n-2} x_{n-1} + 2^{n-1} x_n$$

举例来说，将二进制数 11001 转换为十进制数，方法就是：$1 \times 2^0 + 0 \times 2^1 + 0 \times 2^2 + 1 \times 2^3 + 1 \times 2^4 = 25$。

由于栈具有后进先出的特性，所以可以利用栈方便地将二进制数转换为十进制数。具体方法如下。

首先将二进制数从高位到低位顺序入栈。然后从栈顶依次取出每一个元素（0 或 1），当取出第 i 个元素时，就对应地乘以 2^{i-1}，并将结果累加起来。最终得到的和即为该二进制数对应的十进制数。

图 1-42 可以形象地展示出利用栈将二进制数 11001 转换为十进制数的过程。

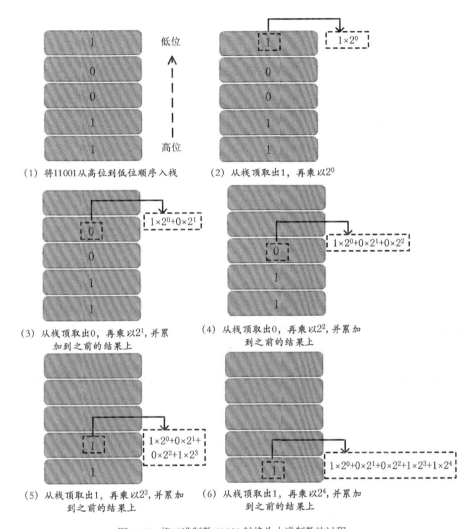

图 1-42　将二进制数 11001 转换为十进制数的过程

下面给出将二进制数转换为十进制数的 Java 代码描述。

```java
public static String BiToDec(String binary) {
    MyStack stack = new MyStack(10);
    int i;
    //将二进制串 binary 从高位到低位入栈
    for (i=0; i<binary.length(); i++) {
        if (binary.charAt(i) == '0') {
            stack.push(0); //将 0 以整数形式入栈
        } else {
```

```
        stack.push(1); //将1以整数形式入栈
    }
}
i = 0;
int e;
long sum = 0;
//将栈中的二进制串顺序出栈,并将其转换为十进制数
while((e = stack.pop()) !=stack.ERROR_ELEM_VALUE ) {
    sum = sum + (int)(e * Math.pow(2,i));
    i++;
}
return String.valueOf(sum);  //将十进制数的计算结果以字符串形式返回
}
```

函数 String BiToDec(String binary)的作用是将参数 binary 指定的二进制串转换成对应的十进制串并返回。这里需要注意的是,参数 binary 是 String 类型,由字符 0 和 1 组成,表示一个二进制数。为了与之对应,该函数的返回值也是 String 类型,表示一个十进制数。

在该函数内部,首先通过一个循环操作将二进制串 binary 从高位到低位顺序入栈。为了计算方便,这里将字符 0 或 1 转换为整数 0 或 1 后再存入栈,然后通过一个循环操作将栈中的二进制字符串从低位到高位顺序出栈。这里通过变量 i 控制每一个二进制位对应的积,Math.pow(2,i)表示 2^i。通过语句"sum = sum + (int)(e * Math.pow(2,i));"达到将二进制数的第 i 位元素乘以 2^{i-1},再逐一累加在一起的目的。累加的结果存放在变量 sum 中。最后将计算结果 sum 转换为 String 类型并返回。

下面我们通过一个测试程序检验函数 BiToDec()的正确性。

```
public static void main(String args[]) {
    //将二进制串"11001"转换为十进制字符串,并输出在屏幕上
    System.out.println("The result of converting 11001
        to decimal number is");
    System.out.println(BiToDecTest.BiToDec("11001"));
}
```

上述测试程序的运行结果如图 1-43 所示。

图 1-43 运行结果

本题完整的代码及测试程序可从"微信公众号@算法匠人→匠人作品→《算法大爆炸》全书源代码资源→1-7"中获取。

案例 1-6：括号匹配问题

已知表达式中只允许有两种括号——圆括号()和方括号[]，它们可以任意地嵌套使用，例如 [()]、[()()]、[()([])]等都是合法的表达式。括号必须成对出现，[()、([)、[)等不成对出现的情况是非法的。编写一个程序，判断一个括号表达式是否合法。

本题难度：★★

题目分析：

括号匹配问题是一道栈的经典问题。由于题目要求括号必须成对出现且可以任意嵌套，所以可以利用栈来保存输入的括号，并判断输入的括号表达式是否合法，具体做法如下。

每输入一个括号就与栈顶的括号进行比较。如果输入的括号与栈顶中保存的括号匹配，例如输入的括号是]，栈顶保存的括号是[，则将栈顶的括号出栈；如果输入的括号与栈顶中保存的括号不匹配，例如输入的括号是[，而栈顶保存的括号是)，则将输入的括号入栈。不难想象，按照这样的规律进行下去，如果输入的括号完全匹配，即括号表达式合法，那么当输入完毕时，栈应该恰好为空。如果输入完毕而栈中仍有元素，则表明输入的括号不完全匹配，也就是括号表达式非法。

我们通过具体实例来进一步理解该算法。

假设括号表达式为"[()]"，按照上述方法判断的过程如图 1-44 所示。

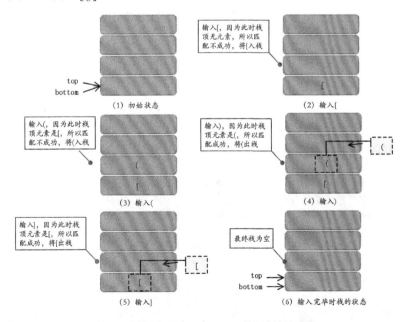

图 1-44　判断括号表达式"[()]"是否合法的过程

当括号表达式输入完毕后,栈中为空,因此表达式"[()]"是合法的。假设括号表达式为"[(])",按照上述方法判断的过程如图 1-45 所示。

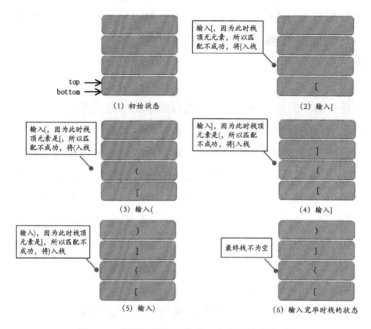

图 1-45　判断括号表达式"[(])"是否合法的过程

如图 1-45 所示,当括号表达式输入完毕后,栈中不为空,所以可以判定表达式"[(])"是非法的。

下面给出上述算法的 Java 代码实现。

```java
public static boolean MatchBracket(String expression) {
    //判断括号表达式expression是否合法
    MyStack stack = new MyStack(10) ;  //初始化栈
    for (int i=0; i<expression.length(); i++) {
        if ((c = stack.pop()) != stack.ERROR_ELEM_VALUE ) {
            //从栈中弹出了有效元素,说明栈不为空
            if (!match(c, expression.charAt(i))) {
                //如果栈顶元素 c 与 expression 的第 i 个括号不匹配
                //则将 c 重新入栈,同时将 expression 的第 i 个括号入栈
                stack.push(c);
                stack.push(expression.charAt(i));
            }
        } else {
            //如果是空栈,则说明输入的是第 1 个括号,保存在栈中
```

```
            stack.push(c);
        }
    }
    if (stack.pop() != stack.ERROR_ELEM_VALUE) {
        //栈不为空，说明表达式 expression 非法，返回 false
        return false;
    } else {
        return true;  //栈为空，说明表达式 expression 合法，返回 true
    }
}
```

函数 MatchBracket(String expression)的作用是判断参数 expression 指定的括号表达式是否完全匹配（是否合法），如果完全匹配，则返回 true，否则返回 false。

在该函数中通过一个循环操作将括号表达式 expression 中的字符逐一取出并与栈顶元素进行比较。如果括号不匹配，也就是 match(c, expression.charAt(i))的返回值为 false，则将这个从表达式中取出的括号字符 expression.charAt(i)入栈。这里请注意，因为此时栈顶元素 c 已经出栈，所以要先将出栈的栈顶元素 c 重新入栈，再将 expression.charAt(i)入栈。如果 expression.charAt(i)与栈顶元素 c 匹配，也就是 match(c, expression.charAt(i))的返回值为 true，则不用做任何操作（因为此时栈顶元素 c 已经出栈）。另外，如果取出的栈顶元素为无效值 ERROR_ELEM_VALUE，则说明当前栈中还没有任何内容，也就是输入的是第 1 个括号，此时要将第 1 个括号字符入栈。

判断括号是否匹配的函数 match()的定义如下。

```
private static boolean match(char a, char b) {
    if ((a == '(' && b == ')') || (a== '[' && b == ']')) {
        return true;
    }
    return false;
}
```

当上述循环操作结束时，如果栈为空，则说明表达式合法，即表达式中的括号完全匹配，因此返回 true；如果栈不为空，则说明表达式非法，即表达式中存在不相匹配的括号，因此返回 false。

需要注意的一点是，上述代码中使用的栈 MyStack 与案例 1-5 中使用的 MyStack 略有不同，这里的 MyStack 中存放的是字符型（char 类型）元素，而案例 1-5 中的 MyStack 中存放的是整型（int 类型）元素，所以 MyStack 类要稍加修改才能使用。

下面我们通过一个测试程序检验函数 MatchBracket(String expression)的正确性。

```
public static void main (String[] args) {
    String res = "WRONG";
```

```
String expression = "[([])]";
if (MatchBracketTest .MatchBracket(expression)) {
    res = "RIGHT";
}
System.out.println("The expression " + expression  + " is " + res );
}
```

上述测试程序的运行结果如图 1-46 所示。本题完整的代码及测试程序可从"微信公众号@算法匠人→匠人作品→《算法大爆炸》全书源代码资源→1-8"中获取。

The expression [([])] is RIGHT

图 1-46　运行结果

1.4　队列

1.4.1　队列的基本概念

队列（Queue）是一种先进先出（First In First Out，FIFO）的线性表。与一般的数组和链表不同，队列要求所有的数据只能从一端进入，从另一端离开。在队列中，数据进入的一端叫队尾（rear），数据离开的一端叫队头（front）。队列的逻辑结构如图 1-47 所示。

图 1-47　队列的逻辑结构

图 1-47 示意了队列操作的逻辑特性，即数据只能从队尾进入队列，从队头离开队列。而队列的具体实现并无一定之规，既可以使用数组，也可以使用链表。本书将重点介绍用链表实现的链队列。

1.4.2　队列的定义

链队列的定义与普通的链表定义很相似，需要先定义队列的节点类，再定义队列类。
队列的节点可以用 Java 语言描述如下。

```
class MyQueueNode {
    int data;                //数据域，变量类型为int
    MyQueueNode next;        //指针域，指向下一个节点
    public MyQueueNode(int data) {
        //构造函数，在构造节点对象时将data赋值给this.data成员,并将next初始化为null
        this.data = data;
        this.next = null;
    }
}
```

　　MyQueueNode 是队列节点类型，与链表节点类 Node 相似，该类中包含两个成员变量：数据域成员 data 和指针域成员 next。其中数据域 data 是 int 类型，说明该队列是一个可以存放整型元素的队列。MyQueueNode(int data)函数是队列节点类的构造函数，用来初始化队列节点实例。

　　接下来定义队列类。因为数据必须从队尾进入队列，从队头离开队列，所以在队列类中要包含队头和队尾两个指针，用来进行数据的入队列操作和出队列操作。此外，要定义诸如入队列、出队列、获取队列长度等基本操作。下面给出队列类的 Java 语言描述。

```
public class MyQueue {
    private MyQueueNode front;        //队头
    private MyQueueNode rear;         //队尾

    public MyQueue() {
        //构造函数
        front = null;
        rear = null;
    }

    public void enQueue(int data) {
        //入队列操作，将数据存入队列
        ……
    }

    public int deQueue() {
        //出队列操作，从队头取出数据并返回
        ……
    }
}
```

　　MyQueue 类是我们定义的队列类，该类中包含两个 MyQueueNode 类型的成员变量——front 和 rear。front 表示队头，指向队头节点；rear 表示队尾，指向队列的尾节点。函数 MyQueue()

是 MyQueue 类的构造函数，用来初始化 MyQueue 类的对象。在构造函数中将成员变量 front 和 rear 都初始化为 null，表示当前队列中没有任何元素，也就是队列为空。

此外，在 MyQueue 类中还定义了队列操作的基本函数——入队列操作 enQueue()和出队列操作 deQueue()，我们将在后续的章节中介绍这些函数的实现。

1.4.3 队列的基本操作

队列的基本操作包括入队列操作和出队列操作，根据实际需要还可以在队列类中定义其他函数。

1. 入队列操作

入队列操作是让指定元素从队列的尾部进入队列的操作。元素进入队列后，队尾指针 rear 要修改，而队头指针 front 一般不变（除非最初的队列为空）。可以用下面这段代码实现入队列操作。

```
public void enQueue(int data) {
    //入队列操作，将data存入队列
    MyQueueNode node = new MyQueueNode(data); //创建队列节点
    if (front == null && rear == null) {
        //队列为空，将front和rear指向node
        front = rear = node;
    } else {
        //队列不为空，将node节点从队尾加入队列
        rear.next = node;      //将node节点连入队尾
        rear = node;           //rear指向node节点
    }
}
```

enQueue()函数的作用是让整型元素 data 进入队列。

程序首先调用 MyQueueNode 类的构造函数创建一个队列节点，并将 data 作为构造函数的参数传入，这样该节点中包含的数据（data 域中的值）就是 data；然后将新生成的队列节点连接到队列的尾部，也就是执行"rear.next = node;"操作；最后修改队尾指针 rear 的值，使之指向新入队的 node 节点。

需要注意的是，当 front == null 且 rear == null 时，说明当前队列为空，入队列操作直接将 node 赋值给 front 和 rear 即可，说明入队列后队列中仅有一个元素，该元素既是队头也是队尾。

入队列操作的过程如图 1-48 所示。

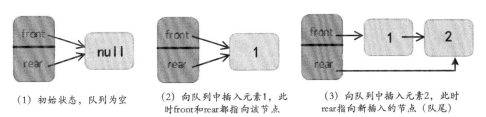

（1）初始状态，队列为空　　（2）向队列中插入元素1，此　　（3）向队列中插入元素2，此时
　　　　　　　　　　　　　时front和rear都指向该节点　　　　rear指向新插入的节点（队尾）

图 1-48　入队列操作过程

2. 出队列操作

出队列操作是将队头元素从队列中取出的操作。元素出队列后，队头指针 front 将指向原队头节点的后继节点，而队尾指针 rear 一般不变（除非出队列后队列变为空）。可以用下面这段代码实现出队列操作。

```
public int deQueue() {
    //出队列操作，从队头取出数据元素并返回
    if (front == null) {
        //队列为空，返回无效值 ERROR_ELEM_VALUE
        return ERROR_ELEM_VALUE;
    }
    int data = front.data;
    front = front.next;
    if (front == null) {
        //如果出队列后队列为空，则 rear 也要置为 null
        rear = null;
    }
    return data;
}
```

deQueue()函数的作用是将队头元素取出。首先要判断 front 是否为 null，如果 front 为 null，则说明该队列是一个空队列，直接返回无效值 ERROR_ELEM_VALUE（该值可定义为该队列中不会存在的值）即可；如果队列不为空，则通过语句"data = front.data;"将队头元素取出并赋值给变量 data，再执行"front = front.next;"操作将队头节点删除；最后返回队头的元素值 data。

需要注意的是，在执行完"front = front.next;"操作后，还要判断 front 是否等于 null，如果 front 等于 null，则说明删除队头节点后队列为空，此时也要将 rear 置为 null，使队列恢复到图 1-48 中（1）的状态，否则队头节点会始终被变量 rear 引用而无法被回收释放。

出队列操作的过程如图 1-49 所示。

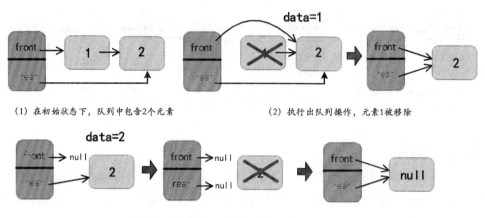

(1) 在初始状态下，队列中包含2个元素　　(2) 执行出队列操作，元素1被移除

(3) 执行出队列操作，元素2被移除，此时队
列为空，front和rear都被置为null

图1-49　出队列操作过程

下面通过一个测试程序来验证上面实现的队列操作函数。

```java
public static void main(String[] args) {
    MyQueue  queue = new MyQueue();
    queue.enQueue(1);
    queue.enQueue(2);
    queue.enQueue(3);
    queue.enQueue(4);
    System.out.println("The length of the queue is "
                        + queue.getQueueLength());
    System.out.println(queue.deQueue());
    System.out.println(queue.deQueue());
    System.out.println("The length of the queue is "
                        + queue.getQueueLength());
    queue.destroyQueue();
    System.out.println("The length of the queue is "
                        + queue.getQueueLength());
}
```

在测试程序中首先创建了一个包含整型元素的队列 queue，然后让整数 1、2、3、4 依次进
入队列，并在屏幕上打印出该队列的长度；接下来执行两次出队列操作，并将取出的元素打印
出来，在屏幕上显示出该队列的长度；最后将队列销毁，在屏幕上显示出该队列的长度。运行
结果如图 1-50 所示。

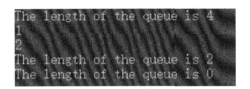

图 1-50　运行结果

　　整数 1、2、3、4 依次进入队列后，队列中的元素为 1->2->3->4，队列长度为 4；执行两次出队列操作，在屏幕上依次显示整数 1 和 2，此时队列的长度变为 2。执行销毁队列操作后，队列的长度变为 0。运行结果符合预期。

　　在测试程序中调用了 getQueueLength() 函数获取队列的长度，该函数定义如下。

```
public int getQueueLength() {
    //获取队列的长度
    int length = 0;
    MyQueueNode p = front;
    while (p != null) {
        length++;     //遍历整个队列，用变量 length 记录队列元素数量
        p = p.next;
    }
    return length;
}
```

　　这里通过遍历队列节点的方式获取队列的长度。当然我们也可以参照 1.2 节中介绍的获取链表长度的方法，通过设置成员变量 length 来记录队列的长度，更加节省时间。

　　销毁队列的操作是通过函数 destroyQueue() 实现的，该函数定义如下。

```
public void destroyQueue() {
    //销毁队列
    rear = null;   //将队尾指针置为 null
    front = null;  //将队头指针置为 null
}
```

　　销毁一个队列与销毁一个链表的方法相似，只要将队头指针 front 和队尾指针 rear 都置为 null 即可，系统的垃圾回收机制会将队列链表逐一回收并释放。

　　至此，我们完成了队列类 MyQueue 的定义，并实现了 enQueue()、deQueue()、getQueueLength()、destroyQueue() 等基本函数。以上完整的代码及测试程序可从"微信公众号@算法匠人→匠人作品→《算法大爆炸》全书源代码资源→1-9"中获取。

1.4.4 双端队列

除了前面介绍的从一端插入数据从另一端删除数据的普通队列，还有其他形式的队列，例如双端队列。

双端队列结合了队列和栈的优点，从队列的两端都可以插入数据（入队列）和删除数据（出队列），如图 1-51 所示。

图 1-51　双端队列示意图

与普通队列相比，双端队列的操作更加灵活。虽然双端队列不及普通队列和栈应用广泛，但在某些特殊场景下有其独特的优势。

有关双端队列的内容在这里不详述，感兴趣的读者可以查阅相关书籍。

1.4.5 案例分析

案例 1-7：打印符号三角形

规定这样一种符号三角形，如图 1-52 所示。

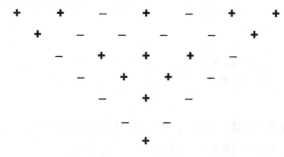

图 1-52　符号三角形

该符号三角形的特点是：仅由 "+" 和 "−" 这两种符号构成；同号下面是 "+"，异号下面是 "−"。因此第 1 行决定了整个符号三角形的 "+" 和 "−" 的数量以及排列状态。编写一个程序，输入任意符号三角形的第 1 行，打印出符合规则的符号三角形。

本题难度： ★★

题目分析：

"打印符号三角形"是一道经典的使用队列处理的问题。我们可以使用一个队列，并利用它先进先出的特性，先将第 1 行的 n 个符号入队列，再依次将符号取出。在取出第 i 个符号时，要判断它是否跟第 $i-1$ 个符号相同。如果相同，则将"+"入队列；如果不同，则将"−"入队列。在第 1 行的 n 个符号全部出队列并打印出来后，第 2 行的 $n-1$ 个符号也已全部进入队列。重复上述操作，一共打印 n 行，即可打印出完整的符号三角形，实现该过程的 Java 代码如下。

```java
public static void printCharacterTriangle(String firstLine) {
    MyQueue queue = new MyQueue();
    int count = firstLine.length();
    for (int i=0; i<count; i++) {
        queue.enQueue(firstLine.charAt(i));
    }

    for (int i=0; i<count; i++) {
        for (int j=0; j<i; j++) {
            System.out.print(" "); //打印空格符，控制三角形输出的形状
        }
        char a = queue.deQueue();
        System.out.print(a + " ");

        for (int j=0;  j<count-i-1;  j++) {
            char b = queue.deQueue();
            System.out.print(b + " ");
            if (a == b) {
                queue.enQueue('+');
            } else {
                queue.enQueue('-');
            }
            a = b;
        }
        System.out.println();
    }
}
```

函数 printCharacterTriangle(String firstLine)的作用是在屏幕上打印出符合要求的符号三角形。该函数包含一个字符串类型的参数 firstLine，它指定了符号三角形中第 1 行的符号。

在函数 printCharacterTriangle()中首先创建一个队列实例（MyQueue 类的对象），然后将 firstLine 中的字符逐一取出并保存到该队列中。接下来通过一个二重循环打印这个符号三角形。

外层循环的作用是控制符号三角形输出的行数。该符号三角形的行数就是第 1 行符号的数量，也就是说，如果第 1 行的符号数量为 count，则该符号三角形的行数是 count。

内层循环包括两个 for 循环，第 1 个 for 循环的作用是在每一个符号行的开始位置打印空格符，其目的是控制符号三角形的输出形状，如图 1-53 所示。

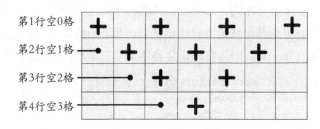

图 1-53　第 1 个 for 循环的作用

第 2 个 for 循环的作用是打印符号三角形中某一行的符号。这个过程较复杂，因此通过一个具体实例来说明。假设队列中已存放第 1 行符号，如图 1-54 所示。

图 1-54　队列中已存放第 1 行符号

在执行第 2 个 for 循环操作前，通过 queue.deQueue()函数取出队首元素+，并保存到变量 a 中，再打印出来。

然后通过一个 for 循环依次从队列 queue 中取出第 2 个至最后一个元素，过程如下。

（1）通过 queue.deQueue()函数取出元素+，并保存到变量 b 中。

（2）如果变量 a 和 b 中的元素相同，则 a、b 下面的符号为+，将 "+" 从队尾插入队列；否则，将 "−" 从队尾插入队列，如图 1-55 所示。

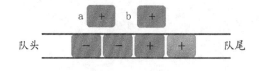

图 1-55　将+插入队尾

（3）将变量 b 赋值给变量 a，重复（1）的操作。

该循环操作在本行中的全部符号都被取出并打印后停止。此时，队列中保存的是下一行应当输出的符号。对本例而言，此时队列的状态如图 1-56 所示。

队头 + − + − 队尾

图 1-56 输出第 1 行后队列的状态

回到外层循环，继续打印下一行，直到把 count 行的符号三角形全部打印出来。

下面通过一个测试程序验证函数 printCharacterTriangle() 的正确性。

```
public static void main(String[] args) {
    String firstLine = "+--+++--+";
    printCharacterTriangle(firstLine);
}
```

在 main() 函数中给出了符号三角形的第 1 行符号 +—+++—+，调用 printCharacterTriangle() 函数打印出这个符号三角形。运行结果如图 1-57 所示。

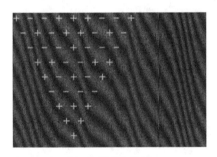

图 1-57 运行结果

本题完整的代码及测试程序可从"微信公众号@算法匠人→匠人作品→《算法大爆炸》全书源代码资源→1-10"中获取。

案例 1-8：用两个栈实现一个队列

请用两个栈实现一个队列的以下操作。

◎ 入队列：enQueue(int elem)。

◎ 出队列：int deQueue()。

◎ 判断队列是否为空：boolean inEmptyQueue()。

◎ 获取队列中元素的数量：int getCount()。

请编程实现这个队列。

本题难度：★★

题目分析：

跟前面介绍的链队列不同，本题要求用两个栈实现一个队列的功能，所以需要重新设计。

无论怎样实现队列，最核心的一点都是要满足队列的逻辑特性，即先进先出。而同作为线性结构的栈，它与队列的本质区别在于其逻辑特性与队列不同——栈是先进后出（FILO）的线性表。所以要用栈实现队列的功能，就必须通过一种方式将先进后出转化为先进先出，从而模拟队列的逻辑特性。

一种普遍的做法是使用两个栈实现一个队列的功能，一个栈（stack1）用来存放数据，另一个栈（stack2）作为缓冲区。在入队列时，将元素压入 stack1；在出队列时，将 stack1 中的元素逐个弹出并压入 stack2，然后将 stack2 的栈顶元素取出作为出队元素；接下来将 stack2 中的元素逐个弹出并压入 stack1。这样就能通过两个栈之间的数据交换实现入队列和出队列。如图 1-58 所示。

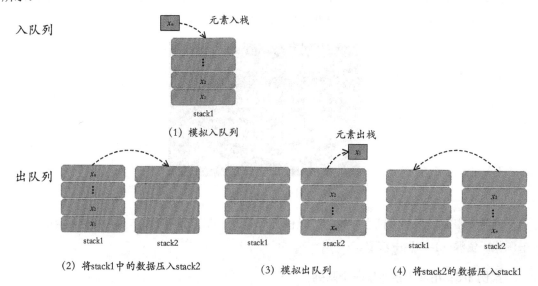

图 1-58　用两个栈模拟入队列和出队列

细心的读者可能已经发现，其实出队列的"元素出栈"完成后，没有必要将 stack2 的数据压入 stack1，因为下一次出队列还要在 stack2 中完成，并且下一次出队列取出的数据仍是 stack2 的栈顶元素。如果约定每次出队列时都从 stack2 的栈顶获取数据，入队列时都把数据压入 stack1，当 stack2 中的数据为空后再将 stack1 中的数据压入 stack2，那么 stack2 中的数据就会始终排在 stack1 中数据的前面，stack1 的栈顶相当于队列的队尾，stack2 的栈顶相当于队列的队首。如图

1-59 所示。

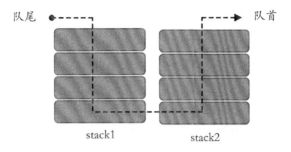

图 1-59　stack1 的栈顶相当于队尾，stack2 的栈顶相当于队首

　　总结一下改进后的方法：在入队列时，将元素压入 stack1；在出队列时，判断 stack2 是否为空，如果 stack2 不为空，则直接取出 stack2 的栈顶元素，如果 stack2 为空，则将 stack1 中的元素逐一弹出并压入 stack2，再取出 stack2 的栈顶元素。

　　下面给出用两个栈实现一个队列的 Java 代码及测试程序。

```java
public class StackQueue {
    MyStack stack1 = new MyStack();
    MyStack stack2 = new MyStack();

    public enQueue(int elem) {
        stack1.push(elem);      //入队列操作，将elem压入stack1即可
    }

    public int deQueue() {
        if (!stack2.isEmpty()) {
            //stack2不为空，直接stack2.pop()
            return stack2.pop();
        } else {
            while(!stack1.isEmpty()) {
                //将stack1中的元素弹出并压入stack2
                stack2.push (stack1.pop());
            }
            return stack2.pop();    //取出stack2的栈顶元素
        }
    }

    public boolean inEmptyQueue() {
        if (stack1.isEmpty() && stack2.isEmpty()) {
            return true;        //当stack1和stack2都为空时，队列为空
        }
```

```
        return false;
    }

    public int getCount() {
        //返回 stack1 和 stack2 中元素个数之和
        return stack1.getCount() + stack2.getCount();
    }

    public static void main(String[] args) {
        StackQueue queue = new StackQueue();
        queue.enQueue(1);
        queue.enQueue(2);
        queue.enQueue(3);
        queue.enQueue(4);
        queue.enQueue(5);
        System.out.println
        ("The elements count in this queue is " +queue.getCount());
        System.out.println(queue.deQueue());
        System.out.println(queue.deQueue());
        System.out.println
        ("The elements count in this queue is " +queue.getCount());
        System.out.println(queue.deQueue());
        System.out.println(queue.deQueue());
        System.out.println(queue.deQueue());
        System.out.println
        ("The elements count in this queue is " +queue.getCount());
        System.out.println("The queue is "
                + ( queue.inEmptyQueue() ? "empty" : "not empty"));
    }
}
```

上述 Java 代码实现了用两个栈模拟一个队列的功能，通过两个栈之间的数据交换实现了入队列和出队列，同时定义了判断队列是否为空的函数 boolean inEmptyQueue()，以及获取队列中元素数量的函数 int getCount()。

代码中用到的栈类 MyStack 就是前面给出的 MyStack 的定义。这里需要注意的是，在实现 inEmptyQueue()函数和 getCount()函数时，会用到 MyStack 类的函数 isEmpty()和 getCount()，这两个函数在 MyStack 类中的定义如下。

```
public int getCount() {
    return top; //因为 top 指向栈顶元素的上一个空间，所以 top 值即为栈中元素的数量
}
```

```
public boolean isEmpty() {
    if (top == 0) {
        return true;  //当 top 等于 0 时栈为空
    }
    return false;
}
```

在测试程序中，首先将整数 1、2、3、4、5 顺序入队列，此时队列的状态为 1->2->3->4->5；然后将队头的两个元素出队列，此时队列状态为 3->4->5；最后将后 3 个元素出队列，此时队列为空。运行结果如图 1-60 所示。

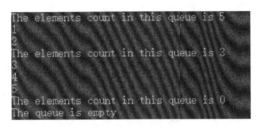

图 1-60　运行结果

本题完整的代码及测试程序可从"微信公众号@算法匠人→匠人作品→《算法大爆炸》全书源代码资源→1–11"中获取。

第2章
树结构

树结构是以分支关系定义的一种层次结构，应用树结构组织起来的数据，逻辑上都具有明显的层次关系。操作系统中的文件管理系统、网络系统中的域名管理、数据库系统中的索引管理等都使用了树结构来组织和管理数据，本章就来介绍一下树结构的基本知识。

2.1　树的基本概念

1. 树的定义

树（Tree）是由 n（$n \geqslant 0$）个节点组成的有限集合。在任意一棵非空树中，

（1）有且仅有一个根（Root）节点。

（2）当 $n>1$ 时，其余节点分为 m（$m>0$）个互不相交的有限集：$T_1, T_2, \cdots, T_m$，其中每一个集合都是一棵树，称为子树（SubTree）。

这种定义似乎有些抽象，可以通过图 2-1 直观地理解树的概念。

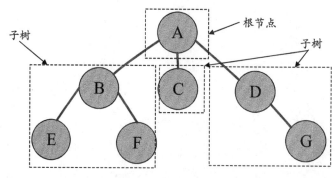

图 2-1　树结构示意

图 2-1 中每个圆圈表示树的一个节点，其中节点 A 称为树的根节点，节点 {B, E, F} {C} {D, G} 构成 3 个互不相交的集合，它们都是根节点 A 的子树，每一棵子树本身也是树。

2. 常见术语

节点的度（Degree）：节点拥有的子树数量称为该节点的度。例如图 2-1 中节点 A 的度为 3，因为它有 3 棵子树。

树的度：树中各节点度的最大值称为该树的度。例如图 2-1 中树的度为 3。

叶子节点（Leaf）：度为 0 的节点称为树的叶子节点。例如图 2-1 中节点 E、F、C、G 都是叶子节点。

孩子节点（Child）：一个节点的子树的根节点称为该节点的孩子节点。例如图 2-1 中节点 B、C、D 均为节点 A 的孩子节点。

双亲节点（Parent）：双亲节点与孩子节点对应，如果节点 B 是节点 A 的孩子节点，那么节点 A 称为节点 B 的双亲节点。例如图 2-1 中节点 A 称为节点 B、C、D 的双亲节点。

兄弟节点（Sibling）：一个双亲节点的孩子节点互为兄弟节点。例如图 2-1 中节点 B、C、D 互为兄弟节点。

节点的层次（Level）：从根节点开始，根节点为第 1 层，根节点的孩子节点为第 2 层，以此类推。如果某节点位于第 l 层，其孩子节点就在第 $l+1$ 层。例如图 2-1 中节点 E、F、G 均位于树的第 3 层。

树的深度（Depth）：树中节点的最大深度称为树的深度。例如图 2-1 中树的深度为 3。

森林（Forest）：m（$m \geqslant 0$）棵互不相交的树的集合称为森林。

3. 树的性质

性质 1：非空树的节点总数等于树中所有节点的度之和加 1。

性质 2：度为 k 的非空树的第 i 层最多有 k^{i-1} 个节点（$i \geqslant 1$）。

性质 3：深度为 h 的 k 叉树最多有 $k^h - 1/(k-1)$ 个节点。

性质 4：具有 n 个节点的 k 叉树的最小深度为 $\lceil \log_k(n(k-1)+1) \rceil$。

以上是树结构的一些基本特性，在此不做证明，有兴趣的读者可查阅其他书目了解证明过程。

2.2　二叉树

二叉树是一种特殊形式的树结构，前面所讲的树的特性及术语同样适用于二叉树。

1. 二叉树的定义

二叉树（Binary Tree）或者为空，或者由一个根节点加上根节点的左子树和右子树组成，要求左子树和右子树互不相交，且同为二叉树。很显然，这个定义是递归形式的。图 2-2 为二叉树的结构示意。

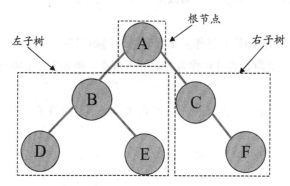

图 2-2　二叉树的结构示意

二叉树中的每个节点至多有两个孩子节点，其中左边的孩子节点称为左孩子，右边的孩子节点称为右孩子。

2. 满二叉树与完全二叉树

如果二叉树中的任意节点都是叶子节点或有两棵子树，同时叶子节点都位于二叉树的底层，则称其为满二叉树，图 2-3 所示为满二叉树。

若二叉树中最多只有最下面两层节点的度小于 2，并且底层节点（叶子节点）依次排列在该层最左边的位置上，则称其为完全二叉树，图 2-4 所示为完全二叉树。

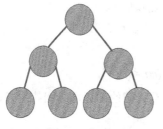

图 2-3　满二叉树

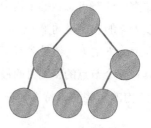

图 2-4　完全二叉树

由于二叉树的结构具有特殊性，因此有一些重要的性质需要大家掌握。

性质 1：在二叉树中第 i 层上至多有 2^{i-1} 个节点（$i \geq 1$）。

性质 2：深度为 k 的二叉树至多有 2^k-1 个节点（$k \geq 1$）。

性质 3：对于任何一棵二叉树，如果其叶子节点数为 n_0，度为 2 的节点数为 n_2，则 $n_0=n_2+1$。

性质 4：具有 n 个节点的完全二叉树的深度为 $\lfloor \log_2 n \rfloor +1$。

3. 二叉树的存储形式

二叉树一般采用多重链表的形式存储，直观地讲就是将二叉树的各个节点用链表节点的形式连接在一起。这样通过特定算法可以对二叉树中的节点进行操作。图 2-5 所示为多重链表存储的二叉树。每个节点都包含 3 个域，除一个数据域用来存放节点数据外，还包含两个指针域，用来指向其左右两个孩子节点。当该节点没有孩子节点或者缺少某个孩子节点时，相应的指针域将被置为 null。

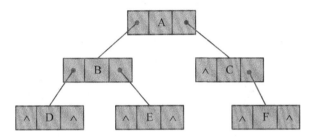

图 2-5　多重链表存储的二叉树

二叉树节点包含 3 个域，其中 leftChild 和 rightChild 为指针域，指向该节点的左孩子和右孩子。data 是数据域，用来存放该节点中包含的数据。二叉树节点的结构如图 2-6 所示。

图 2-6　二叉树节点的结构

二叉树的节点可定义如下。

```
class BinaryTreeNode {
    int data;    //节点中的数据域
    BinaryTreeNode leftChild;        //左孩子
    BinaryTreeNode rightChild;       //右孩子

    public BinaryTreeNode(int data) {  //构造函数
        this.data = data;
        leftChild = null;
        rightChild = null;
    }
}
```

上述代码定义了一个二叉树的节点类型 BinaryTreeNode，其中包含 3 个数据成员：data 是一个整型变量（也可以是其他类型的变量），用来存放节点中的数据；leftChild 是 BinaryTreeNode 类型变量，用来指向该节点的左孩子；rightChild 也是 BinaryTreeNode 类型变量，用来指向该节点的右孩子。此外还定义了一个构造函数，用来初始化二叉树节点的实例。构造函数的参数指定了该节点中数据域的值 data，同时在构造函数中要将 leftChild 和 rightChild 两个变量置为 null，表示当前节点没有左孩子和右孩子。

对于一棵二叉树而言，只要得到了它的根节点指针（引用），就可以通过链表结构访问到二叉树中的每一个节点。所以在定义二叉树类时，通常只需要保存二叉树的根节点，而不需要记录二叉树中每一个节点的信息。可以通过下面这段代码定义一个二叉树类。

```
class BinaryTree {
    private BinaryTreeNode root;      //二叉树的根节点（BinaryTreeNode 类型）
    public BinaryTree() {             //构造函数
        root = null;
    }
}
```

2.3　二叉树的遍历

所谓二叉树的遍历（Traversing Binary Tree）就是通过某种方法将二叉树中的每个节点都访问一次，并且只访问一次。在实际应用中，经常需要按照一定的顺序逐一访问二叉树中的节点，并对其中的某些节点进行处理，所以二叉树的遍历操作是二叉树应用的基础。

二叉树的遍历分为两种：一种是基于深度优先搜索的遍历，它是利用二叉树结构的递归特性设计的。人们熟悉的先序遍历、中序遍历、后序遍历都属于这种遍历。另一种是按层次遍历二叉树，它是利用二叉树的层次结构，并借助队列设计的。

1. 基于深度优先搜索的遍历

从二叉树的定义可知，一棵二叉树由根节点、左子树和右子树 3 部分构成，因此只要完整地遍历了这 3 部分，就等同于遍历了整棵二叉树。二叉树的根节点可以通过 root 指针直接遍历，但是如何遍历左子树和右子树呢？我们可以把根节点的左子树和右子树看成两棵独立的二叉树，以同样的方式来遍历它们。显然这是一种递归形式的遍历算法，也是一种基于深度优先搜索的遍历算法。

基于深度优先搜索的遍历算法一般有 3 种：先序遍历（DLR）、中序遍历（LDR）和后序遍历（LRD）。其中 D 表示根节点，L 表示左子树，R 表示右子树。因为二叉树结构本身就是一种递归的结构，所以这 3 种遍历算法也都是以递归形式定义的，下面具体介绍一下。

（1）先序遍历（DLR）。

◎ 访问根节点。

◎ 先序遍历根节点的左子树。

◎ 先序遍历根节点的右子树。

其 Java 代码描述如下。

```java
public void PreOrderTraverse(BinaryTreeNode root) {
    if(root != null) {
        visit(root);        //访问根节点
        PreOrderTraverse(root.leftChild);       //先序遍历根节点的左子树
        PreOrderTraverse(root.rightChild);      //先序遍历根节点的右子树
    }
}
```

（2）中序遍历（LDR）。

◎ 中序遍历根节点的左子树。

◎ 访问根节点。

◎ 中序遍历根节点的右子树。

其 Java 代码描述如下。

```java
public void InOrderTraverse(BinaryTreeNode root) {
    if(root != null) {
        InOrderTraverse(root.leftChild);        //中序遍历根节点的左子树
        visit(root);                //访问根节点
        InOrderTraverse(root.rightChild);       //中序遍历根节点的右子树
    }
}
```

（3）后序遍历（LRD）。

◎ 后序遍历根节点的左子树。

◎ 后序遍历根节点的右子树。

◎ 访问根节点。

其 Java 代码描述如下。

```java
public void PostOrderTraverse(BinaryTreeNode root) {
    if(root != null) {
        PostOrderTraverse(root.leftChild);      //后序遍历根节点的左子树
        PostOrderTraverse(root.rightChild);     //后序遍历根节点的右子树
        visit(root);            //访问根节点
```

```
    }
}
```

在上述代码中，访问根节点的函数 visit()可依据实际情况自行定义，它可以是读取节点中数据的操作，也可以是其他复杂的操作。

假设现在内存中已存在一棵二叉树，其形态如图 2-7 所示。

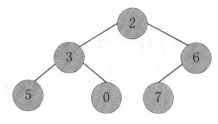

图 2-7　二叉树示意

该二叉树的先序遍历序列为{2, 3, 5, 0, 6, 7}；中序遍历序列为{5, 3, 0, 2, 7, 6}；后序遍历序列为{5, 0, 3, 7, 6, 2}。

2. 按层次遍历

按层次遍历二叉树是一种基于广度优先搜索思想的二叉树遍历算法。不同于前面讲过的先序、中序和后序遍历，按层次遍历二叉树针对二叉树的每一层进行。若二叉树非空，则先访问二叉树的第 1 层节点，再依次访问第 2 层、第 3 层节点，直到遍历完二叉树底层节点。对二叉树中每一层节点的访问都按照从左至右的顺序进行。

在遍历时，需要一个队列作为辅助工具，具体步骤如下。

（1）将二叉树的根节点指针（引用）入队列。

（2）将队首的指针元素出队列并利用这个指针访问该节点，然后依次将该节点的左孩子（如果存在）和右孩子（如果存在）的指针入队列。

（3）重复（2）的操作，直到队列为空。

按照上述步骤实现的对二叉树的按层次遍历可以用下面的代码来实现。

```
public void LayerOrderTraverse() {
    Queue<BinaryTreeNode> queue = new LinkedList<BinaryTreeNode>();
    queue.offer(root);  //将根节点入队列

    while(!queue.isEmpty()) {
        BinaryTreeNode node = queue.poll();   //取出队头元素
        visit(node);   //访问该节点
        if (node.leftChild != null) {
            queue.offer(node.leftChild);       //将左孩子入队列
```

```
    }
    if (node.rightChild != null) {
        queue.offer(node.rightChild);          //将右孩子入队列
    }
  }
}
```

在函数 LayerOrderTraverse() 中首先创建一个队列用来保存二叉树节点的指针。方便起见，该队列使用 Java 容器类 LinkedList 的泛型类实现，这样可以指定队列中的每个数据元素都是 BinaryTreeNode 类型的。当然也可以采用第 1 章中介绍的 MyQueue 类实现这个辅助队列，但在使用之前需要对 MyQueue 类加以改造，使其每个队列节点的数据域都是 BinaryTreeNode 类型的。

接下来就是重复执行步骤（2）、步骤（3），只要队列 queue 不为 null，就不断地取出队头元素并访问该节点，然后将该节点的左孩子和右孩子依次入队列（如果有左孩子或右孩子），直到队列为 null。

按照上述算法，实现对图 2-7 所示的二叉树的按层次遍历，访问节点的次序及队列状态的变化如表 2-1 所示。

表 2-1　访问节点的次序及队列状态变化

出队列并访问的节点元素	入队列元素	队列的状态（队首➜队尾）
—	2	2
2	3、6	3->6
3	5、0	6 ->5->0
6	7	5->0->7
5	—	0->7
0	—	7
7	—	—

所以图 2-7 所示的二叉树按层次遍历的序列为{2，3，6，5，0，7}。

2.4　创建二叉树

前面已经详细介绍了二叉树的遍历方法，但是这一切都要以存在一棵二叉树为基础。本节我们就来研究如何创建一棵二叉树。

最常见的创建二叉树的方式是利用二叉树遍历的思想，在遍历过程中生成二叉树的节点，进而建立起整棵二叉树。需要按照一定的顺序生成二叉树的节点，同时建立起双亲节点与孩子节点之间的关系。一般情况下，可以按照先序序列建立一棵二叉树，例如，图 2-7 所示二叉树的先序序列为{2, 3, 5, 0, 6, 7}。如果按先序序列生成这棵二叉树，那么生成节点的顺序也应该是 2、3、5、0、6、7。

按照先序序列创建一棵二叉树的算法实现如下。

```java
public BinaryTreeNode CreateBiTree(LinkedList<Integer> nodeList){
    BinaryTreeNode node = null;
    if (nodeList == null || nodeList.isEmpty()) {
        return null;
    }
    Integer data = nodeList.removeFirst();
    if (data != null) {
        node = new BinaryTreeNode(data);
        node.leftChild = CreateBiTree(nodeList);
        node.rightChild = CreateBiTree(nodeList);
    }
    return node;
}
```

函数 CreateBiTree()可以按照先序序列创建一棵二叉树。该函数的参数是一个 LinkedList<Integer>类型的对象，它是一个链表，保存了二叉树中每个节点的元素（这里是整型元素）值，用来初始化二叉树节点，同时这些元素在 nodeList 中以先序序列的方式排列并指定了该二叉树双亲节点与孩子节点之间的关系。

函数 CreateBiTree()先从 nodeList 中取出第 1 个元素，如果该元素不为 null，则创建一个 BinaryTreeNode 类型的节点 node，并将取出的元素作为 node 中的数据元素，再递归地创建以 node 节点为根节点的二叉树的左子树和右子树。如果从 nodeList 中取出的第 1 个元素为 null，则说明本层递归调用中要创建的二叉树（或二叉树的某棵子树）为空，直接返回 null 即可。

如果使用函数 CreateBiTree()创建一棵如图 2-7 所示的二叉树，那么参数 nodeList 指定的二叉树节点元素序列应为{2, 3, 5, null, null, 0, null, null, 6,7, null, null, null}。这个序列实际上就是在原有的先序序列上加上 null 作为递归的结束标志。当创建叶子节点时，由于叶子节点的左、右子树都为空，因此要连续保存两个 null 在该序列中。

至此我们已经详细地介绍了二叉树的定义，二叉树的先序、中序、后序遍历，二叉树的按层次遍历以及如何创建一棵二叉树。下面给出完整的二叉树类定义和测试程序供读者参考。

```java
public class BinaryTree {
    private BinaryTreeNode root;        //二叉树的根节点（BinaryTreeNode 类型）
    public BinaryTree() {               //构造函数
        root = null;
```

```
}

/*
* 创建二叉树, 在 nodeList 中保存二叉树节点元素
*/
public void CreateBinaryTree(LinkedList<Integer> nodeList) {
    root = CreateBiTree(nodeList);   //创建二叉树, 将根节点赋值给root
}
public BinaryTreeNode CreateBiTree(LinkedList<Integer> nodeList)
{
    BinaryTreeNode node = null;
    if (nodeList == null || nodeList.isEmpty()) {
        return null;
    }
    Integer data = nodeList.removeFirst();          //创建根节点
    if (data != null) {
        node = new BinaryTreeNode(data);
        node.leftChild = CreateBiTree(nodeList);    //创建左子树
        node.rightChild = CreateBiTree(nodeList);   //创建右子树
    }
    return node;
}


/*
* 先序遍历二叉树
*/
public void PreOrderTraverse() {
    PreOrderTraverse(root);
}
public void PreOrderTraverse(BinaryTreeNode root) {
    if(root != null) {
        visit(root);                //访问根节点
        PreOrderTraverse(root.leftChild);   //先序遍历根节点的左子树
        PreOrderTraverse(root.rightChild);  //先序遍历根节点的右子树
    }
}


/*
* 中序遍历二叉树
*/
public void InOrderTraverse() {
    InOrderTraverse(root);
}
```

```
public void InOrderTraverse(BinaryTreeNode root) {
    if(root != null) {
        InOrderTraverse(root.leftChild);
        visit(root);
        InOrderTraverse(root.rightChild);
    }
}

/*
 * 后序遍历二叉树
 */
public void PostOrderTraverse() {
    PostOrderTraverse(root);
}
public void PostOrderTraverse(BinaryTreeNode root) {
    if(root != null) {
        PostOrderTraverse(root.leftChild);
        PostOrderTraverse(root.rightChild);
        visit(root);
    }
}

/*
 * 按层次遍历二叉树
 */
public void LayerOrderTraverse()
{
    Queue<BinaryTreeNode> queue
                       = new LinkedList<BinaryTreeNode>();
    queue.offer(root);    //将根节点入队列
    while(!queue.isEmpty()) {
        BinaryTreeNode node = queue.poll();        //取出队头节点
        visit(node);       //访问该节点
        if (node.leftChild != null) {
            queue.offer(node.leftChild);           //将左孩子入队列
        }
        if (node.rightChild != null) {
            queue.offer(node.rightChild);          //将右孩子入队列
        }
    }
}

/*
```

```
 *   visit()函数, 访问二叉树节点
 */
    private void visit(BinaryTreeNode root) {
        System.out.print (root.data + " ");  //打印出节点中的数据元素
    }


    /*
     *  main()函数, 测试程序
     */
    public static void main(String[] args) {
        BinaryTree biTree = new BinaryTree();
        LinkedList<Integer> nodes =new
                        LinkedList<Integer>(Arrays.asList(new
                        Integer[]{2,3,5,null,null,0,null,null,6,7,null,null,
                        null}));

        biTree.CreateBinaryTree(nodes);          //用 nodes 序列创建二叉树
        System.out.println("Preorder traverse:");
        biTree.PreOrderTraverse();               //先序遍历二叉树
        System.out.println("\nInorder traverse:");
        biTree.InOrderTraverse();                //中序遍历二叉树
        System.out.println("\nPostorder traverse:");
        biTree.PostOrderTraverse();              //后序遍历二叉树
        System.out.println("\nLayerOrder traverse:");
        biTree.LayerOrderTraverse();             //按层次遍历二叉树
    }
}

class BinaryTreeNode {
    int data;                           //节点中的数据域
    BinaryTreeNode leftChild;           //左孩子
    BinaryTreeNode rightChild;          //右孩子

    public BinaryTreeNode(int data) {  //构造函数
        this.data = data;
        leftChild = null;
        rightChild = null;
    }
}
```

在上面的代码中，将创建二叉树的函数 CreateBiTree() 以及二叉树遍历函数 PreOrderTraverse()、InOrderTraverse()、PostOrderTraverse()都进行了封装，使得它们对外提供的

接口可以不以二叉树的根节点作为返回值或参数。这样二叉树根节点（BinaryTreeNode root）可以作为私有成员被隐藏起来，代码结构也更加符合面向对象的程序设计思想。

在测试程序中，首先调用 CreateBinaryTree()函数创建一棵如图 2-7 所示的二叉树，然后分别调用不同遍历方法对该二叉树进行遍历，并将遍历的结果输出。运行结果如图 2-8 所示。

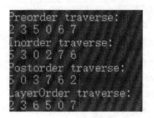

图 2-8 运行结果

2.5 二叉排序树与 AVL 树

二叉排序树也称二叉查找树，是一种特殊形式的二叉树。所谓二叉排序树，它或者是一棵空树，或者是具有下列性质的二叉树。

（1）若它的左子树不为空，则左子树上所有节点的值均小于根节点的值。

（2）若它的右子树不为空，则右子树上所有节点的值均大于根节点的值。

（3）二叉排序树的左右子树都是二叉排序树。

图 2-9 所示是一棵二叉排序树。

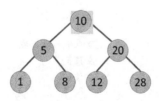

图 2-9 二叉排序树示意

如图 2-9 所示，二叉排序树以根节点为界，将二叉树的节点分为两部分，左子树中节点的值均小于根节点的值；右子树中节点的值均大于根节点的值。左子树和右子树也满足同样的规律，即以子树的根节点为界，将子树的节点分为"左小右大"的两部分。这样就构成了二叉排序树的递归结构。

由于二叉排序树具有以上特性，所以在二叉排序树中查找元素时，首先将给定的关键字与根节点的关键字比较，若相等则查找成功，否则将根据给定的关键字与根节点的关键字之间的大小关系，在左子树或右子树中继续查找。例如，在图 2-9 所示的二叉排序树中搜索 key=8 的步骤如下。

（1）将 key 与根节点关键字 10 比较，因为 8<10，所以在该节点的左子树中继续搜索。

（2）将 key 与关键字 5 比较，因为 8>5，所以在该节点的右子树中继续搜索。

（3）将 key 与关键字 8 比较，相等，查找成功，返回该节点的指针。

当然也可能存在在二叉排序树中查找不到给定的关键字的情况，例如在图 2-9 所示的二叉排序树中搜索 key=11，搜索步骤如下。

（1）将 key 与根节点关键字 10 比较，因为 11>10，所以在该节点的右子树中继续搜索。

（2）将 key 与关键字 20 比较，因为 11<20，所以在该节点的左子树中继续搜索。

（3）将 key 与关键字 12 比较，因为 11<12，所以在该节点的左子树中继续搜索。

（4）因为节点 12 的左子树为 null，所以查找失败，返回 null。

图 2-10 分别展示了上述搜索 key=8 和 key=11 的情形。

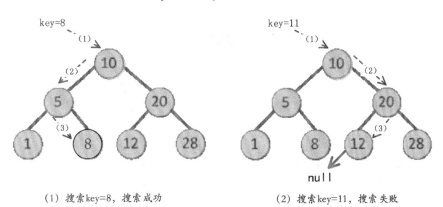

（1）搜索key=8，搜索成功　　　　　（2）搜索key=11，搜索失败

图 2-10　搜索关键字 key=8 和关键字 key=11 的情形

除了在二叉排序树中查找节点，还可以向二叉排序树中插入节点。因为二叉排序树主要用作动态查找表，也就是表结构本身可在查找的过程中动态生成，所以插入节点的操作通常在查找不成功时进行，而且新插入的节点一定是查找路径上最后一个节点的左孩子或右孩子，插入新的节点后该二叉树仍为二叉排序树。例如在图 2-9 所示的二叉排序树中查找 key=11 会失败，此时就需要向该二叉排序树中插入节点 11。插入新节点后，该二叉排序树的形态如图 2-11 所示。

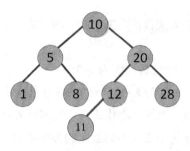

图 2-11　插入节点 11 后二叉排序树的形态

作为动态查找表，二叉排序树中的节点可以删除。因为删除节点后仍要保持二叉排序树的结构，所以删除节点的操作比其他操作要复杂一些，需要分以下 3 种情况讨论。

（1）删除的节点为 P，并且 P 是二叉排序树的叶子节点，删除叶子节点后不会破坏整棵二叉排序树的结构，直接删除即可（修改该叶子节点双亲节点的指针域），如图 2-12 所示。

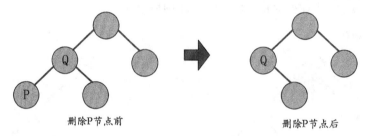

图 2-12　删除的 P 节点为叶子节点

（2）要删除的节点为 P，其双亲节点为 Q，且 P 节点只有左子树 P_L 或者右子树 P_R，则删除 P 节点后，P_L 或 P_R 将取代 P 的位置，成为 Q 的左子树或右子树，如图 2-13 所示。

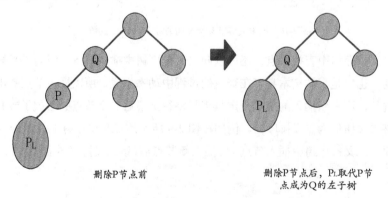

图 2-13　删除的 P 节点只有左子树 P_L 或者右子树 P_R

（3）要删除的节点为 P，其双亲节点为 Q，且 P 节点既有左子树 P_L 又有右子树 P_R，则处理起来比较复杂，图 2-14 所示为二叉排序树的初始状态。

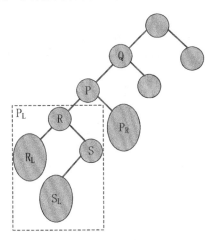

图 2-14　二叉排序树的初始状态

为了更加清晰地展示删除 P 节点的过程，这里将 P 节点的左子树 P_L 展开。假设 P_L 中除了根节点 R 还包含 R 的左子树 R_L 以及 R 的右子树 R_R，而 R_R 的根节点为 S，S 的左子树为 S_L，且 S 没有右子树，也就是说节点 S 是 R 的右子树中最大的节点。中序遍历该二叉排序树，可得到遍历序列 $\{R_L, R, S_L, S, P, P_R, Q, \cdots\}$，该序列从小到大排列。上述假设不失一般性，具有普遍意义。

删除节点 P 有两种方法。第 1 种方法是将 P 的右子树 P_R 变为 S 的右子树，然后将 P 的左子树 P_L 变为 Q 的左子树。删除节点 P 后二叉排序树的形态如图 2-15 所示。

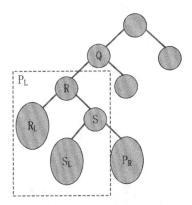

图 2-15　用第 1 种方法删除 P 节点后二叉排序树的形态

中序遍历图 2-16 所示的二叉排序树，可得到遍历序列 $\{R_L, R, S_L, S, P_R, Q,\cdots\}$。可以看到该中序遍历序列与删除 P 节点之前的中序遍历序列只差一个 P 节点，说明删除 P 节点后该二叉树仍是一棵二叉排序树（节点仍然按值有序）。

第 2 种方法是用 P 节点在中序遍历序列中的直接前驱，即 S 节点，代替 P 节点。这样 S 节点就从原来的位置上被删除，S 节点的左子树 S_L（如果存在）则直接作为 R 节点的右子树。删除 P 节点后二叉排序树的形态如图 2-16 所示。

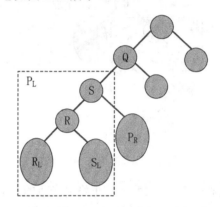

图 2-16　用第 2 种方法删除 P 节点后二叉排序树的状态

中序遍历图 2-16 所示的二叉排序树，可得到遍历序列 $\{R_L, R, S_L, S, P_R, Q, \cdots\}$。这个中序遍历序列同图 2-15 的中序遍历序列完全一致，说明删除节点 P 后该二叉树仍是一棵二叉排序树。

在一棵具有 n 个节点的二叉排序树中随机查找一个节点的时间复杂度为 $O(\log_2 n)$。实践证明，二叉排序树的查找效率与二叉排序树的形态密切相关。如果在创建二叉排序树时插入的关键字是按值有序的，则该二叉排序树就会退化为单枝树。例如插入的节点序列为 $\{1, 2, 3, 4, 5\}$，那么生成的二叉排序树如图 2-17 所示。

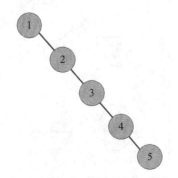

图 2-17　退化为单枝树的二叉排序树

在图 2-17 所示的二叉排序树中查找元素相当于在一个线性序列中顺序查找，时间复杂度为 $O(n)$，体现不出二叉排序树的优势。所以最好的情况是二叉排序树完全处于平衡状态，如图 2-18 所示。此时，二叉排序树的形态与折半查找的判定树相同，平均查找长度与 $\log_2 n$ 成正比。

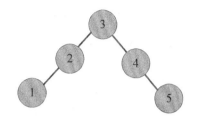

图 2-18　二叉排序树完全处于平衡状态

为了使二叉排序树始终处于尽可能平衡的状态，人们发明了 AVL 树。AVL 树也称平衡二叉树，它是一种具有自平衡功能的二叉排序树。

AVL 树或者是一棵空树，或者是具有下列性质的二叉树：它的左子树和右子树都是 AVL 树；左子树和右子树的深度差的绝对值不超过 1。

如果将二叉树上节点的平衡因子 BF（Balance Factor）定义为该节点的左子树的深度减去右子树的深度，则 AVL 树的平衡因子只可能是–1、0 或 1。在 AVL 树中插入或删除节点后，它可能处于一种不平衡的状态（BF 的绝对值大于 1），此时就会通过一次或多次 AVL 旋转来重新实现平衡。

因为 AVL 树可通过旋转实现自平衡，所以 AVL 树上任何节点的左、右子树深度之差都不会超过 1，AVL 树的深度和 $\log_2 n$ 是相同数量级的（n 为 AVL 树中节点的数量）。因此从 AVL 树查找一个节点的时间复杂度为 $O(\log_2 n)$。

2.6　案例分析

案例 2-1：计算二叉树的深度

编写一个程序，计算二叉树的深度。

本题难度：★★

题目分析：

在二叉树中，除根节点外，左子树和右子树也必须是二叉树，所以二叉树具有递归特性。在计算二叉树的深度时，依然可以利用这种递归特性，先计算根节点左子树的深度，再计算根节点右子树的深度，然后比较两值并将其中的较大值加 1，也就是加上当前根节点这一层，作为二叉树的深度。在计算左子树和右子树的深度时，使用的方法与计算整棵二叉树深度的方法完全相同，只是计算的规模缩小了。

下面给出计算二叉树深度的 Java 代码描述。

```java
public int getBinaryTreeDepth(BinaryTreeNode root)
{
    int leftHeight, rightHeight, maxHeight;
    if (root != null) {
        //计算根节点左子树的深度并赋值给 leftHeight
        leftHeight = getBinaryTreeDepth(root.leftChild);
        //计算根节点右子树的深度并赋值给 rightHeight
        rightHeight = getBinaryTreeDepth(root.rightChild);
        //比较左右子树的深度
        maxHeight = leftHeight > rightHeight ?
                                    leftHeight : rightHeight;
        return maxHeight+1;          //返回二叉树的深度
    } else {
        return 0;          //如果二叉树为 null，则返回 0
    }
}
```

下面是一段测试程序，用来计算如图 2-7 所示的二叉树深度。

```java
public static void main(String[] args) {
    BinaryTree biTree = new BinaryTree();
    LinkedList<Integer> nodes =new
                LinkedList<Integer>(Arrays.asList(new Integer[]{2,3,5,null,
                null,0,null,null,6,7,null,null,null}));

    biTree.CreateBinaryTree(nodes);          //用 nodes 序列创建二叉树
    System.out.println("The depth of this binary tree is:");
    //计算并输出该二叉树的深度
    System.out.println(biTree.getBinaryTreeDepth());
}
```

在 main() 函数中创建了一棵如图 2-7 所示的二叉树，然后调用 BinaryTree 类的 getBinaryTreeDepth() 函数计算该二叉树的深度，并将计算结果输出到屏幕上。在 getBinaryTreeDepth()函数中会直接调用 getBinaryTreeDepth(root)计算以 root 为根节点的二叉树深度，这里为了更加符合面向对象的设计思想，将 getBinaryTreeDepth(BinaryTreeNode root)函数做了一层封装。

运行结果如图 2-19 所示。

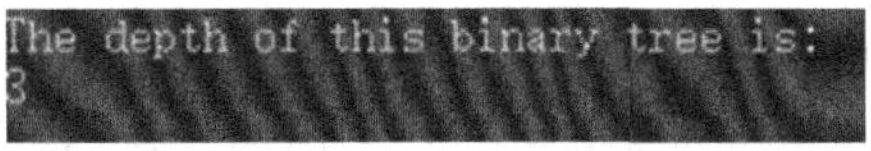

图 2-19　运行结果

本题完整的代码及测试程序可从"微信公众号@算法匠人→匠人作品→《算法大爆炸》全书源代码资源→2-1"中获取。

案例 2-2：计算二叉树中叶子节点的数量

编写一个算法，计算二叉树中叶子节点的数量。

本题难度：★★

题目分析：

本题可以参照上一题的解法，利用二叉树本身的递归特性来求解。计算二叉树叶子节点的数量，其实就是计算二叉树根节点左子树和右子树的叶子节点的数量之和，而根节点的左子树和右子树本身也是二叉树，所以计算它们的叶子节点数量的方法与上述方法相同，这样就找到了该问题的递归结构。如果该二叉树为 null，则叶子节点的数量为 0；如果该二叉树只包含一个根节点，则它的根节点就是叶子节点，因此叶子节点的数量为 1。这两个条件构成了递归的出口，即递归的结束条件。

下面给出计算二叉树叶子节点数量的 Java 代码描述。

```java
public int getBinaryTreeLeavesNumber() {
    return getBinaryTreeLeavesNumber(root);
}
public int getBinaryTreeLeavesNumber(BinaryTreeNode root) {
    if (root == null) {
        return 0;          //root 为 null，返回 0
    } else if (root.leftChild == null
                && root.rightChild == null) {
        return 1;          //该节点是叶子节点，返回 1
    } else {
        //返回左子树和右子树叶子节点数量之和
        return getBinaryTreeLeavesNumber(root.leftChild)
            + getBinaryTreeLeavesNumber(root.rightChild);
    }
}
```

在上述代码中，将 getBinaryTreeLeavesNumber(BinaryTreeNode root)函数进行了一层封装，在 getBinaryTreeLeavesNumber() 函数中直接调用带参数的 getBinaryTreeLeavesNumber(BinaryTreeNode root)函数。root 是一个 private 访问权限的成员变量，该变量对外不可被访问，

这样更加符合面向对象的程序设计思想。

除了上面的解法，本题还可以通过遍历二叉树计算叶子节点的数量。在遍历二叉树时可以访问到二叉树中的每一个节点，所以可以判断当前访问到的节点是否为叶子节点，如果该节点是叶子节点，就将累加器变量 count 的值加 1。当遍历完整棵二叉树后，count 记录下的值即为该二叉树中叶子节点的数量。

该算法的 Java 代码描述如下。

```
private int count = 0;
public int countBinaryTreeLeavesNumberByTraversing() {
    countBinaryTreeLeavesNumberByTraversing(root);
    return count;
}
public void countBinaryTreeLeavesNumberByTraversing
                                    (BinaryTreeNode root) {
    if (root != null && root.leftChild == null
                    && root.rightChild == null) {
        count = count + 1;    //root 节点即叶子节点, count++
    }
    if (root != null){
        //继续遍历 root 节点的左子树和右子树
        countBinaryTreeLeavesNumberByTraversing(root.leftChild);
        countBinaryTreeLeavesNumberByTraversing(root.rightChild);
    }
}
```

在上面的代码中，累加器变量 count 是一个整型的成员变量，在递归地调用函数 countBinaryTreeLeavesNumberByTraversing(root)遍历二叉树时，不管处于递归的哪一层，都可以直接修改累加器 count 的值。因为 count 是 private 访问权限的成员变量，所以这里将函数 countBinaryTreeLeavesNumberByTraversing(BinaryTreeNode root)进行了一次封装，在函数 countBinaryTreeLeavesNumberByTraversing()中传递的参数 root，以及返回的叶子节点数量 count 都是 private 成员变量，这样更加符合面向对象的程序设计思想。

下面是一段测试程序，用来计算如图 2-7 所示的二叉树中叶子节点的数量。

```
public static void main(String[] args) {
    BinaryTree biTree = new BinaryTree();
    LinkedList<Integer> nodes = new LinkedList<Integer>
            (Arrays.asList(new Integer[]
            {2,3,5,null,null,0,null,null,6,7,null,null,null}));
    biTree.CreateBinaryTree(nodes);        //用 nodes 序列创建二叉树
```

```
System.out.println("The leaves number
                    got by getBinaryTreeLeavesNumber()");
//通过调用 biTree.getBinaryTreeLeavesNumber()获取叶子节点数量
System.out.println(biTree.getBinaryTreeLeavesNumber());

System.out.println("The leaves number
        got by countBinaryTreeLeavesNumberByTraversing()");
//通过调用 biTree.countBinaryTreeLeavesNumberByTraversing()
//获取叶子节点数量
System.out.println
        (biTree.countBinaryTreeLeavesNumberByTraversing());
}
```

运行结果如图 2-20 所示。

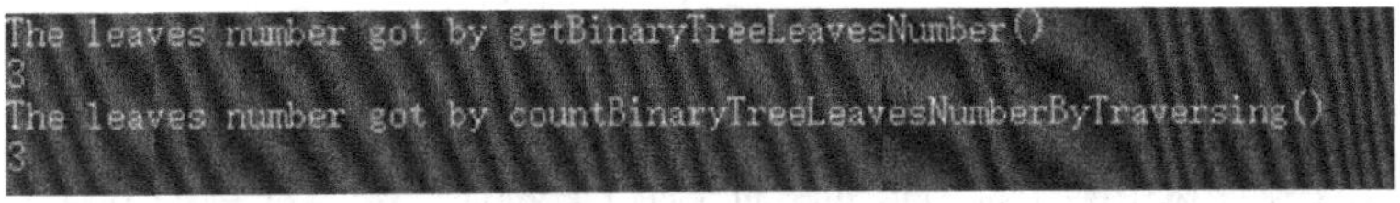

The leaves number got by getBinaryTreeLeavesNumber()
3
The leaves number got by countBinaryTreeLeavesNumberByTraversing()
3

图 2-20 运行结果

本题完整的代码及测试程序可从"微信公众号@算法匠人→匠人作品→《算法大爆炸》全书源代码资源→2-2"中获取。

案例 2-3：二叉排序树的最低公共祖先问题

已知存在一棵二叉排序树，其中保存的节点值均为正整数。实现一个函数：

```
int findLowestCommonAncestor
(BinaryTreeNode root, int value1,int value2);
```

该函数的功能是在这棵二叉排序树中寻找节点值 value1 和节点值 value2 的最低公共祖先，该函数的返回值是最低公共祖先节点的值。如图 2-21 所示，若 value1=5，value2=9，那么它们的最低公共祖先是节点 8。

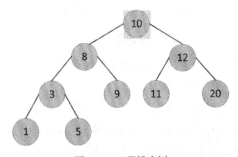

图 2-21 二叉排序树

本题难度：★★★

题目分析：

仔细观察图 2-21 不难发现一个规律：在二叉排序树中，value1 和 value2 的最低公共祖先的值介于 value1 和 value2 之间。例如 5 和 9 的公共祖先有 8 和 10，那么其最低公共祖先是介于 5 和 9 之间的 8；再例如 1 和 5 的公共祖先有 3、8、10，那么其最低公共祖先是介于 1 和 5 之间的 3。这个规律是由二叉排序树的基本特性决定的，在二叉排序树中，如果两个节点分别位于根节点的左子树和右子树，那么根节点必然是它们的最低公共祖先，而其他公共祖先的值要么同时大于这两个节点的值，要么同时小于这两个节点的值。

由此可得出解决此题的算法：从二叉排序树的根节点出发，当访问的节点大于给定的两个节点时，沿左子树前进；当访问的节点小于给定的两个节点时，沿右子树前进；第 1 次访问到的介于两个节点值之间的那个节点即是它们的最低公共祖先节点。

其实这个算法并不完善，还需要对一些细节进行修正。这个算法适用的前提是给定的两个节点分别位于二叉排序树中某个根节点的左右子树上。例如，图 2-21 中的节点 5 和节点 9 分别位于以节点 8 为根节点的左右子树上，这两个节点并不存在祖先和子孙的关系。如果给定的两个节点本身存在祖先和子孙的关系，那么它们的最低公共祖先就不能按照上面的算法求得了。如果按照上述算法寻找，则寻找的步骤如图 2-22 所示。

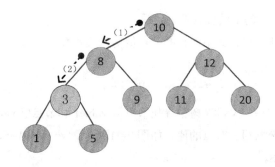

图 2-22　寻找 3 和 5 的最低公共祖先

步骤（1）：因为 10 同时大于 3 和 5，所以沿左子树前进。

步骤（2）：因为 8 同时大于 3 和 5，所以沿左子树前进。此时访问到节点 3，并没有找到预期的介于 3 和 5 之间的节点，所以查找失败。

所以，假设给定的两个节点分别为 a 和 b，并且 a 是 b 的祖先，那么节点 a 和 b 的最低公共祖先就是 a 的父节点，因为 a 的父节点一定是 b 的祖先，同时该节点必然是 a 和 b 的最低公共祖先。例如节点 3 和节点 5 的最低公共祖先就是节点 8。

　　另外，如果 value1 或 value2 中的一个是根节点，那么是不存在最低公共祖先的，因为根节点没有祖先，所以也应把这种情况考虑进去。

　　该算法的 Java 代码描述如下。

```java
public int findLowestCommonAncestor(int value1, int value2) {
    return findLowestCommonAncestor(root,value1,value2);
}
public int findLowestCommonAncestor
                (BinaryTreeNode root,int value1, int value2) {
    BinaryTreeNode curNode = root;  //curNode 为当前访问节点，初始化值为 root
    if(root.data == value1 || root.data == value2) {
        return -1;    //value1 和 value2 有一个为根节点，因此没有公共祖先，返回-1
    }
    while(curNode != null){
        if (curNode.data > value1 && curNode.data > value2
            && curNode.leftChild.data != value1
            && curNode.leftChild.data != value2) {
            //当前节点的值同时大于 value1 和 value2，且不是 value1 和 value2 的父节点
            curNode = curNode.leftChild;       //沿左子树前进
        } else if (curNode.data < value1 && curNode.data < value2
            && curNode.rightChild.data != value1
            && curNode.rightChild.data != value2) {
            //当前节点的值同时小于 value1 和 value2，且不是 value1 和 value2 的父节点
            curNode = curNode.rightChild;       //沿右子树前进
        } else {
            //否则要么 curNode.data 位于 value1 和 value2 之间
            //要么 curNode 是 value1 节点或 value2 节点的父节点
            return curNode.data;     //找到最低公共祖先，并返回节点的值
        }
    }
    return -1;
}
```

　　需要注意的是，上述算法适用的前提是 value1 和 value2 在二叉排序树中真实存在。该算法的核心思想是在二叉排序树中寻找介于 value1 和 value2 之间的值，如果 value1 或 value2 在二叉排序树中不存在，那么得到的结果是没有意义的。更加完善的做法是预先判断 value1 和 value2 是否在二叉排序树中。

　　下面给出本题的测试程序。

```java
public static void main(String[] args) {
    BinaryTree biTree = new BinaryTree();
    LinkedList<Integer> nodes = new LinkedList<Integer>
```

```
        (Arrays.asList(new Integer[]{10,8,3,1,null,null,5,null,null,9,null,
            null,12,11,null,null,20,null,null}));
    biTree.CreateBinaryTree(nodes);
        //用 nodes 序列创建二叉排序树
    System.out.println("The lowest common ancestor of 1 and 9 is:");
    System.out.println(biTree.findLowestCommonAncestor(1,9));
    System.out.println("The lowest common ancestor of 11 and 12 is:");
    System.out.println(biTree.findLowestCommonAncestor(11,12));
    System.out.println("The lowest common ancestor of 8 and 10 is:");
    System.out.println(biTree.findLowestCommonAncestor(8,10));
}
```

在 main()函数中首先创建了一棵形如图 2-21 的二叉排序树，然后分别计算节点 1、节点 9、节点 11、节点 12，节点 8、节点 10 的最低公共祖先。运行结果如图 2-23 所示。

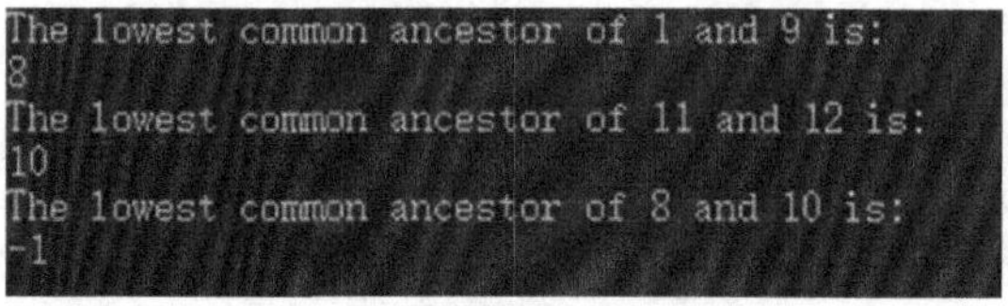

图 2-23　运行结果

如图 2-23 所示，节点 1、节点 9 的最低公共祖先是节点 8；节点 11、节点 12 的最低公共祖先是节点 10；节点 8、节点 10 没有最低公共祖先，因此返回–1。

第3章
图结构

图是最为复杂的数据结构，在实际应用中被广泛使用。如果数据元素之间存在"一对多"或者"多对多"的关系，那么这种数据的组织结构就叫作图结构。本章将介绍图结构的基本知识。

3.1 图的基本概念

1. 图的定义

图（Graph）是由顶点（图中的节点称为图的顶点）的非空有限集合 **V** 与边的集合 **E**（顶点之间的关系）构成的。若图 G 中的每一条边都没有方向，则称 G 为无向图；若图 G 中的每一条边都有方向，则称 G 为有向图。图 3-1 和图 3-2 分别为无向图和有向图的示例。

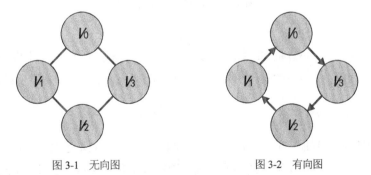

图 3-1　无向图　　　　　　　　　　图 3-2　有向图

2. 图的常见术语

顶点的度

依附于某顶点 v 的边数称为该顶点的度，记作 TD(v)。有向图中还有入度和出度的概念，有向图的顶点 v 的入度指以顶点 v 为终点的弧的数目，记作 ID(v)。顶点 v 的出度指以 v 为起始点的弧的数目，记作 OD(v)。入度和出度的和为有向图顶点 v 的度，即 TD(v)=ID(v)+OD(v)。

图 3-1 中无向图的每个顶点（$v_0 \sim v_3$）的度均为 2；图 3-2 中有向图的每个顶点的出度均为 1，入度均为 1，所以度为 2。

路径

对于无向图 G，若存在顶点序列 $\{v_1,v_2,\ldots,v_m\}$，使得顶点对(v_i,v_{i+1}) ∈ E（i=1,2,…,m-1），则称该顶点序列为顶点 v_1 和顶点 v_m 之间的一条路径。路径上所包含的边数 m-1 为该路径的长度。例如在图 3-1 中，从顶点 v_1 到顶点 v_3 之间的路径长度为 2。

有向图的路径也是有向的，其中的每一条边(v_i,v_{i+1})∈E（i=1,2,…,m-1）均为有向边。带权图的路径长度为所有边上的权值之和。

子图

对于图 G=(V,E)与图 G′=(V′,E′)，若存在 V′∈V，E′∈E，则称图 G′为 G 的子图。

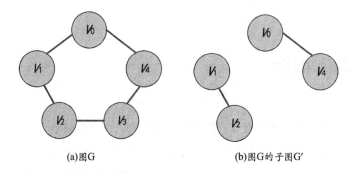

(a)图G　　　　　　　　(b)图G的子图G′

图 3-3　图 G 和图 G 的子图 G′

如图 3-3 所示，(a)为图 G，包含 5 个顶点和 5 条边，(b)是图 G 的一个子图 G′。因为 G′中的顶点的集合 V'={v_0,v_1,v_2,v_4}是 G 中顶点集合 V={v_0,v_1,v_2,v_3,v_4}的子集，同时 G′中边的集合 E'={(v_0,v_4),(v_1,v_2)}也是 G 中边的集合 E={(v_0,v_1),(v_1,v_2),(v_2,v_3),(v_3,v_4),(v_4,v_5)}的子集，所以 G′是 G 的一个子图。

连通图

若无向图的顶点 v_i 到顶点 v_j（$i \neq j$）有路径，则称 v_i 和 v_j 之间是连通的。如果无向图中任意两个顶点都是连通的，则称该无向图为连通图，否则该无向图为非连通图。无向图的最大连通子图称为该图的连通分量。连通图的连通分量只有一个，就是它本身。如图 3-3 中图(a)所示，图中任意两个顶点之间都存在路径，也就是任意两个顶点都是连通的，所以 G 只有一个连通分量，就是它本身。而 G 的子图 G′不是连通图，因为至少顶点 v_0 和 v_1 之间没有路径，图 G′中存在着两个连通分量。

　　从图的遍历角度来看，从连通图中的任意顶点出发进行深度优先搜索或广度优先搜索，都可以访问到图中的所有顶点。对于非连通图，则需要分别从不同连通分量中的顶点出发进行搜索才能访问到图中的所有顶点。

　　对于有向图，若图中一对顶 v_i 和 v_j（$i \neq j$）均有从 v_i 到 v_j 以及 v_j 到 v_i 的有向路径，则称 v_i 和 v_j 之间是连通的。若有向图中任意两点之间都是连通的，则称该有向图是强连通的。有向图中的最大强连通子图称为该有向图的强连通分量，强连通的有向图只有一个强连通分量，就是它本身。非强连通的有向图可能存在多个强连通分量，也可能不存在强连通分量。

　　如图 3-4 所示，图(a)为强连通图，它的任意两个顶点之间都是连通的。图(b)不是强连通图，因为至少 v_2 和 v_3 之间只存在一个方向上的路径（只有从 v_3 到 v_2 的路径，没有从 v_2 到 v_3 的路径）。但是图(b)有一个强连通分量，顶点 v_0 和 v_1 以及它们之间的弧构成了强连通分量。图(c)既不是强连通图，也没有强连通分量。

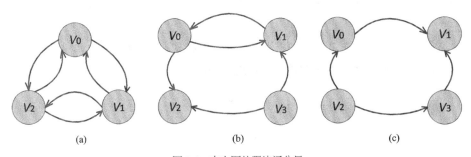

图 3-4　有向图的强连通分量

生成树

　　若图 G 为包含 n 个顶点的连通图，则 G 中包含其全部 n 个顶点的一个极小连通子图称为 G 的生成树。G 的生成树一定包含且仅包含 G 的 $n-1$ 条边。如图 3-5 所示，(a)为图 G，(b)是 G 的生成树。

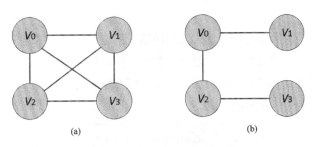

图 3-5　图 G 和它的生成树

如果连通图是一个网络（图的边上带权），则其生成树中的边也带权，那么称该网络中所有带权生成树中权值总和最小的生成树为最小生成树，也叫作最小代价生成树。

3.2 图的存储形式

常见的图的存储形式有两种：邻接矩阵存储和邻接表存储。在一般情况下，稠密图多采用邻接矩阵存储，稀疏图多采用邻接表存储。

邻接矩阵存储法也称数组存储法，其核心思想是利用两个数组来存储一个图。这两个数组一个是一维数组，用来存放图中顶点的数据；一个是二维数组，用来表示顶点之间的相互关系。具体来讲，一个具有 n 个顶点的图 G 可定义一个数组 vertex[n]，将该图中顶点的数据信息分别存放在对应的数组元素上，也就是将顶点 v_i 的数据信息存放在 vertex[i]中。再定义一个二维数组 $A[n][n]$，称为邻接矩阵，用来存放顶点之间的关系信息。其中 $A[i][j]$定义为：

$$A[i][j] = \begin{cases} 1 & \text{当顶点 } i \text{ 与顶点 } j \text{ 之间有边时} \\ 0 & \text{当顶点 } i \text{ 与顶点 } j \text{ 之间无边时} \end{cases}$$

例如，图 3-2 所示的无向图的邻接矩阵可表示为：

$$\begin{bmatrix} 0 & 1 & 0 & 1 \\ 1 & 0 & 1 & 0 \\ 0 & 1 & 0 & 1 \\ 1 & 0 & 1 & 0 \end{bmatrix}$$

这样通过一个简单的邻接矩阵就可以把一个图中顶点之间的关系表现出来。有了邻接矩阵，我们就可以对数组 vertex 中的顶点元素进行操作。

如果采用邻接矩阵表示具有 n 个顶点的图，则需要占用 $n \times n$ 个存储单元保存顶点之间边的信息，所以空间复杂度为 $O(n^2)$。因此邻接矩阵更适合存储稠密图，如果存储稀疏图，则会造成空间浪费。

邻接表存储法是一种顺序分配与链式分配相结合的存储方法，由链表和顺序数组组成。其中链表存放边的信息，数组存放顶点的信息。具体来讲，要为图中的每个顶点分别建立一个链表，具有 n 个顶点的图的邻接表中包含 n 个链表。每个链表前面设置一个头节点，称为顶点节点，顶点节点的结构如图 3-6 所示。

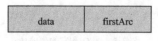

图 3-6 顶点节点的结构

　　顶点域 data 用来存放顶点的数据信息，指针域 firstArc 指向依附于该顶点的第 1 条边。通常将一个图的 n 个顶点节点放到一个数组中进行管理，并用该数组的下标表示顶点在图中的位置。

　　链表的节点称为边节点，表示依附于对应的顶点节点的一条边。边节点的结构如图 3-7 所示。

图 3-7　边节点的结构

　　图 3-7 中的 adjvex 域存放该边的另一端顶点在顶点数组中的下标；weight 存放边的权重，对于无权重的图，此项可省略；next 是指针域，指向下一个边节点，最后一个边节点的 next 域为 null。

　　图 3-1 所示的无向图的邻接表可表示为图 3-8。

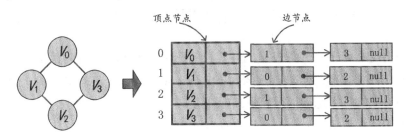

图 3-8　图 3-1 的邻接表

　　图 3-2 所示的有向图的邻接表可表示为图 3-9。

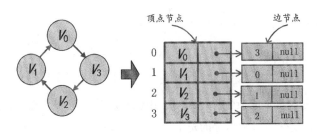

图 3-9　图 3-2 的邻接表

　　如图 3-8、3-9 所示，邻接表由一个顶点数组和一组边链表构成。顶点数组中存放图的顶点信息，链表中存放图的边信息。在邻接表中，第 i 个单链表中的节点表示依附于顶点 v_i 的边。所谓依附于顶点 v_i 的边，对于有向图来说，就是以顶点 v_i 为尾的边（即 v_i 指向其他顶点的边）；

对于无向图来说，就是与该顶点连接的边。所以在无向图的邻接表（图 3-8）中，顶点 v_i 的度恰好是第 i 个链表中边节点的数量；在有向图的邻接表（图 3-9）中，第 i 个链表中边节点的数量只是顶点 v_i 的出度。这也是有向图和无向图邻接表的区别所在。

3.3 邻接表的实现

1. 邻接表的定义

前面已经讲过，邻接表包含由顶点节点构成的数组以及依附于每个顶点的边链表。所以要实现邻接表，需要定义这两部分。

先定义图的顶点类 VNode，邻接表中顶点数组的元素就是该类的对象。

```
//顶点类型（顶点数组中的节点类型）
class VNode {
    int data;               //图中顶点中的数据信息，这里是整型（也可定义为其他类型）
    ArcNode  firstArc;      //指向单链表，即指向该顶点的第 1 条边
}
```

VNode 类中包含两个成员变量：data 中存放的是该顶点的数据信息，这里定义的 data 是 int 类型，在实际应用中也可以定义为其他类型；firstArc 是指向单链表的指针，它是 ArcNode 类的变量，ArcNode 类就是邻接表中单链表的节点类型。

再定义边节点类 ArcNode，也就是邻接表中单链表的节点类型。

```
//边节点类型（单链表中的节点类型）
class  ArcNode {
    int  adjvex;            //该边指向的顶点在数组中的位置（数组下标）
    ArcNode next;           //指向下一条边的指针
    ArcNode(int adjvex) {
        this.adjvex = adjvex;
    }
}
```

ArcNode 类中也包含两个成员变量：adjvex 中保存的是该链表节点代表的边指向的另一端顶点在数组中的下标；而 next 域中保存的是下一个链表节点的地址，也就是指向下一个边节点。

基于以上两个类，就可以定义邻接表存储的图类型。

```
public class MyGraph {
    private VNode[] vNodes;         //VNode 类型的数组，用来存放图中的全部顶点
    public void createGraph(int v[],int arc[]) {
        //创建图结构的邻接表
```

```
    ... ...
    }
    public void travelByDFS(){
        //深度优先搜索遍历该图
        ... ...
    }
    public void travelByBFS() {
        //广度优先搜索遍历该图
        ... ...
    }
}
```

MyGraph 类为我们定义的图类型。在该类中包含了一个 **VNode** 类的数组，用来存放每个顶点的信息（包括顶点中的数据和该顶点指向边链表的指针）。**MyGraph** 类中还定义了 **createGraph()**函数用来基于邻接表创建一个图。函数 Travel_DFS()和 Travel_BFS()分别表示对该图进行深度优先搜索遍历和广度优先搜索遍历，我们将在后面的章节中详细介绍。

2. 图的创建

下面介绍如何用 createGraph()函数创建一个图。先设计好图的逻辑结构，也就是定义好图中顶点之间的连接关系，再使用邻接表结构创建图。图 3-10 为创建好的无向图。

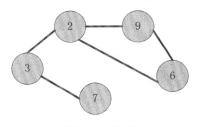

图 3-10   无向图

图 3-10 中包含 5 个顶点，顶点中的数据分别为 2、9、6、3、7，不妨设顶点 v_0=2、v_1=9、v_2=6、v_3=3、v_4=7。如果用邻接表存储该图，则邻接表的结构如图 3-11 所示。

有了上述准备，就可以比较轻松地创建邻接表结构了。创建邻接表的过程分为两步：

（1）创建图的顶点数组。

（2）创建顶点之间的边，也就是创建每个顶点节点指向的单链表。

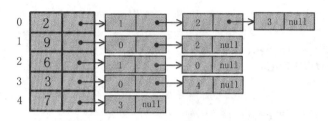

图 3-11 无向图 3-10 的邻接表结构

下面给出创建一个邻接表的代码描述。

```
public void createGraph(int v[],int arc[]) {
   //创建一个图，图中的顶点元素由数组 v[]指定，边由数组 arc[]指定
   vNodes = new VNode[v.length];    //创建 v.length 个顶点数组

   //初始化图中的顶点
   for (int i=0; i<v.length; i++) {
      vNodes[i] = new VNode();
      vNodes[i].data = v[i];         //给第 i 个顶点赋值
      vNodes[i].firstarc = null;   //初始化 firstarc 为 null
   }

   //创建邻接表中的链表（建立顶点之间边的关系）
   int index = 0;
   ArcNode p,q = null;
   for (int i=0; i<v.length; i++) {
   //内层的 for 循环负责为顶点 vNodes[i]创建存放边信息的链表
      for (; index < arc.length && arc[index] != -1; index++) {
         p = new ArcNode(arc[index]);
         if (vNodes[i].firstarc == null) {
            vNodes[i].firstarc = p;     //顶点 vNodes[i]的第 1 条边
         } else {
            q.next = p;   //将依附于 vNodes[i]的其他边连接到链表中
         }
         q = p;
      }
      index++;
   }
}
```

函数 createGraph(int v[],int arc[])的作用是创建一个图的邻接表结构。该函数有两个参数：v[]是一个数组，里面存储图中每个顶点的元素，因为图的顶点数据为整型元素，所以这里是一个整型数组（如果顶点中的数据是其他类型，则数组 v[]也要随之改变）；参数 arc[]是一个整型

数组，该数组的作用是定义依附于每个顶点的边信息。例如我们要创建图 3-11 所示的邻接表，那么在调用函数 createGraph() 时，参数 v[] 就要指定为{2, 9, 6, 3, 7}，参数 arc[] 要指定为{1, 2, 3, –1, 0, 2, –1, 1, 0, –1, 0, 4, –1, 3}。数组 arc[] 中的 –1 为分割符，用来分割不同的顶点。数组中的非–1 元素为顶点单链表节点中的数据，也就是顶点数组的下标。图 3-12 所示为数组 v[] 和数组 arc[] 中的元素与邻接表中各节点值的对应关系。

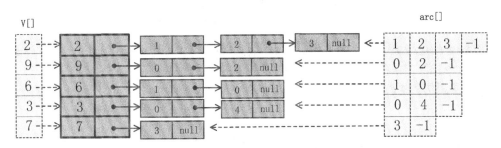

图 3-12　数组 v[] 和数组 arc[] 中的元素与邻接表中各节点值的对应关系

在函数 createGraph() 中创建邻接表的过程并不复杂，先通过数组 v[] 构造图的顶点数组，再通过数组 arc[] 创建每个顶点对应的边链表，具体过程请参看前文的实现代码，通过执行函数 createGraph() 可以在内存中创建一个图的邻接表结构，该邻接表的顶点数组就是 MyGraph 类的 vNodes 成员变量。

3.4　图的遍历

与二叉树的遍历类似，图的遍历从图的某个顶点出发，通过某种方法将图中的每个顶点都访问一次，并且只访问一次。图的遍历方式也有两种：一种是深度优先搜索遍历，另一种是广度优先搜索遍历。

1. 深度优先搜索遍历

深度优先搜索遍历从图中的一个顶点出发，先访问该顶点，再依次从该顶点的未被访问过的邻接点开始继续深度优先搜索遍历。所以深度优先搜索遍历具有递归结构，是一种基于递归思想的遍历算法。下面给出该算法的代码实现。

```
//定义一个成员变量数组，用于记录遍历图时已访问的节点
int[] visited;

//深度优先搜索一个连通图，从 vNodes[vIndex]节点开始遍历
private void DFS(int vIndex){
```

```
    visit(vIndex);      //访问顶点 vNodes[vIndex], 打印出该顶点中的数据信息
    visited[vIndex] = 1;    //将顶点 vIndex 对应的访问标记置 1
    //找到顶点 v 的第 1 个邻接点, 如果无邻接点, 则返回-1
    //如果有, 则返回该顶点在 vNodes 中的下标
    int w = getFirstAdj(vIndex);

    while(w != -1){
        if(visited[w] == 0)    {      //该顶点未被访问
            DFS(w);                    //递归地进行深度优先搜索
        }
        //找到顶点 v 的下一个邻接点, 如果无邻接点, 则返回-1
        //如果有, 则返回该顶点在 vNodes 中的下标
        w = getNextAdj(vIndex,w);
    }
}

//对图 G=(V,E)进行深度优先搜索遍历的主算法
public void travelByDFS(){
    //创建数组 visited[], 用于记录遍历图时已访问的节点
    visited = new int[vNodes.length];
    for(int i=0;i<vNodes.length;i++) {
        visited[i] = 0;          //将标记数组初始化为 0
    }
    for(int i=0;i<vNodes.length;i++) {
        if(visited[i] == 0) {
            //若有顶点未被访问, 则从该顶点开始继续深度优先搜索遍历(访问不同的连通分量)
            DFS(i);
        }
    }
}
```

为了遍历图中每一个顶点, 需要在代码中设置一个访问标志数组 visited[], 该数组可以定义为 MyGraph 类的一个成员变量。数组 visited[]在主算法函数 travelByDFS()中被初始化, 其大小要跟图中顶点的数量(即邻接表数组 vNodes[]的长度)一致。在遍历过程中约定 visited[i]=1 表示图中的第 i 个顶点已被访问过; visited[i]=0 则表示图中的第 i 个顶点未被访问。

在遍历图时, 首先要调用主算法函数 travelByDFS()。该函数会将 visited[]数组中的每一个元素都初始化为 0, 表示初始时任何顶点都没有被访问。然后从第 1 个没有被访问的顶点开始(即满足 visited[i]==0 条件的顶点)调用递归函数 DFS(i), 深度优先搜索遍历整个图。

函数 DFS(vIndex)是一个递归函数。在函数 DFS(vIndex)中首先通过 visit()函数访问当前顶点 vIndex, 然后将顶点 vIndex 对应的访问标记 visited[vIndex]置为 1, 表明该顶点已被访问。接

下来通过函数 getFirstAdj()得到当前顶点 vIndex 的第 1 个邻接点，将其在 vNodes[]中的下标赋值给 w，如果顶点 vIndex 无邻接点，则返回–1。然后通过一个循环从顶点 vIndex 的第 1 个邻接点 w 开始深度优先搜索。搜索完 vIndex 的第 1 个邻接点，调用函数 getNextAdj()得到 vIndex 的下一个邻接点，并将其在 vNodes[]中的下标赋值给 w，然后从 w 开始深度优先搜索，直到 getNextAdj()返回–1，表明顶点 vIndex 的所有邻接点都已被访问。由于题目中已给出了邻接表形式定义的图结构，所以可以依据图结构的具体形式给出函数 getFirstAdj()及 getNextAdj()的实现，代码如下。

```
//返回第 1 个邻接点在数组中的下标
private int getFirstAdj(int vIndex) {
    if(vNodes[vIndex].firstarc != null) {
        // 返回 vNodes[vIndex]指向的单链表中第 1 个节点的 adjvex 值
        // 该值就是邻接点在 vNodes[]中的下标
        return vNodes[vIndex].firstarc.adjvex;
    }
    return -1;
}

//返回顶点 v 的下一个邻接点在数组中的下标
private int getNextAdj(int vIndex, int w){
    ArcNode p;
    p = vNodes[vIndex].firstarc;
    while( p!= null){
        if(p.adjvex == w && p.next != null) {
            return p.next.adjvex;   //循环找到顶点 v 的下一个邻接点，也就是 w 的后继节点
        }
        p = p.next;
    }
    return -1;
}
```

之所以不能仅仅通过一个递归函数 DFS()来遍历整个图，是因为 DFS()只能遍历到从起始顶点 v 开始所有与 v 相通的顶点，即一个连通分量。如果该图不是连通的，那么仅通过函数 DFS()无法遍历所有顶点，所以需要对 DFS()函数进行一次封装。外层函数 travelByDFS()会通过一个循环操作找出 visited[i] == 0 的顶点，然后调用 DFS(i)从该顶点开始深度优先搜索遍历，这样就可以保证访问到图中每一个连通分量，从而实现图的遍历。

下面给出测试程序，验证深度优先搜索遍历函数 travelByDFS()的正确性。

```
public static void main(String[] args) {
    int v[] = {2,9,6,3,7};
```

```
int arc[] = {1,2,3,-1,0,2,-1,1,0,-1,0,4,-1,3};
MyGraph graph = new MyGraph();
graph.createGraph(v,arc);
System.out.println("DFS traversal result:");
graph.travelByDFS();
}
```

在 main()函数中首先创建了一个如图 3-10 所示的图结构，然后调用 travelByDFS()函数深度优先搜索遍历这个图。每访问到图中的一个顶点，函数 DFS()就会调用 visit()函数访问该顶点，visit()函数定义如下。

```
private void visit(int vIndex) {
    System.out.print(vNodes[vIndex].data + " ");
}
```

也就是直接输出该顶点中的数据域 data，运行结果如图 3-13 所示。

图 3-13　运行结果

本程序完整的代码可从"微信公众号@算法匠人→匠人作品→《算法大爆炸》全书源代码资源→3-1"中获取。

如图 3-13 所示，遍历图顶点的顺序为 2→9→6→3→7。可用图 3-14 描述这个完整的遍历过程。遍历是沿着箭头和标号方向进行的，图中黑色箭头为成功的访问路径，虚线箭头则表示由于 visited[]数组中的该位已置为 1，所以不再重复访问其指向的顶点。

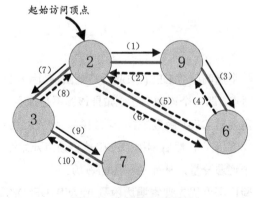

图 3-14　完整的遍历过程

2. 广度优先搜索遍历

广度优先搜索遍历的思想与深度优先搜索遍历的思想不同，它是一种按层次遍历的算法。它的遍历顺序是先访问顶点 v_0，再访问离顶点 v_0 最近的顶点 v_1，v_2，…，v_n，然后依次访问离顶点 v_1，v_2，…，v_n 最近的顶点，这样就形成一种以 v_0 为中心，一层一层向外扩展的访问路径。下面给出该算法的代码实现。

```
void BFS(int vIndex){
    visit(vIndex);      //访问顶点 vNodes[vIndex]，这里是打印出该顶点中的数据信息
    visited[vIndex] = 1;            //将顶点 v 对应的访问标记置 1
    MyQueue queue = new MyQueue();  //创建一个队列用来存放图顶点对象
    queue.enQueue(vIndex);          //顶点下标 vIndex 入队列
    while(queue.getQueueLength()!=0){
        int v = queue.deQueue();    //将队头元素取出
        int w = getFirstAdj(v);     //找到顶点 v 的第 1 个邻接点，如果无邻接点，则返回-1
        while(w != -1){
            if(visited[w] == 0) {
                visit(w);
                queue.enQueue(w);        /*顶点 w 入队列*/
                visited[w] = 1;
            }
            w = getNextAdj(v, w); /*找到顶点 v 的下一个邻接点，如果无邻接点则返回-1*/
        }
    }
}
//对图 G=(V,E) 进行广度优先搜索遍历的主算法
void travelByBFS(){
    //创建数组 visited[]，用于记录遍历图时已访问的节点
    visited = new int[vNodes.length];
    for(int i=0;i<vNodes.length;i++) {
        visited[i] = 0;            //将标记数组初始化为 0
    }
    for(int i=0;i<vNodes.length;i++) {
        if(visited[i] == 0) {
            //若有顶点未被访问，则从该顶点开始继续深度优先搜索遍历(访问不同的连通分量)
            BFS(i);
        }
    }
}
```

在遍历图时，首先要调用主算法函数 travelByBFS()。该函数会将 visited[]数组中的每个元素都初始化为 0，表示初始时任何顶点都没有被访问。然后从第 1 个没有被访问的顶点开始（即

满足 visited[i]==0 条件的顶点）调用函数 BFS(i)，从该顶点开始广度优先搜索遍历整个图。

函数 BFS(vIndex)实现了图的广度优先搜索遍历，可以遍历一个连通图。函数 BFS(vIndex)先访问顶点 vIndex，再将顶点 vIndex 对应的访问标记 visited[vIndex]置为 1，表明该顶点已被访问，然后创建一个队列 queue，并将该顶点在顶点数组 vNodes[]中的下标 vIndex 入队列。这里使用的队列是我们在第 1 章中定义的 MyQueue 队列，因为该队列中节点的数据类型是整型，与我们要放入队列的元素（数组 vNodes[]的下标）类型一致。当然我们也可以像第 2 章中介绍二叉树的按层次遍历算法那样采用 Java 容器类 LinkedList 的泛型类实现队列功能，大家在使用时应当灵活掌握。

接下来进入二重循环，实现以下操作。

（1）从队列中取出队头元素 v。

（2）调用函数 getFirstAdj(v)得到该顶点的第 1 个邻接点在 vNodes[]中的下标，并赋值给 w。

（3）如果顶点 w 还未被访问，即 visited[w] == 0，则调用函数 visit()访问顶点 w，并将 w 入队列，对应的访问标记 visited[w]置 1。

（4）调用函数 getNextAdj(v,w)得到顶点 v 的下一个邻接点 w，如果存在邻接点，则跳回到步骤（3），如果不存在邻接点，则跳回到步骤（1）。

循环执行上述操作，直到队列 queue 为空，表明该连通图中的每一个顶点都已被访问。这里函数 getFirstAdj(v)和 getNextAdj(v,w)的实现与深度优先搜索遍历一样，因为构成该图的邻接表数据结构是相同的。

下面给出测试程序，验证深度优先搜索遍历函数 travelByDFS()的正确性。

```
public static void main(String[] args) {
    int v[] = {2,9,6,3,7};
    int arc[] = {1,2,3,-1,0,2,-1,1,0,-1,0,4,-1,3};
    MyGraph graph = new MyGraph();
    graph.createGraph(v,arc);
    System.out.println("BFS traversal result:");
    graph.travelByDFS();
}
```

在 main()函数中首先创建了一个如图 3-10 所示的图结构，然后调用 travelByBFS()函数广度优先搜索遍历这个图。运行结果如图 3-15 所示。

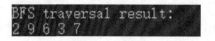

图 3-15　运行结果

本程序完整的代码可从"微信公众号@算法匠人→匠人作品→《算法大爆炸》全书源代码资源→3-2"中获取。

如图 3-15 所示，遍历图顶点的顺序为 2→9→6→3→7。虽然这个结果跟前面讲到的深度优先搜索遍历的结果不谋而合，但是两者遍历的方式是不同的。表 3-1 为广度优先搜索遍历图 3-10 所示结构时访问顶点的次序及队列中元素的变化情况。

表 3-1 广度优先搜索遍历顶点的次序及队列中元素的变化情况

出队列的元素（vNodes[]下标）	访问并入队列的元素（vNodes[]下标）	队列的状态（队首→队尾）
-	0	0
0	1、2、3	1、2、3
1	—	2、3
2	—	3
3	4	4
4	—	—

需要注意的是，表 3-1 中入队列元素和出队列元素都是顶点在数组 vNodes[]中的下标，并不是顶点中的数据元素。另外，有些顶点在出队列后并没有继续访问它的邻接点并将邻接点入队列（例如表 3-1 中的第 3、4 行），这是因为它的邻接点已在之前被访问过了，也就是 visited[w] 已等于 1，只有那些没有被访问过的邻接点才会被访问并进入队列。

有的读者可能有这样的疑问：既然遍历就是访问图中的每个顶点，那么何必这样复杂？直接顺序访问顶点数组 vNodes[]的每一个元素不就可以了？其实这种想法是错误的。这里所讲的遍历指依照图的逻辑结构，也就是图中每个顶点之间的关系，对一个图的各个连通分量进行遍历。在图的遍历过程中，可能存在一些额外操作，例如计算带权有向图的边权之和，计算两顶点之间路径的距离等，这些操作都必须依赖图的遍历来实现，仅靠访问图中的每个顶点是无法实现的。

3.5 案例分析

案例：迷宫问题

如图 3-16 所示为一个环形迷宫，S 为迷宫的入口，E 为迷宫的出口，请给出该迷宫的走法。

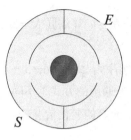

图 3-16 环形迷宫示意

本题难度：★★★

题目分析：

迷宫问题有很多种解法，将迷宫抽象为图结构，再利用图的遍历来求解是一种比较常用的方法。我们知道，图的深度优先搜索遍历是一种试探性的遍历算法，例如，对于相邻的顶点 *A*、*B*，顶点 *B* 已被访问，接下来访问顶点 *A*，如果顶点 *A* 没有与之相邻且未被访问的顶点，就要回退到前一个顶点 *B*，然后沿着下一个分支继续探索。这个过程与走迷宫的过程十分相似，当在迷宫中"碰壁"时，就相当于走到了图中的顶点 *A*，此时就要回退到之前的分叉路口，然后沿着另外的路径继续寻找迷宫出口。

我们可以将迷宫中的起点、分叉路口、阻挡通路的墙壁都抽象为图中的顶点，将迷宫中的路径抽象为图中的边，那么一个迷宫就相当于一个无向图，我们要做的就是在这个无向图中寻找从顶点 *S* 到顶点 *E* 的通路。将图 3-16 所示的环形迷宫抽象为图结构的方法如图 3-17 所示。

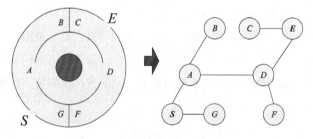

图 3-17 将环形迷宫抽象为图结构

如图 3-17 所示，我们要做的就是在这个图结构中寻找一条从顶点 *S* 到顶点 *E* 的通路。请注意这里说的是"通路"，而非"路径"，通路上允许包含重复的顶点。

我们可以借助图的深度优先搜索遍历算法解决这个问题，但是要在深度优先搜索遍历的基础上对算法加以改造，以适应题目的要求。

图的遍历要求将图中每个顶点都不重不漏地访问一次，例如在遍历图 13-7 中的图结构时，

当访问到顶点 B 时，因为 B 已没有未被访问过的相邻顶点（顶点 A 在前面已被访问过），所以算法会回退到顶点 A，但是并不访问顶点 A（因为顶点 A 已被访问了），然后访问下一个与 A 相邻的顶点 D，这样顶点 A 不会被重复访问。但是在走迷宫算法中，A 这个顶点仍然要被加入结果序列，只有这样才能构成一个完整的通路，也就是 $A{\rightarrow}B{\rightarrow}A{\rightarrow}D$，如图 3-18 所示。

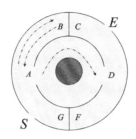

图 3-18 $A{\rightarrow}B{\rightarrow}A{\rightarrow}D$

在迷宫中寻找一条从 S 到 E 的通路，并不意味着要把图中的每个顶点都访问一遍。这跟现实中的走迷宫是一样的，只要找到迷宫的出口即可，无须走完迷宫中的每一条路和每一个分岔路口。这也是走迷宫问题和图的遍历最本质的区别。

另外，如图 3-17 所示，将该迷宫抽象成无向图后，无向图也只包含一个连通分量，所以在解决走迷宫问题时，不需要考虑无向图有多个连通分量的问题。

解决了上述三个问题，就可以实现一个走迷宫算法。下面给出该算法的代码实现。

```java
public class Maze {
    private VNode[] vNodes;
    int[] visited;
    ArrayList<Character> res;

    //创建一个迷宫
    public void createMaze(char v[],int arc[]) {
        vNodes = new VNode[v.length];
        res = new ArrayList<Character>();

        for (int i=0; i<v.length; i++) {
            vNodes[i] = new VNode();
            vNodes[i].data = v[i];
            vNodes[i].firstarc = null;
        }

        int index = 0;
        ArcNode p,q = null;
        for (int i=0; i<v.length; i++) {
```

```
        for (; index < arc.length && arc[index] != -1; index++) {
            p = new ArcNode(arc[index]);
            if (vNodes[i].firstarc == null) {
                vNodes[i].firstarc = p;
            } else {
                q.next = p;
            }
            q = p;
        }
        index++;
    }
}


//寻找一条行走迷宫的路径
public void findPath(){
    visited = new int[vNodes.length];
    for(int i=0;i<vNodes.length;i++) {
        visited[i] = 0;
    }
    res = new ArrayList<Character>();   //数组 res 用来保存结果序列
    for (int i=0;i<vNodes.length;i++) {
        if (vNodes[i].data == 'S') {
            DFS(i);       //从迷宫入口 S 进入迷宫深度优先搜索
        }
    }
}


private boolean DFS(int vIndex){
    if (visit(vIndex)) {
        return true;
    }
    visited[vIndex] = 1;
    int w = getFirstAdj(vIndex);
    while(w != -1){
        if(visited[w] == 0) {
            if (DFS(w)) {
                return true;   //DFS 返回 true,说明找到了一条通路
            }
            //回退到第 vIndex 个顶点,并将该顶点加入结果序列
            res.add(vNodes[vIndex].data);
        }
        w = getNextAdj(vIndex,w);
    }
    return false;
```

```
    }

    private boolean visit(int vIndex) {
        res.add(vNodes[vIndex].data);
        if (vNodes[vIndex].data == 'E') {
            System.out.println(res);
            return true;
        }
         return false;
    }

    private int getFirstAdj(int vIndex) {
        if(vNodes[vIndex].firstarc != null) {
            return vNodes[vIndex].firstarc.adjvex;
        }
        return -1;
    }

    private int getNextAdj(int vIndex, int w){
        ArcNode p;
        p = vNodes[vIndex].firstarc;
        while( p!= null){
            if(p.adjvex == w && p.next != null) {
                return p.next.adjvex;
            }
            p = p.next;
        }
        return -1;
    }
}
```

上述代码中定义了一个迷宫类 Maze，它包含三个成员变量：数组 vNodes 用来保存图 3-17 中图结构的顶点信息，数组 visited 用来记录 vNodes 中对应顶点是否已被访问过，数组 res 用来保存最终的结果序列。

函数 createMaze() 的作用是创建一个迷宫，也就是创建一个如图 3-17 所示的图结构。该函数与前面介绍过的 createGraph() 函数类似，这里不再赘述。

函数 findPath() 的作用是寻找一条走迷宫的通路。该函数跟前面介绍过的函数 travelByDFS() 类似，都是以图中的一个顶点为起点，并调用函数 DFS() 深度优先搜索图结构。但是由于与该迷宫对应的图结构本身只有一个连通分量，所以在函数 findPath() 中只需调用一次 DFS(0)。

函数 DFS() 的作用是深度优先搜索图结构。但是与传统的遍历算法略有不同，在这个 DFS

函数中调用的 visit()函数不仅会访问顶点信息，还会判断当前访问的顶点是否是迷宫的出口 E，如果当前访问的顶点是 E，则将结果序列 res 中记录下来的行走路径打印出来，然后返回 true，说明已经找到了一条通路，可以提前结束遍历。另外在 DFS()函数中，当递归调用了函数 DFS()并返回后，又回退到第 vIndex 个顶点，此时需要将顶点信息 vNodes[vIndex].data 加入结果序列。

下面给出本题的测试程序。

```
public static void main(String[] args) {
    char v[] = {'A','B','C','D','E','F','G','S'};
    int arc[] = {1,3,7,-1,0,-1,4,-1,0,4,5,-1,2,3,-1,3,-1,7,-1,0,6,-1};
    Maze maze = new Maze();
    maze.createMaze(v,arc);
    maze.findPath();
}
```

在 main()函数中创建了一个如图 3-17 所示的图结构，对应的邻接表结构如图 3-19 所示。

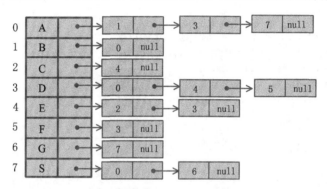

图 3-19　图 3-17 所示的图结构的邻接表结构

然后调用 findPath()函数寻找一条通路。运行结果如图 3-20 所示。

图 3-20　运行结果

第4章
排序与查找

　　排序与查找算法是很重要的计算机算法。排序算法指通过特定的算法将无序的记录或关键字按照一定的顺序（升序或降序）重新排列。查找算法则要给定一个关键字，通过特定的算法在存放记录的列表中检索出与给定的关键字相等的关键字记录，并返回该记录在列表中的位置。无论是排序算法还是查找算法，在现实中都有着广泛的应用场景，同时具有理论研究价值，所以掌握一些基础的排序算法和查找算法是非常必要的。本章将详细介绍几个常用的排序算法和查找算法。

4.1　直接插入排序

　　直接插入排序（Straight Insertion Sort）是最简单的排序算法，因此也称为简单插入排序。其基本思想可描述为：第 i 趟排序将序列中的第 $i+1$ 个元素 k_{i+1} 插入一个已经按值有序的子序列 $(k_1, k_2, \cdots, k_i)$ 中的合适位置，使得插入后的序列仍然保持按值有序。

　　直接插入排序的第 i 趟排序过程如图 4-1 所示。

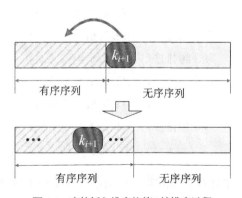

图 4-1　直接插入排序的第 i 趟排序过程

如图 4-1 所示，在第 i 趟排序之前，第 $i+1$ 个元素 k_{i+1} 处于无序序列段中，经过第 i 趟直接插入排序后，元素 k_{i+1} 将被插入有序序列段的某个位置上，使得有序序列段仍然保持有序，同时长度加 1，而无序序列段的长度减 1。不难想象，如果继续将后面的元素都按照上述方法插入前面的子序列，则最终该有序子序列段的长度会增加到与整个序列的长度相同，此时整个序列就按值有序排列了，排序操作完成。

下面结合实例来理解直接插入排序的具体步骤。

设数据元素序列为{5, 6, 3, 9, 2, 7, 1}。将序列中的第 1 个元素看作一个有序的子序列，然后将后面的元素不断插入。序列的初始状态如下。

$$\{(5), 6, 3, 9, 2, 7, 1\}$$

然后将 6 插入子序列（5），得到一个包含 2 个元素的有序子序列。判断元素 6 插入位置的方法是从元素 5 开始向左查找。因为 5 小于 6，所以将 6 插入 5 的右边即可（这里规定从小到大排序）。如果第 2 个元素是 4 而不是 6，那么因为 5 大于 4，所以需要将元素 5 后移，并把 4 插入第 1 个元素的位置。按照上述方法插入元素，可在原序列中得到一个新的按值有序（从小到大排列）的子序列（5, 6）。

$$\{(5,6), 3, 9, 2, 7, 1\}$$

上述过程被称为一趟直接插入排序。按照这种方法，可将后续的 5 个元素逐一插入前面的子序列。

直接插入排序的过程实际上是有序子序列不断增长的过程，当有序子序列与原序列的长度一致时，排序过程结束。元素序列{5, 6, 3, 9, 2, 7, 1}的直接插入排序过程如图 4-2 所示。

初始状态：   {(5), 6, 3, 9, 2, 7, 1}
第 1 趟排序： {(5, 6), 3, 9, 2, 7, 1}
第 2 趟排序： {(3, 5, 6), 9, 2, 7, 1}
第 3 趟排序： {(3, 5, 6, 9), 2, 7, 1}
第 4 趟排序： {(2, 3, 5, 6, 9), 7, 1}
第 5 趟排序： {(2, 3, 5, 6, 7, 9), 1}
第 6 趟排序： {(1, 2, 3, 5, 6, 7, 9)}

图 4-2 直接插入排序的过程

如图 4-2 所示，对于一个包含 n 个元素的序列，可通过 $n-1$ 趟直接插入排序将原序列中的元素按值有序排列。

下面给出直接插入排序的 Java 代码实现。

```
void insertSort(int[] array){
    for(int i=1; i<array.length; i++) {
        int tmp = array[i];              //将 array[i]保存在临时变量 tmp 中
        int j = i - 1;
        while(j>=0 && tmp < array[j]) {//从小到大排序，因此判断条件为 tmp<array[j]
            array[j+1] = array[j--];            //循环找到 array[i]应该放置的位置
        }
        array[j+1] = tmp;                    //将元素 tmp 插入指定位置
    }
}
```

函数 insertSort(int[] array)的功能是将整型数组 array 中的元素从小到大进行直接插入排序。其中参数 array 为待排序的数组名。

在 insert()函数内部，通过一个二重循环实现数组元素的插入排序，外层循环控制排序的趟数。对于一个包含 array.length 个元素的数组序列，需要 array.length−1 趟直接插入排序将序列元素按值有序排列，因此外层循环共执行 array.length−1 次，每循环一次完成一趟插入排序。

每一趟插入排序的过程都是将数组元素　array[i]并入有序子序列{array[0],…,array[i-1]}的过程，这个过程包括 3 步。

（1）将 array[i]保存到临时变量 tmp 中。

（2）通过内层的 while 循环在有序子序列{array[0],…,array[i-1]}中找到 array[i]应该放置的位置。如果子序列中的元素比 array[i]大，就将子序列中的元素向后移动，直到在子序列中找到第 1 个比 array[i]小或相等的元素，再将 array[i]插入这个元素的右边（即 array[j+1]的位置）。如果子序列中的所有元素都大于 array[i]，就将 array[i]插入第 1 个元素的位置（即 array[0]的位置）。

（3）将 tmp 赋值给 array[j+1]完成一趟插入排序。

下面给出测试程序验证该算法的正确性。

```
public static void main(String[] args) {
    int[] array = {3,12,20,1,0,5,8,19,5};              //初始化数组
    InsertSortTest.insertSort(array);                  //排序
    System.out.println(" The sorting result is: ");
    for (int i =0; i<array.length; i++) {
        System.out.print(String.format("%3d", array[i]));
    }
}
```

运行结果如图 4-3 所示。

The sorting result is:
0 1 3 5 5 8 12 19 20

图 4-3　运行结果

本程序完整的代码可从"微信公众号@算法匠人→匠人作品→《算法大爆炸》全书源代码资源→4-1"中获取。

4.2　冒泡排序

冒泡排序（Bubble Sort）又称起泡排序，是最为常用的排序方法。冒泡排序具有"交换"性质，以从小到大的排序为例，其基本思想可描述如下。

首先将待排序序列中的第 1 个元素与第 2 个元素比较，若前者大于后者，则将两者交换，否则不做任何操作。然后将第 2 个元素与第 3 个元素比较，若前者大于后者，则将两者交换，否则不做任何操作。重复上述操作，直到将第 $n-1$ 个元素与第 n 个元素比较完毕为止。

上述过程被称为第 1 趟冒泡排序。经过第 1 趟冒泡排序，长度为 n 的序列中最大的元素将被交换到原序列的尾部，也就是第 n 个位置上。

然后进行第 2 趟冒泡排序，也就是对序列中前 $n-1$ 个记录进行相同的操作。经过第 2 趟冒泡排序，可将剩下的 $n-1$ 个元素中最大的元素交换到序列的第 $n-1$ 个位置上。

同理，第 i 趟冒泡排序就是将序列中前 $n-i+1$ 个元素依次进行相邻元素的比较，若前者大于后者，则交换二者的位置，否则不做任何操作。第 i 趟冒泡排序的结果是将第 1 个至第 $n-i+1$ 个元素中最大的元素交换到第 $n-i+1$ 个位置上。

以此类推，当执行完第 $n-1$ 趟冒泡排序后，就可以将序列中最后两个元素中较大的元素交换到序列的第 2 个位置上，第 1 个位置上的元素就是该序列中最小的元素，冒泡排序完成。

假设数据序列为{11，3，2，6，5，8，10}，其冒泡排序的过程如图 4-4 所示。

该算法还存在优化的空间，从图 4-4 中不难发现，从第 3 趟排序开始，序列已经按值有序了，后面只是元素的比较，而没有发生元素的交换，元素序列始终保持有序的状态。因此从第 3 趟排序开始，后面的元素比较是没有必要的。

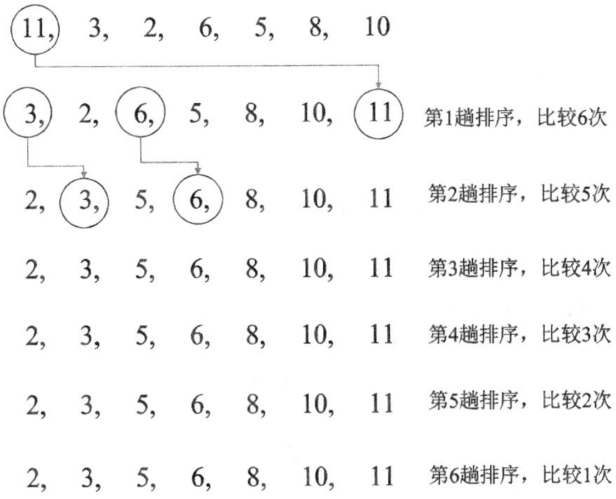

```
11,   3,   2,   6,   5,   8,   10

3,   2,   6,   5,   8,   10,   11    第1趟排序，比较6次

2,   3,   5,   6,   8,   10,   11    第2趟排序，比较5次

2,   3,   5,   6,   8,   10,   11    第3趟排序，比较4次

2,   3,   5,   6,   8,   10,   11    第4趟排序，比较3次

2,   3,   5,   6,   8,   10,   11    第5趟排序，比较2次

2,   3,   5,   6,   8,   10,   11    第6趟排序，比较1次
```

图 4-4　冒泡排序的过程

在冒泡排序中，如果在某一趟排序过程中没有发生元素交换，则说明序列中的元素已经按值有序排列，不需要再进行下一趟排序，排序过程可以结束。因此冒泡排序算法可做如下改进。

设置一个标志变量 flag，并约定：

◎　flag=1 表示本趟排序过程中仍有元素交换。

◎　flag=0 表示本趟排序过程中没有元素交换。

在每一趟冒泡排序之前，都将 flag 置为 0，一旦在排序过程中发生了元素交换，就将 flag 置为 1，这样就可以通过变量 flag 决定是否要进行下一趟冒泡排序。

应用 Java 程序实现上述算法的代码如下。

```java
void bubbleSort(int[] array) {
    int i, j, tmp, flag = 1;
    for(i=0; i<array.length-1 && flag==1; i++) {
        flag = 0;    //flag初始化为0
        for(j=0; j<array.length-i-1; j++) {
            if(array[j]>array[j+1]) {
                //交换数据，实现从小到大排序
                tmp = array[j+1];
                array[j+1] = array[j];
                array[j] = tmp;
                flag = 1;    //发生数据交换，将flag置为1
            }
        }
    }
}
```

函数 bubbleSort(int[] array)实现了将整型数组 array 中的元素从小到大进行冒泡排序。该算法的主体由一个二重循环构成，外层循环控制冒泡排序的趟数，内层循环实现数据的比较和交换。在代码中还定义了一个标记变量 flag，用来标识本趟排序中是否发生了数据交换。如果本趟排序中没有发生任何数据交换，即 flag 等于 0，则结束循环。

下面给出测试程序验证该算法实现的正确性。

```
public static void main(String[] args) {
    int[] array = {3,12,20,1,0,5,8,19,5};        //初始化数组
    BubbleSortTest.bubbleSort(array);            //排序
    System.out.println(" The sorting result is: ");
    for (int i =0; i<array.length; i++) {
        System.out.print(String.format("%3d", array[i]));
    }
}
```

运行结果如图 4-5 所示。

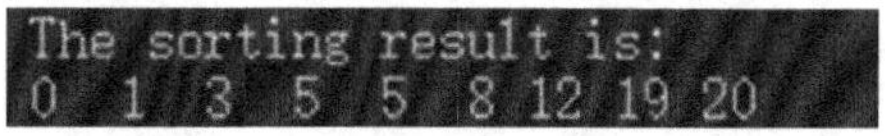

图 4-5　运行结果

本程序完整的代码可从"微信公众号@算法匠人→匠人作品→《算法大爆炸》全书源代码资源→4-2"中获取。

4.3　简单选择排序

简单选择排序（Simple Selection Sort）也是一种应用十分广泛的排序方法，其基本方法是在第 i 趟排序中，从 $n-i+1$（$i=1,2,\cdots,n-1$）个元素中选择最小的元素作为有序序列的第 i 个记录，也就是与序列中第 i 个位置上的元素交换。每一趟选择排序都从序列里面未排好顺序的元素中选择最小的元素，再将该元素与这些未排好顺序的元素中的第 1 个元素交换。第 i 趟选择排序的过程如图 4-6 所示。

如图 4-6 所示，每执行完一趟选择排序后，序列中的有序部分就会增加一个元素，无序部分就会减少一个元素。当有序序列的长度增加到与整个序列长度相同时，选择排序完成。下面通过一个例子来介绍选择排序的执行过程。

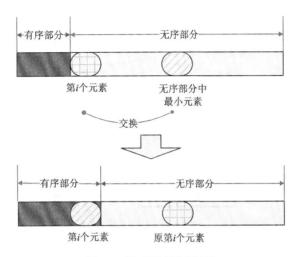

图 4-6 第 i 趟选择排序过程

假设数据序列为{1，3，5，2，9，6，0，13}，选择排序的过程如下。

将整个序列作为未排序的子序列，在这 8 个元素中选择最小的元素，并将其与第 1 个元素交换，上述过程称为第 1 趟选择排序。第 1 趟选择排序后序列的状态如下。

$$\{(0)，3，5，2，9，6，1，13\}$$

至此，未排序的子序列为从第 2 个元素到最后一个元素，接下来在这 7 个元素中选出最小的元素，并将其与第 2 个元素交换，完成第 2 趟选择排序。第 2 趟选择排序后序列的状态如下。

$$\{(0，1)，5，2，9，6，3，13\}$$

以此类推，每一趟排序过程都要经历选择、交换这两个过程，如果未排序的子序列中第 1 个元素就是最小的，则不需要交换元素。

元素序列{1，3，5，2，9，6，0，13}的完整选择排序过程如图 4-7 所示。

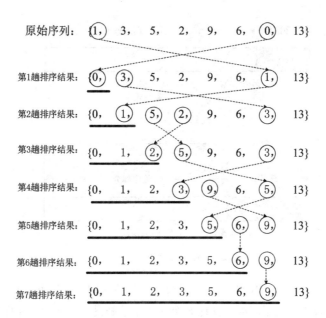

原始序列:　{1, 3, 5, 2, 9, 6, 0, 13}

第1趟排序结果:　{0, 3, 5, 2, 9, 6, 1, 13}

第2趟排序结果:　{0, 1, 5, 2, 9, 6, 3, 13}

第3趟排序结果:　{0, 1, 2, 5, 9, 6, 3, 13}

第4趟排序结果:　{0, 1, 2, 3, 9, 6, 5, 13}

第5趟排序结果:　{0, 1, 2, 3, 5, 6, 9, 13}

第6趟排序结果:　{0, 1, 2, 3, 5, 6, 9, 13}

第7趟排序结果:　{0, 1, 2, 3, 5, 6, 9, 13}

图 4-7　选择排序过程

应用 Java 程序实现上述算法的代码如下。

```java
void selectSort(int[] array) {
    int i, j, min, tmp;
    for(i=0; i<array.length-1; i++) {
    min = i;
    for(j=i+1; j<array.length; j++) {
            //在未排序的子序列中找到最小元素的位置
            if(array[j] < array[min]) {
                min = j;  //用min记录下最小元素的位置
            }
        }
    if(min != i){          //最小的元素不在未排序子序列的第1个位置
        tmp = array[min] ;
        array[min] = array[i];    //交换元素
        array[i] = tmp;
        }
    }
}
```

函数 selectSort() 的作用是对数组 array 中的元素从小到大进行选择排序。该函数的主体由一个二重循环构成,外层循环控制排序的趟数,内层循环执行每一趟排序。在该函数中定义了一个局部变量 min，作为数组中最小元素的下标。在执行每一趟排序时，首先将变量 min 赋值为 i，也就是未排序子序列中第 1 个元素的下标，然后通过内层循环找出未排序子序列中最小的元素，并将其下标 j 赋值给 min。这样，在完成一趟排序后，min 就指向了未排序子序列中最小的元素，最后将元素 array[min] 与 array[i] 交换。每执行完一趟选择排序，数组中的有序部分就会增加一个元素，无序部分则减少一个元素。对于长度为 length 的数组，只需要执行 length−1 趟选择排序即可调整为有序。

下面给出测试程序验证该算法实现的正确性。

```java
public static void main(String[] args) {
    int[] array = {3,12,20,1,0,5,8,19,5};        //初始化数组
    SelectSortTest.selectSort(array);            //排序
    System.out.println(" The sorting result is: ");
    for (int i =0; i<array.length; i++) {
        System.out.print(String.format("%3d", array[i]));
    }
}
```

运行结果如图 4-8 所示。

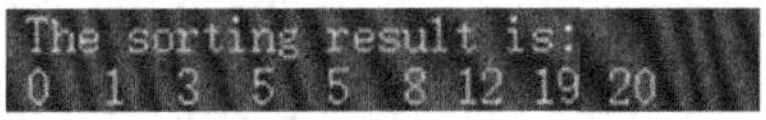

图 4-8　运行结果

本程序完整的代码可从"微信公众号@算法匠人→匠人作品→《算法大爆炸》全书源代码资源→4-3"中获取。

4.4　快速排序

快速排序（Quick Sort）是由 C.A.R Hoarse 提出的一种排序算法，它是冒泡排序的一种改进，元素间比较的次数较少，排序效率较高，故得名快速排序。

快速排序的基本思想是通过一趟排序将待排序列分割为前后两部分，其中一部分序列中的数据比另一部分序列中的数据小。然后使用同样的方法分别对两部分数据排序，直至整个序列有序。

假设待排序的序列为$(k_1, k_2, \cdots, k_n)$。首先从序列中任取一个元素，称为基准元素，然后将小于或等于基准元素的所有元素都移到基准元素的前面，把大于基准元素的所有元素都移到基准元素的后面，基准元素不属于任何子序列，其位置就是该元素在序列中的最终位置。这个过程

称为一趟快速排序，或快速排序的一次划分。

接下来分别对基准元素的前后两个子序列重复上述操作（如果子序列的长度大于1），直到所有元素都被移动到它们应处的位置上（或者每个子序列的长度都为1）。显然快速排序算法具有递归的特性。

假设数据序列为{3，9，2，1，6，8，10，7}，其快速排序的过程如图4-9所示。

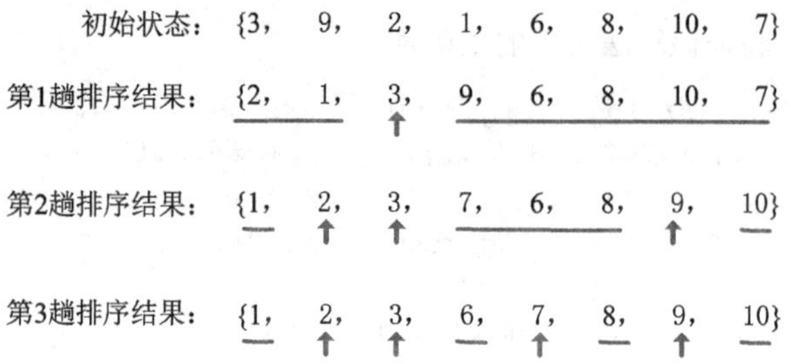

初始状态： {3,   9,   2,   1,   6,   8,   10,   7}

第1趟排序结果： {2,   1,   3,   9,   6,   8,   10,   7}

第2趟排序结果： {1,   2,   3,   7,   6,   8,   9,   10}

第3趟排序结果： {1,   2,   3,   6,   7,   8,   9,   10}

图4-9　快速排序的过程

图 4-9 中箭头所指的元素为基准元素排序后的最终位置，带有下画线的部分为划分后的子序列。在第 3 趟排序后，子序列的长度都为 1，因此整个序列按值有序。

快速排序一般适用于顺序表或数组序列的排序，不适合在链表结构上排序。

使用 Java 程序实现上述算法的代码如下。

```java
void quickSort(int[] array, int s, int t) {
    int low, high;
    if(s<t) {
        low = s;
        high = t+1;
        while(true) {
            //array[s]为基准元素，重复执行 low++
            do low++;
            while(array[low]<=array[s] && low!=t);
            //array[s]为基准元素，重复执行 high--
            do high--;
            while(array[high]>=array[s] && high!=s);
            if(low<high) {
                //交换 array[low]和 array[high]
                swap(array,low,high);
            } else {
                break;
            }
        }
```

```
    }
    swap(array,s,high);          //将基准元素与 array[high]交换
    quickSort(array, s, high-1); //将基准元素前面的子序列快速排序
    quickSort(array, high+1, t); //将基准元素后面的子序列快速排序
  }
}

void swap(int[] array, int low, int high) {
    int tmp = array[low];
    array[low] = array[high];
    array[high] = tmp;
}
```

在上述代码中,函数 quickSort(int[] array, int s, int t)实现了将数组 array 中的元素从小到大快速排序。该函数为递归函数,参数 array 为数组对象的引用,参数 s 和 t 为当前待排序的子序列首尾元素在数组 array 中的下标。例如最开始的序列为{3,9,2,1,6,8,10,7},因此 s=0,t=7。在下一趟排序时,序列变为子序列{2,1}和{9,6,8,10,7},因此在对子序列{2,1}排序时,s=0,t=1;在对子序列{9,6,8,10,7}排序时,s=3,t=7。

算法通过变量 low 和 high 实现对序列的一次划分,并将 array[s]作为本趟排序的基准元素。变量 low 和 high 与形参 s 和 t 的区别在于变量 low 和 high 会随着排序过程而改变,并通过这两个变量交换数组中的元素,将小于基准元素的数据交换到数组的前面,将大于基准元素的数据交换到数组的后面,而形参 s 和 t 只是标识当前序列的范围。

当 s<t 时表示当前待排序的子序列中包含多个元素,因此排序继续进行。当 s==t 时表示当前待排序的序列中只包含一个元素,本层递归调用结束。

函数 swap(int[] array, int low, int high)的作用是将数组 array 中的元素 array[low]和 array[high]的位置进行交换。

下面给出测试程序来验证该算法实现的正确性。

```
public static void main(String[] args) {
    int[] array = {3,12,20,1,0,5,8,19,5};      //初始化数组
    QuickSortTest.quickSort(array,0,8);        //排序
    System.out.println(" The sorting result is: ");
    for (int i =0; i<array.length; i++) {
        System.out.print(String.format("%3d", array[i]));
    }
}
```

上述代码的运行结果如图 4-10 所示。

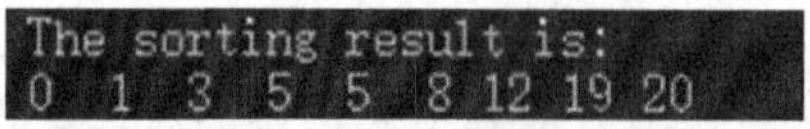

```
The sorting result is:
0 1 3 5 5 8 12 19 20
```

图 4-10　运行结果

本程序完整的代码可从"微信公众号@算法匠人→匠人作品→《算法大爆炸》全书源代码资源→4-4"中获取。

4.5　希尔排序

希尔排序（Shell's Sort）也称缩小增量排序，它是对直接插入排序算法的一种改进，因此希尔排序的效率比直接插入排序、冒泡排序、简单选择排序都要高。

希尔排序的基本思想是先将整个待排序列划分为若干子序列，分别对子序列进行排序，然后逐步缩小划分子序列的间隔，并重复上述操作，直到划分的间隔变为 1。

具体来说，可以设定一个元素间隔增量，然后依据这个间隔对序列进行分割，从第 1 个元素开始依次分为若干子序列。如图 4-11 所示，最开始间隔为 3，原序列可划分为：

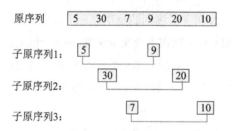

图 4-11　间隔为 3 时序列的划分

序列{5，30，7，9，20，10}被划分为 3 个子序列。按照希尔排序的思想，将这 3 个子序列分别排序，可以使用直接插入排序、冒泡排序等算法。将子序列排序后缩小间隔，依据新的间隔值对序列进行划分，再对子序列进行排序。如此循环，直到间隔缩小至 1。

序列{5，30，7，9，20，10}的希尔排序过程如图 4-12 所示。

第 1 趟排序间隔为 3，因此将原序列分成 3 个子序列{5，9}{30，20}{7，10}，排序后序列变为{5，20，7，9，30，10}。

第 2 趟排序间隔为 2，因此第 1 趟排序后的序列分成 2 个子序列{5，7，20}{20，9，10}，排序后序列变为{5，9，7，10，30，20}。

第 3 趟排序间隔为 1，因此将第 2 趟排序后的序列分成 1 个子序列，即该序列本身，排序后序列变为{5，7，9，10，20，30}。

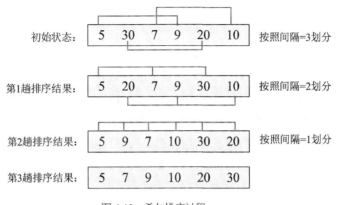

图 4-12　希尔排序过程

　　间隔值的选取涉及一些数学上尚未解决的难题。一种比较常用且效果很好的选取间隔值的方法是先取序列长度的一半作为间隔值；在后续的排序过程中，后一趟排序的间隔为前一趟排序间隔的一半。图 4-12 所示的希尔排序过程采取每次间隔减 1 的方法，但是这种方法效率并不高，因为间隔缩小的速率较慢，所以排序的趟数较多。

　　排序算法的时间主要花费在排序时移动元素的过程上，而在希尔排序算法中，因为最初间隔取值较大，所以排序时元素移动的跨度较大，这在一定程度上减少了序列中元素的频繁移动。当间隔缩小到 1 时，序列已经基本按值有序了，所以不需要移动较多的元素。

　　使用 Java 程序实现上述算法的代码如下。

```java
public static void shellSort(int[] array) {
    int gap = array.length;
    int flag = 0;
    while(gap > 1) {
        gap = gap / 2;              //按照经验值，每次将间隔缩小一半
        do {                        //子序列可以使用冒泡排序
            flag = 0;
            for(int i=0; i<array.length-gap; i++) {
                int j = i + gap;
                //子序列按照冒泡排序方法处理
                if(array[i]>array[j]) {
                    int tmp = array[i];          //交换元素位置
                    array[i] = array[j];
                    array[j] = tmp;
                    flag = 1;                    //设置标志 flag=1
                }
            }
        } while(flag !=0);          //改进的冒泡排序法
```

```
    }
}
```

在上述代码中，函数 shellSort(int[] array)实现了将整型数组 array 中的元素进行从大到小的希尔排序操作。最初设定希尔排序的间隔增量 gap 为数组的长度 array.length，然后通过一个循环以每次缩小一半间隔的速度对原序列的子序列进行排序。当 gap 值大于 1 时，表示当前仍存在需要排序的子序列，于是执行一趟排序操作，直到 gap 等于 1。

该算法中每一趟排序使用的都是冒泡排序算法，只不过元素比较不在相邻元素之间，而在第 i 个元素和第 i+gap 个元素之间。这使得元素交换是跳跃式的，从而减少了元素的移动次数。

下面给出测试程序来验证该算法实现的正确性。

```java
public static void main(String[] args) {
    int[] array = {3,12,20,1,0,5,8,19,5};      //初始化数组
    ShellSortTest.shellSort(array);            //排序
    System.out.println(" The sorting result is: ");
    for (int i =0; i<array.length; i++) {
        System.out.print(String.format("%3d", array[i]));
    }
}
```

运行结果如图 4-13 所示。

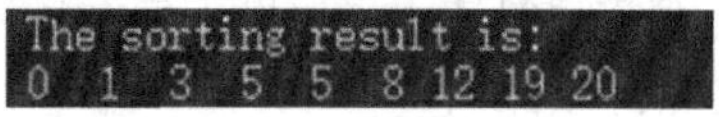

图 4-13　运行结果

本程序完整的代码可从"微信公众号@算法匠人→匠人作品→《算法大爆炸》全书源代码资源→4-5"中获取。

4.6　堆排序

堆排序（Heap Sort）是一种特殊形式的选择排序，它是简单选择排序的一种改进。我们先来看一下什么是堆，进而了解堆排序算法。

大顶堆与小顶堆

具有 n 个数据元素的序列 $\{k_1, k_2, k_3, \cdots, k_n\}$，当且仅当满足下面的关系时称为堆（heap）。

$$（1）\begin{cases} k_i \geqslant k_{2i} \\ k_i \geqslant k_{2i+1} \end{cases} \text{或者}（2）\begin{cases} k_i \leqslant k_{2i} \\ k_i \leqslant k_{2i+1} \end{cases} \quad (i=1,2,3, \cdots, \lfloor n/2 \rfloor)$$

　　满足条件（1）的堆称为大顶堆，满足条件（2）的堆称为小顶堆。以下讨论的堆排序问题全是基于大顶堆的。

　　如果想更加形象地展示一个堆序列的特征，那么可将堆序列中的元素从上至下、从左到右地按层次存放在一棵完全二叉树中。例如堆序列为{49，22，40，20，18，36，6，12，17}，其对应的完全二叉树如图 4-14 所示。

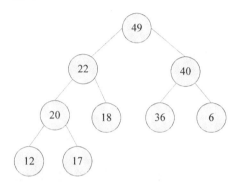

图 4-14　堆对应的完全二叉树

　　因为在大顶堆中 $k_i \geqslant k_{2i}$，并且 $k_i \geqslant k_{2i+1}$，所以在与之对应的完全二叉树中，根节点是最大值，并且二叉树中每个节点的值均大于或等于其左子树和右子树中所有节点的值。

堆排序

　　可以利用堆的特性对序列进行排序。如果将序列从小到大排序，则使用大顶堆，如果将序列从大到小排序，则使用小顶堆。下面我们介绍利用大顶堆将序列从小到大排序的方法，利用小顶堆将序列从大到小排序的方法与之类似，这里不再详述。

　　将一个包含 n 个元素的序列进行堆排序（从小到大）的过程如下。

　　（1）将原始序列调整为一个大顶堆。

　　（2）交换大顶堆的第 1 个元素和最后一个元素，使第 1 个元素位于排序后的最终位置。

　　（3）将尚未处于最终位置的前面的序列调整成一个大顶堆。

　　（4）重复步骤（2）和步骤（3）n−1 次。

　　最终可将原序列从小到大排序。

　　上述过程有两个难点：（1）如何将原始序列调整为一个大顶堆；（2）如何将尚未处于最终位置的前面的序列调整成一个大顶堆。

　　我们先来讨论第（2）个问题，在此基础上讨论第（1）个问题。

　　以图 4-14 所示的堆为例，其对应的原始序列为{49，22，40，20，18，36，6，12，17}，

它是一个大顶堆，在进行堆排序时，先执行步骤（2），交换堆的第 1 个元素和最后一个元素，交换后的堆如图 4-15 所示。

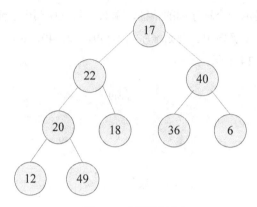

图 4-15　交换后的堆

此时 49 已位于排序后的最终位置，也就是最后一个元素的位置，该序列变为{17，22，40，20，18，36，6，12，49}。

然后执行步骤（3），将除节点 49 外的其他节点{17，22，40，20，18，36，6，12}重新调整为一个大顶堆。去掉节点 49 之后的二叉树，如图 4-16 所示。

不难发现，图 4-16 所示的二叉树虽不是一个堆，但除了根节点 17，其左右子树仍满足堆的性质，因此可以采用自上而下的办法将该二叉树调整为一个堆。具体方法是将序号为 i 的节点与其左右孩子（序号分别为 $2i$ 和 $2i+1$）中的最大节点替换到序号为 i 的节点的位置上。只要从上至下地彻底地完成一次调整，该二叉树就会变为一个堆。将图 4-16 所示的二叉树调整为一个堆的结果如图 4-17 所示。

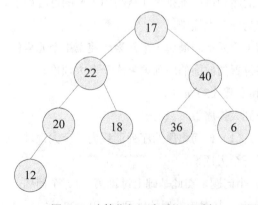

图 4-16　去掉节点 49 之后的二叉树

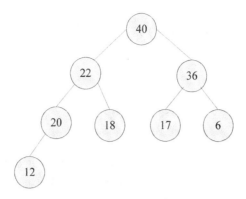

图 4-17 将图 4-16 所示的二叉树调整为一个堆

接下来重复步骤（2）和步骤（3），最终实现将序列从小到大排序。图 4-18 为将大顶堆序列{49，22，40，20，18，36，6，12，17}从小到大进行堆排序的执行过程。

{17，22，40，20，18，36，6，12，**49**}

{12，22，36，20，18，17，6，**40**，**49**}

{6，22，17，20，18，12，**36**，**40**，**49**}

{12，20，17，6，18，**22**，**36**，**40**，**49**}

{12，18，17，6，**20**，**22**，**36**，**40**，**49**}

{6，12，17，**18**，**20**，**22**，**36**，**40**，**49**}

{6，12，**17**，**18**，**20**，**22**，**36**，**40**，**49**}

{6，**12**，**17**，**18**，**20**，**22**，**36**，**40**，**49**}

图 4-18 堆排序的执行过程

将尚未处于最终位置的前面的序列再调整成一个大顶堆的过程并不需要在二叉树上进行，这里用二叉树的形式描述只是为了讲解得更加清晰，实际上它是将一个普通序列调整为堆的过程，该算法描述如下。

```
void adjust(int[] k, int i, int n) {
    int j;
    int tmp;
    tmp = k[i-1];
    j = 2 * i;
    while(j<=n) {
        if(j<n && k[j-1]<k[j]) {
            j++;                // j 为左右孩子中较大孩子的序号（位置）
        }
```

```
    if(tmp>=k[j-1]) {
        break;                  //tmp 为最大的元素，不需要交换
    }
    k[j/2-1] = k[j-1];     //交换元素
    j = 2 * j;
    }
    k[j/2-1] = tmp;             //将 k 中第 i 个元素放到调整后的最终位置上
}
```

函数 adjust(int[] k, int i, int n) 的作用是将序列 k 中以第 i 个元素为根节点的子树调整为一个大顶堆。参数 n 则表示这个子序列的长度。例如图 4-13 中的中间序列{12，22，36，20，18，17，6，40，49}，此时最后两个元素已处于最终位置，我们要做的是将前面 7 个元素调整为一个大顶堆，此时就可以调用函数 adjust(k,1,7)来实现这个功能。

需要注意的是，调用函数 adjust()的前提是该子树中除了根节点，其余子树都符合堆的特性。如果该子树中根节点的某个子树不符合堆的特性，那么仅调用一次 adjust()函数是不能将其调整为大顶堆的。

下面我们讨论如何将一个序列初始化为一个堆。如果原序列对应的完全二叉树有 n 个节点，那么从第 $\lfloor n/2 \rfloor$ 个节点开始（初始时 $i=\lfloor n/2 \rfloor$）调用函数 adjust()进行调整，每调整一次后都执行 $i=i-1$，直到 i 等于 1 时再调整一次，就可以把原序列调整为一个堆了。

原始序列{23，6，77，2，60，10，58，16，48，20}对应的完全二叉树如图 4-19(a)所示，将其调整为一个堆的过程如图 4-19(b)~(f)所示，图中的方框表示本次调整的范围，最终可得到一个大顶堆序列{77，60，58，48，20，10，23，16，2，6}。

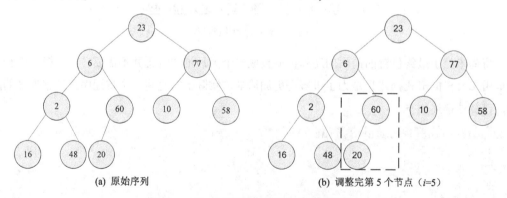

(a) 原始序列　　　　　(b) 调整完第 5 个节点（$i=5$）

图 4-19　将一个原始序列调整为大顶堆的过程

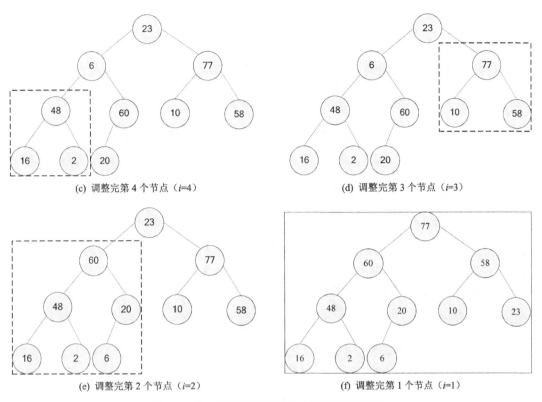

(c) 调整完第 4 个节点（*i*=4）

(d) 调整完第 3 个节点（*i*=3）

(e) 调整完第 2 个节点（*i*=2）

(f) 调整完第 1 个节点（*i*=1）

图 4-19　将一个原始序列调整为大顶堆的过程（续）

　　将原始序列调整为一个大顶堆后就可以进行堆排序了。首先交换堆中的第 1 个元素和最后一个元素，然后调用 adjust() 函数将根元素向下调整，将除最后一个元素外的元素调整为一个新的大顶堆，最后重复"交换"和"调整"操作 *n*-1 次，就可将序列堆排列为一个从小到大的有序序列。堆排序的算法描述如下。

```
void heapSort(int[] array) {
    int i;
    int tmp;
    for(i=array.length/2;i>=1;i--) {        //将原始序列初始化为一个堆
        adjust(array,i,array.length);
    }
    //交换第 1 个和第 n 个元素，再将根节点向下调整
    for(i=array.length-1;i>=0;i--) {
        tmp = array[i];
        array[i] = array[0];                //交换第 1 个和第 n 个元素
        array[0] = tmp;
        adjust(array,1,i);                  //将根节点向下调整
```

```
    }
}
```

上述代码描述了堆排序的过程，在理解堆排序时要把握以下几点。

（1）堆排序是针对线性序列的排序，用完全二叉树的形式解释堆排序的过程是出于直观的需要。

（2）堆排序的第 1 步是将原始序列初始化为一个堆，这个过程可通过下面的 for 循环实现，其操作步骤如图 4-19 所示。

```
for(i=array.length/2;i>=1;i--) {
    adjust(array,i,array.length);
}
```

（3）一系列"交换—调整"的动作。交换指将堆中第 1 个元素和本次调整范围内的最后一个元素交换，将较大的元素置于序列的后面。调整指将交换后的剩余元素从上至下调整为一个新的大顶堆，这个过程可通过下面的 for 循环实现。

```
for(i=array.length-1;i>=0;i--) {
    tmp = array[i];
    array[i] = array[0];
    array[0] = tmp;
    adjust(array,1,i);
}
```

（4）通过步骤（2）、步骤（3）可将一个无序序列从小到大排序。

（5）大顶堆的堆排序结果是从小到大排列，小顶堆的堆排序结果是从大到小排列。

下面给出测试程序来验证该算法实现的正确性。

```
public static void main(String[] args) {
    int[] array = {3,12,20,1,0,5,8,19,5};        //初始化数组
    HeapSortTest.heapSort(array);                //排序
    System.out.println(" The sorting result is: ");
    for (int i =0; i<array.length; i++) {
        System.out.print(String.format("%3d", array[i]));
    }
}
```

运行结果如图 4-20 所示。

图 4-20 运行结果

本程序的完整代码可从"微信公众号@算法匠人→匠人作品→《算法大爆炸》全书源代码资源→4-6"中获取。

4.7　各种排序算法的比较

排序算法的性能可从时间复杂度和空间复杂度进行比较，如表 4-1 所示。

表 4-1　排序算法的时间复杂度和空间复杂度的比较

排序算法	一般情况下的时间复杂度	最坏情况下的时间复杂度	空间复杂度
直接插入排序	$O(n^2)$	$O(n^2)$	$O(1)$
冒泡排序	$O(n^2)$	$O(n^2)$	$O(1)$
简单选择排序	$O(n^2)$	$O(n^2)$	$O(1)$
希尔排序	$O(n\log_2 n)$	$O(n\log_2 n)$	$O(1)$
快速排序	$O(n\log_2 n)$	$O(n^2)$	$O(\log_2 n)$
堆排序	$O(n\log_2 n)$	$O(n\log_2 n)$	$O(1)$

虽然许多排序算法的时间复杂度或空间复杂度属于同一量级，但是不同的排序算法适合不同的场景。

从表 4-1 中不难看出，在一般情况下希尔排序、快速排序和堆排序的时间复杂度是相同的，排序速度较快，相对而言快速排序算法是最快的（只要不是最坏情况），而堆排序的空间消耗最小。

直接插入排序和冒泡排序的排序速度较慢，如果待排序列最开始就是基本有序或局部有序的，那么使用这两种排序算法会取得满意的效果。在最好的情况下（原序列按值有序），使用直接插入排序和冒泡排序的时间复杂度为 $O(n)$。

从待排序列的规模来看，序列中元素的数量越少，采用冒泡排序、直接插入排序或简单选择排序越合适。当序列的规模较大时，采用希尔排序、快速排序或堆排序比较适合。这是从成本的角度考虑的，因为序列的规模 n 越小，$O(n^2)$ 与 $O(n\log_2 n)$ 的差距就越小，同时使用复杂的排序算法也会带来一些额外的系统开销。因此对小规模的序列使用相对简单的冒泡排序、直接插入排序或简单选择排序最为划算。

从算法实现的角度来看，直接插入排序、简单选择排序和冒泡排序实现起来简单直接。其他的排序算法都可以看作对上述某一种排序算法的改进和提高，实现起来相对复杂。

排序算法还有一个重要的概念——排序稳定性。如果序列中相等的元素经过某种算法排序后，仍能保持它们排序前在序列中的相对顺序，则称这种排序算法是稳定的，反之称排序算法是不稳定的。例如原序列为{3，5，6′，3′，6}，这里用 3′、3 和 6′、6 来区分数值相同的多个元素。如果将该序列从小到大排序的结果是{3，3′，5，6′，6}，则称本次排序是稳定的，因为 3′、3 和 6′、6 保持了排序之前在序列中的相对顺序。

从算法的稳定性方面考虑，直接插入排序、冒泡排序是稳定排序算法。简单选择排序、希尔排序、快速排序、堆排序是不稳定排序算法。

没有一种排序算法适合于所有场景，每一种排序算法都有其优点和不足，适用于不同的场景。我们在选取排序算法时要综合考虑各方面因素，在当前场景下选择最适合自己的排序算法。

4.8 折半查找算法

折半查找算法是利用分治的算法思想设计出来的静态查找算法。该算法可将较大规模的问题缩小为较小规模的问题，从而大大减少了查找的次数，是一种非常高效的查找算法，被广泛应用。

折半查找算法有着严格的使用条件，只适用于有序排列的关键字序列，例如关键字序列{1，2，5，6，7，9，11，15}就可以使用折半查找算法。另外，折半查找算法需要随机访问序列中的元素，因此只能在顺序结构（例如顺序表和数组）中进行，不适用于链表存储的数据序列。

折半查找算法的基本思想是先确定待查找记录的查找范围，再逐步缩小查找范围，直到查找成功或查找失败，我们通过一个简单的实例来进一步说明。

例如给定一个有序序列 array={1，3，5，7，9，11，15}，可按下列步骤在该序列中查找关键字 11。

将 11 与序列中间位置的元素 7 进行比较，因为 11 大于 7，所以如果该序列中存在 11，则 11 必然在元素 7 的后面，这样可将查找的范围缩小到后半段序列{9，11，15}。

再将 11 与后半段序列中间位置的元素 11 进行比较，查找成功。

从这个简单的查找过程可以看出，如果采用顺序查找的方法查找元素 11，需要比较 6 次才能找到，而利用序列按值有序的特性折半查找元素 11，仅需比较 2 次就能找到该元素。

折半查找算法采用了分而治之的思想，将问题的规模不断缩小，是一种比较高效的查找算法。它的效率比顺序查找高很多，其平均查找长度 $ASL \approx \log_2(n+1)-1$，因此时间复杂度为 $O(\log_2 n)$，而且序列越长，折半查找的效率优势越明显。例如在一个长为 1000 的序列中查找元素，顺序查找的平均查找长度 ASL=500，而折半查找的平均查找长度 ASL=9。

折半查找算法可以用递归和非递归两种方式实现。它们在本质上没有区别，只是递归方式利用了折半查找算法的特性，代码更加简洁。但是在实际应用中，特别是在数据量庞大的情况下，更推荐使用非递归方式实现折半查找，因为递归算法消耗空间资源较大。

非递归方式实现的算法描述如下。

```
int binarySearch(int[] array, int k) {
    int low = 0, high = array.length-1, mid;
    while (low <= high) {
        mid = (low + high) / 2;
        if (array[mid] == k) {
            return mid;                  //查找成功，返回mid
        } if (k > array[mid]) {
            low = mid + 1;               //在后半序列中查找
        } else {
            high = mid - 1;              //在前半序列中查找
        }
    }
    return -1;                           //查找失败，返回-1
}
```

函数 static int binarySearch (int[] array, int k)的功能是从整型数组 array 中查找元素 k，并将 k 在数组中的下标（如果存在）返回，如果数组 array 中不存在元素 k，则返回–1。

递归方式实现的算法描述如下。

```
int binarySearch (int array [], int low, int high, int k) {
    int mid;
    if (low > high) {
        return -1;          // low>high，查找失败，返回-1
    } else {
        mid = (low + high) / 2;
        if (array [mid] == k) {
            return mid;
        }
        if (k > key[mid]) {
            //递归地在序列的后半部分查找
            return binarySearch (array, mid+1, high, k);
        } else {
            //递归地在序列的前半部分查找
            return binarySearch (array, low, mid-1, k);
        }
    }
}
```

函数 static int binarySearch (int array[], int low, int high, int k) 的功能也是从整型数组 array 中查找元素 k，并将 k 在数组中的下标返回。该函数采用递归的算法，因此函数的参数中包括本次递归调用所要查找子序列的下界下标和上界下标。low 为当前查找数组序列的下界下标（初始值为 0），high 为当前查找数组序列的上界下标（初始值为 $n-1$，n 为数组的长度）。如果查找成功，则返回 k 在数组 key 中的下标，否则返回–1。

下面给出测试程序来验证该算法实现的正确性。

```
public static void main(String[] args) {
    int[] array = {2,3,5,8,9,11,13,17,21};
    int pos = BinarySearchTest.binarySearch(array,17);
    System.out.println("17 is at array[" + pos + "]");
    pos = BinarySearchTest.binarySearch(array,0,8,8);
    System.out.println("8 is at array[" + pos + "]");
    pos = BinarySearchTest.binarySearch(array,20);
    System.out.println("8 is at array[" + pos + "]");
}
```

在上面这段测试程序中，首先初始化了一个整型数组{2, 3, 5, 8, 9, 11, 13, 17, 21}，然后调用非递归的折半查找函数 binarySearch(array,17)查找元素 17 在数组 array 中的位置，调用递归的折半查找函数 binarySearch(array,0,8,8)查找元素 8 在数组 array 中的位置。最后调用函数 binarySearch(array,20)查找元素 20 在数组 array 中的位置。运行结果如图 4-21 所示。

图 4-21　运行结果

因为数组 array 中不包含元素 20，所以返回的结果为–1。本程序完整的代码可从“微信公众号@算法匠人→匠人作品→《算法大爆炸》全书源代码资源→4-7”中获取。

4.9　案例分析

案例 4-1：荷兰国旗问题

荷兰国旗由红、白、蓝三色构成。有一个由红、白、蓝三种颜色的 n 个条块组成的序列，请设计一个时间复杂度为 $O(n)$ 的算法，将这些条块按照红、白、蓝的顺序排好，也就是构成荷兰国旗的图案。

本题难度：★★

题目分析：

荷兰国旗问题是一道经典的排序问题，有很多方法可以解决。但是本题要求时间复杂度为 $O(n)$，因此需要设计一个尽可能高效的算法。

　　我们将这个问题抽象化,用一个数组来存放这三种颜色的条块,其中 0 表示红色条块,1 表示白色条块,2 表示蓝色条块。开始时,三种颜色的条块在数组中是无序的,要求将数组中的元素按照 0→1→2 的顺序排列,如图 4-22 所示。

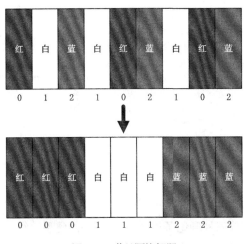

图 4-22　荷兰国旗问题

　　如图 4-22 所示,包含 9 个条块的数组{0,1,2,1,0,2,1,0,2},排序后变为{0,0,0,1,1,1,2,2,2},从而构成荷兰国旗的图案。

　　如何用时间复杂度为 $O(n)$ 的算法将上述包含 3 种元素(0,1,2)的数组进行排序呢?可以借鉴快速排序的算法思想。

　　快速排序中的一次划分将数组中的元素以基准元素为界分为两个子序列,分别为大于基准元素的序列和小于基准元素的序列。可以借鉴元素划分的思想,通过对数组的一次扫描,将数组中的 0 尽量交换到数组的左边,将数组中的 2 尽量交换到数组的右边,剩下的 1 集中在数组的中间,具体算法描述如下。

```
void arrangeHollandFlag(int[] array) {
    int i, j;
    for (i=0; array[i]==0; i++); //i 最终指向第 1 个非 0 的元素
    for (j=array.length-1; array[j]==2; j--); //j 最终指向第 1 个非 2 的元素

    int cur = i;    //cur 在[i,j]之间扫描数组元素
    while (cur <= j) {
        if (array[cur] == 0) {
            int tmp = array[i];
            array[i] = array[cur];   //交换元素
            array[cur] = tmp;
```

```
            i++;
            cur++;
            continue;
        }
        if (array[cur] == 2) {
            int tmp = array[j];
            array[j] = array[cur];    //交换元素
            array[cur] = tmp;
            while(array[j] == 2) {
                j--;                  //j 始终指向最后一个非 2 的元素
            }
            continue;
        }
        cur++;
    }
}
```

函数 arrangeHollandFlag(int[] array)的作用是将数组中的 0、1、2 重新排列，以形成荷兰国旗的图案，参数 array 是存放三种颜色条块（0、1、2）的整型数组。该算法通过三个变量 i、j、cur 来调整数组中元素的位置。首先通过循环操作将变量 i 指向数组 array 中的第 1 个非 0 元素，将变量 j 指向数组 array 中最后一个非 2 元素，这样在数组 array 中，i 之前的元素均为 0（红色条块），j 之后的元素均为 2（蓝色条块）。然后通过一个 while 循环扫描 i 和 j 之间的元素。

当 array[cur]==0 时，将该元素与 array[i]交换，同时执行 i++和 cur++操作，从而将元素 0 调整到数组的前部，而 i 依然指向数组 array 中第 1 个非 0 元素。

当 array[cur]==2 时，将该元素与 array[j]交换，同时通过一个 while 循环调整变量 j 的值，这样元素 2 就被调整到数组的后部，而 j 依然指向数组 a 中最后一个非 2 的元素。请注意，此时变量 cur 不能被修改，因为并不确定 cur 指向的元素是 0 还是 1。

当 array[cur]==1 时仅执行 cur++操作。

当 cur>j 时表明数组 array 中的每个元素都已被扫描，并且每个元素都被放置到它应放置的位置上，所以循环结束。

上述算法对数组中的每个元素仅访问一次，时间复杂度为 $O(n)$，同时该算法只需固定的空间消耗，空间复杂度为 $O(1)$。

下面给出本题的测试程序。

```
public static void main(String[] args) {
    int[] array = {1,2,1,0,2,1,0,1,2,2,0,0,0,1,2};
    System.out.println("Before arranging");
    for (int i = 0; i<array.length; i++) {
```

```
    System.out.print(String.format("%3d", array[i]));
}
System.out.println();
HollandFlagTest.arrangeHollandFlag(array);
System.out.println("After arranging");
for (int i = 0; i<array.length; i++) {
    System.out.print(String.format("%3d", array[i]));
}
}
```

在测试程序中，初始化了一个仅包含 0、1、2 的数组 array，然后调用 arrangeHollandFlag() 函数将该数组排布成荷兰国旗的形式，并将结果输出到屏幕上。运行结果如图 4-23 所示。

图 4-23　运行结果

本程序完整的代码可从"微信公众号@算法匠人→匠人作品→《算法大爆炸》全书源代码资源→4-8"中获取。

案例 4-2：重复数字出现的次数

已知有一个从小到大排列的有序整型数组，请编写程序，找出某个数字出现的次数。

本题难度：★★

题目分析：

本题最简单的解法就是顺序遍历数组并统计出该数字在数组中出现的次数。但是题目中的数组是有序的，使用顺序遍历这种笨方法就失去这个条件的意义了。

既然是在有序数组中查找某个数字，那么可以借鉴折半查找算法。假设数组是从小到大有序排列的，要查找的数字为 key。为了求出 key 在数组中出现的次数，可以利用折半查找算法在数组中找出 key 第 1 次出现的位置 start 和最后 1 次出现的位置 end，end–start+1 即为 key 在数组中出现的次数。图 4-24 形象地说明了这个方法。

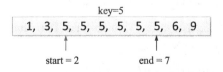

图 4-24　计算 key 在数组中出现的次数

如图 4-24 所示，数字 5 在数组中第 1 次出现时对应的下标 start 是 2，最后 1 次出现时对应的下标 end 是 7，因此 5 出现的次数是 7–2+1=6。

现在的问题是如何找到 start 和 end。不难发现 start 是所有 key 中最左边的，而 end 是所有 key 中最右边的，所以我们依然可以使用折半查找算法，只不过不要查找到 key 就直接返回，而要继续向左或向右查找。具体做法是：如果要查找 start 的位置，就在本次查找到的 key 的左边的子序列中继续折半查找 key；如果要查找 end 的位置，就在本次查找到的 key 的右边的子序列中继续折半查找 key。直到在子序列中找不到 key，最后一次查找到 key 时的位置就是 start 或者 end 的值。图 4-25 描述了查找 start 的过程。

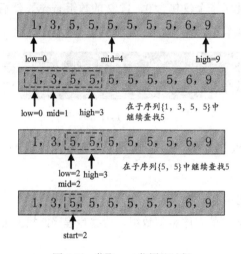

图 4-25　获取 start 位置的过程

如图 4-25 所示，查找 key=5 在数组中第 1 次出现的位置（start），首先折半查找找到 mid=4 的值为 5，然后在其左边的子序列{1，3，5，5}中继续折半查找 5，此时 low=0，high=mid–1=3（程序中向下取整）。

在第 2 次查找中，mid=(low+high)/2=1，而 mid=1 对应的值为 3，所以查找失败。因为 3<5，所以依据折半查找算法，在其右边的子序列{5，5}中继续查找 5，此时 low=2，high=3。

在第 3 次查找中 mid=(low+high)/2=2，而 mid=2 对应的值为 5，因此查找成功。

因为要查找 start 的位置，所以接下来应该在 mid=2 左边的子序列中继续查找 5，但是此时 mid=2 已是子序列{5，5}中最左边的元素，即 high=mid–1=1，high<low，所以 start 即为最后一次查找到 5 时记录下来的位置，也就是 start=2。

查找 end 的方法与查找 start 的方法类似，在找到 key 之后，在其右边的子序列中继续折半查找，直到找不到，这里不再详述。

下面给出该算法的代码实现。

```
int getBoundaryIndex(int[] array, int key, boolean forStart) {
    int low = 0, high = array.length;
    int mid = 0;
    int last = -1;                       //用 last 记录 start 或 end
    while (low <= high) {
        mid = (low + high) / 2;
        if (array[mid]<key) {
            low = mid+1;
        } else if (array[mid] > key) {
            high = mid - 1;
        } else {                         //找到了 key
            last = mid;                  //记录下当前 key 的位置
            if (forStart) {
                high = mid - 1;          //查找 start, 调整 high 值继续在左边查找
            } else {
                low = mid + 1;           //查找 end, 调整 low 值继续在右边查找
            }
        }
    }
    return last;                         //返回 last, 即最终的位置 start 或 end
}

public static int getRepeatNumberCount(int[] array, int key) {
    int start, end;
    start = getBoundaryIndex(array, key, true);
    end = getBoundaryIndex(array, key, false);

    if (start == -1 || end == -1) {
        return 0;                        //数组 array 中没有 key 值, 返回 0
    } else {
        return end - start + 1;          //返回 key 出现的次数
    }
}
```

函数 getRepeatNumberCount(int[] array, int key)的作用是计算有序数组 array 中关键字 key 的数量。在该函数中会调用函数 getBoundaryIndex(int[] array, int key, boolean forStart)查找 start 或 end 的位置，如果函数 getBoundaryIndex()的最后一个参数为 true 则表示要查找 start 的位置，否则表示要查找 end 的位置。函数 getRepeatNumberCount()的返回值为 array 中 key 的数量，如果数组 array 中不包含 key 则返回 0。

函数 getBoundaryIndex()与普通的折半查找算法类似，只是当 array[mid]==key 时不是马上返回 mid，而是先记录下 mid 的值，然后根据 forStart 参数调整 high 或 low 的值，进而在 key 的左边或右边的子序列中继续查找 key。当 forStart 等于 true 时，在 array[mid]左边的子序列中

继续查找 key；当 forStart 等于 false 时，在 array[mid]右边的子序列中继续查找 key。

low>high 依然是折半查找的结束标志，此时说明该子序列中不存在关键字 key，那么最后一次记录下来的 mid 值即 last 的值，就是最终的 start 或 end 值。

下面给出本题的测试程序。

```java
public static void main(String[] args) {
    int[] array = {0,1,3,5,5,5,5,5,5,5,5,5,5,5,5,6,6,9,12};
    int c = RepeatNumber.getRepeatNumberCount(array,5);
    System.out.println("There are " + c + " number 5 in this array");
}
```

在测试程序中，首先初始化了一个整型数组 array[] = {0, 1, 3, 5, 5, 5, 5, 5, 5, 5, 5, 5, 5, 5, 5, 6, 6, 9, 12}，然后调用函数 getRepeatNumberCount()计算 key=5 出现的次数，并输出统计结果。运行结果如图 4-26 所示。

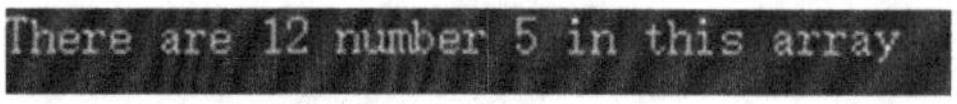

There are 12 number 5 in this array

图 4-26　运行结果

本程序完整的代码可从"微信公众号@算法匠人→匠人作品→《算法大爆炸》全书源代码资源→4-9"中获取。

其实本题还有一种更容易实现的方法。首先通过折半查找找到关键字 key，然后以 key 为中心向前和向后扫描序列，并统计与 key 相等的数据数量。这个算法更加易于理解和实现，同时利用了"有序序列"这一条件，但是这个算法的时间复杂度依然为 $O(n)$，而上面介绍的算法的时间复杂度为 $O(\log n)$。

虽然这个算法比直接遍历该数组并统计 key 出现次数的方法高效，但它只是在最开始使用了折半查找的思想，也就是局部的折半查找，而在找到第 1 个 key 后又退回到了顺序查找。相比直接遍历数组的方法，这个算法可以减少一些冗余操作，但是当以 key 为中心向前和向后扫描序列时，还是存在一些冗余操作，如图 4-27 所示。

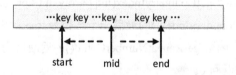

图 4-27　以 key 为中心向前和向后扫描序列

从 mid 处向数组的前后扫描找到 start 和 end 的位置，在这个过程中遍历中间的 key 都属于冗余操作，因为我们只关心 start 和 end 的位置，采用遍历统计的方法是一种低效的选择。

第 5 章
穷举法

穷举法（Exhaustive Method），是使用最广泛、设计最简单，同时最耗时的算法，也被称为暴力法、蛮力法（Brute-Force Method）。本章我们就来一同了解穷举法。

5.1　穷举法的基本思想

穷举法的基本思想是：在问题的解空间中穷举每一种可能的解，并对每一种可能的解进行判断，从中找出答案。在划定问题解空间时有两点需要注意。

（1）划定的解空间必须覆盖问题的全部解，否则这个解空间就是不完备的。假设解空间集合用 H 表示，问题的解集用 h 表示，只有当 $h \in H$ 时，才能将 H 作为穷举法的解空间。

（2）解空间集合一定是离散集合，或者说集合中的元素数量必须是有限的、可列的。

只要划定了正确的解空间，就可以按照一定的步骤搜索这个解空间，并将解空间中的可能解穷举出来。

穷举法之所以又被称为暴力法或蛮力法，是因为这种算法在划定的解空间中搜索时相对"简单粗暴"，大多是利用循环操作将可能解穷举出来，缺少搜索策略和约束条件。这样的后果就是算法中可能存在冗余计算，算法的时间复杂度会比较高。但穷举法能够保证解的全面性，并且思想简单、易于实现，对于一些规模不是很大的问题，仍然不失为一种不错的选择。随着计算机硬件性能的不断提高，并行计算、云计算和大数据技术的不断发展，穷举法不再是最低等、最原始的无奈之举，它将越来越为人们所重视。

下面我们通过一个简单的题目——两数之和，进一步讲解穷举法。

给定一个整数数组 array 和一个目标值 target，请在该数组中找出和为目标值 target 的两个整数，并输出它们在数组 array 中的下标。这里规定：一定要在数组中找到两个元素，而不能将一个元素重复使用，当然本题也可能无解。

示例：

给定数组 array = {1,3,5,7,9,2,4,6,8,0}，目标值 target = 15，结果应当如下。

array[3] + array[8] = 15

array[4] + array[7] = 15

假设要寻找的数组元素的下标分别为 index_1 和 index_2，数组的长度为 length，则 index_1 和 index_2 的取值范围分别是 $0 \leqslant$ index_1 $\leqslant$ length–1，$0 \leqslant$ index_2 $\leqslant$ length–1，同时题目规定 index_1≠index_2，所以本题划定的解空间是{index_1,index_2 | index_1∈[0,length-1], index_2 ∈[0,length-1],index_1≠index_2}。

接下来要做的是搜索这个解空间，每当找到一个下标组合(index_1,index_2)就去判断 array[index_1]+array[index_2]是否等于 target。如果符合要求，则找到一个解；如果不符合要求，则说明这个组合不是问题的解。当把解空间中的每个下标组合都尝试一遍后，就可以找出该问题的全部解。

该算法的 Java 代码描述如下。

```java
static void outupIndexOfArray(int[] array, int target) {
    //输出数组的下标，使其对应数组元素之和等于target
    boolean haveSolution = false;
    for (int index_1=0; index_1<array.length; index_1++) {
        for (int index_2=0; index_2<array.length; index_2++) {
            if (index_1 != index_2 &&
                    array[index_1] + array[index_2] == target) {
                //找到一个解，将其输出
                System.out.println("array[" + index_1 + "] +
                            array[" + index_2 + "] = " + target);
                haveSolution = true;
            }
        }
    }
    if (!haveSolution) {
        System.out.println("There is no solution for this target");
    }
}
```

函数 outupIndexOfArray(int[] array, int target)的作用是找到并输出数组 array 中的两个元素下标，使其对应的数组元素之和等于 target。如果在数组中找不到这样两个元素，则输出 "There is no solution for this target"。

为了验证这个函数的正确性，提供如下测试程序。

```
public static void main(String[] args) {
    int[] array = {1,3,5,7,9,2,4,6,8,0};
    int target = 15;
    outupIndexOfArray(array,target);
}
```

运行结果如图 5-1 所示。

图 5-1　运行结果

我们发现第 1 个结果和第 4 个结果是相同的，第 2 个结果和第 3 个结果也是相同的，这意味着解空间中存在重复的解，我们回过头再来看一下本题解空间的定义。

本题划定的解空间为 {index_1,index_2 ｜ index_1 ∈ [0,length-1], index_2 ∈ [0,length-1], index_1≠index_2}，如果将这个解空间用一个二维表格表示，就能看出问题的所在。如表 5-1 所示。

表 5-1　解空间的二维表格

	0	1	2	3
0	(0,0)	(0,1)	(0,2)	(0,3)
1	(1,0)	(1,1)	(1,2)	(1,3)
2	(2,0)	(2,1)	(2,2)	(2,3)
3	(3,0)	(3,1)	(3,2)	(3,3)

表格的行和列分别代表数组下标 index_1 和 index_2 的取值（假设数组中包含 4 个元素，那么 index 的取值是从 0 到 3），由此构成的二维矩阵中的每一个元素都代表一种下标的组合方式。在上面的算法中，我们将问题的解空间划定在这个矩阵中，但是不包含对角线上的组合，因为对角线上的组合 index_1 等于 index_2。

仔细观察不难发现，这是一个角对称矩阵，矩阵中第 i 行第 j 列和第 j 行第 i 列表示的组合是等价的。如果我们将此矩阵作为解空间，那么搜索出的下标组合(index_1,index_2)就会重复。我们应当将本题的解空间缩小到这个矩阵的上对角矩阵或下对角矩阵（不包含对角线），这样得到的结果就不会有重复了。

在代码实现上，只要将内层循环变量 index_2 的起始值从原来的 0 改为 index_1+1，就可以将搜索的范围限定到上对角矩阵，解空间的大小变为原来的一半，同时不再需要 index_1 !=

index_2 的判断。改进后的算法实现如下。

```
static void outupIndexOfArray(int[] array, int target) {
    //输出数组的下标，使其对应数组元素之和等于 target
    boolean haveSolution = false;
    for (int index_1=0; index_1<array.length; index_1++) {
        for (int index_2=index_1+1;index_2<array.length;index_2++) {
            if (array[index_1] + array[index_2] == target) {
                //找到一个解，将其输出
                System.out.println("array[" + index_1 + "] +
                        array[" + index_2 + "] = " + target);
                haveSolution = true;
            }
        }
    }
    if (!haveSolution) {
        System.out.println("There is no solution for this target");
    }
}
```

使用改进的 outupIndexOfArray()方法后，运行结果如图 5-2 所示。

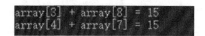

图 5-2　运行结果

压缩了问题的解空间后，之前的重复结果被消除，运行结果符合预期。完整的代码及测试程序可从"微信公众号@算法匠人→匠人作品→《算法大爆炸》全书源代码资源→5-1"中获取。

在应用穷举法解决问题时，关键是划定好问题的解空间。如果解空间的范围定得过大，那么不但会增加冗余的搜索操作，还可能导致得到的结果重复；如果解空间的范围定得过小，则可能漏掉一部分解，违背了穷举法牺牲时间换取解的全面性的初衷。

5.2　案例分析

案例 5-1：　百钱百鸡

我国古代数学家张丘建在《算经》一书中提出了著名的"百钱百鸡"问题。

鸡翁一，值钱五；鸡母一，值钱三；鸡雏三，值钱一。百钱买百鸡，则翁、母、雏各几何？

请编写程序解决"百钱百鸡"问题。

本题难度：★

题目分析：

本题题目大意是：1 只公鸡值 5 钱，1 只母鸡值 3 钱，3 只雏鸡值 1 钱。现在要用 100 钱买 100 只鸡，请问公鸡、母鸡、雏鸡各买多少只？

可将问题抽象成以下方程组。

设可买鸡翁 x 只，鸡母 y 只，鸡雏 z 只，则 x、y、z 满足以下方程组。

$$\begin{cases} 5x + 3y + \dfrac{1}{3}z = 100 & \rightarrow 百钱 \\ x + y + z = 100 & \rightarrow 百鸡 \end{cases}$$

该方程组中包含 3 个未知数，仅有两个方程，是一个三元一次不定方程组。根据代数基本定理，该方程组会有无数组解，但是本题存在一个约束条件：x、y、z 的取值必须为正整数（因为 x、y、z 表示鸡的数量），所以它的解一定是有限的。这样我们就可以将该问题的解放到一个有限的空间内讨论。

解决百钱百鸡问题最简单的方法是在 (x, y, z) 构成的解空间内穷举所有的组合，只要 (x, y, z) 的值满足上述方程组，就一定是百钱百鸡问题的解。

接下来考虑 (x, y, z) 组合的解空间构成。最简单的划分方法就是 $x, y, z \in \mathbf{R}$ 且 $0 \leqslant x \leqslant 100$；$0 \leqslant y \leqslant 100$；$0 \leqslant z \leqslant 100$。这样划分的道理很简单：无论 x、y、z 怎样取值，都不会超过 100，也不会小于 0，同时 x、y、z 必须都是正整数。这样 (x, y, z) 组合构成的解空间大小为 101^3，我们要做的就是穷举出这 101^3 个 (x, y, z) 组合，并从中找出百钱百鸡问题的解。

下面给出本题的 Java 代码算法描述。

```java
public static void BuyChicken() {
    for (int x = 0; x<=100; x++) {
        for (int y=0; y<=100; y++) {
            for (int z=0; z<=100; z++) {
                if ((15 * x + 9 * y + z == 300) &&
                    (x + y + z == 100)) {
                    //找到一个解，将其输出
                    System.out.println("Cock: " + x + " Hen: "
                                        + y + " Chick: " + z);
                }
            }
        }
    }
}
```

函数 BuyChicken() 的作用是计算鸡翁、鸡母、鸡雏的数量，并输出结果。这里通过一个三重循环对解空间进行搜索。在最内层循环中对得到的组合(x, y, z)进行判断，如果(x, y, z)的值满足上面的方程组，就表示该组合是百钱百鸡问题的一个解。

需要注意的是，在判断(x, y, z)是否满足方程$5x+3y+1/3z=100$时，需要将该方程两边同时乘以3，变为$15x+9y+z=300$。这是因为如果将(x, y, z)直接代入方程$5x+3y+1/3z=100$中进行判断，则$1/3z$会自动舍弃小数部分（例如78/3=26，80/3=26，也就是当$z=78$或者$z=80$时，$1/3z$的结果是相同的），这样会造成误差，从而影响最终的结果。

本题完整的代码可从"微信公众号@算法匠人→匠人作品→《算法大爆炸》全书源代码资源→5-2"中获取，运行结果如图5-3所示。

图5-3   运行结果

案例5-2：梅齐亚克的砝码问题

法国数学家梅齐亚克在他所著的《数字组合游戏》一书中提出这样的题目：一位商人有一个质量为40磅的砝码，一天，他不小心将这个砝码摔成了4块。吝啬的商人不愿意扔掉这个破碎的砝码，于是他仔细研究这4块砝码碎片，发现恰好每块砝码碎片的质量都是整数，而且各不相同，同时这4块砝码碎片可以在天平上称出1~40磅的任意整数磅。你知道这4块砝码碎片的质量各是多少吗？请编程解决这个问题。

本题难度：★★

题目分析：

从题目给出的已知条件，我们可以总结出以下几点。

（1）4块砝码碎片的质量都是整数，并且质量之和为40磅。

（2）砝码碎片的质量各不相同。

（3）4块砝码碎片可以在天平上称出1~40磅任意整数磅的质量。

所以这个问题的解空间是有限的、可列的，我们只需要划定一个合理的解空间，并在这个解空间中搜索出满足以上3个条件的解。

假设这四块砝码碎片的质量分别是a、b、c、d，根据已知条件，必然有a、b、c、$d \in \mathbf{R}$（整数），同时$0<a<40$，$0<b<40$，$0<c<40$，$0<d<40$，所以这个解空间可暂时划定为$\{(a, b, c, d) | a, b, c, d \in \mathbf{R}$ 且 $0<a<40$，$0<b<40$，$0<c<40$，$0<d<40\}$。

可以采用多重循环的方式遍历这个解空间，代码如下。

```
void MeziakWeight() {
    int a,b,c,d;
    for (a=1; a<40; a++) {
        for (b=1; b<40; b++) {
            for (c=1; c<40; c++) {
                for (d=1; d<40; d++) {
                    //判断是否满足条件（1）（2）（3），如果满足则找到一个答案
                }
            }
        }
    }
}
```

　　细心的读者或许会发现这段代码存在一个严重的问题——划定的解空间中存在重复解。就像 5.1 节中介绍的"两数之和"一样，这里所讲的组合(a, b, c, d)不考虑排列方式，组合(1, 2, 3, 4)和组合(4, 3, 2, 1)是等价的，所以只需要考虑碎片的质量各是多少，不需要考虑碎片的排列方式。如果使用上述代码遍历解空间，则会产生大量的冗余。

　　如何划定一个不重、不漏的解空间呢？我们可以参考 5.1 节中介绍的"两数之和"及表 5-1，"两数之和"问题的解空间是一个二维矩阵，而本题的解空间是一个四维向量，可将上面的算法类比推广到这个四维向量解空间的问题上，得到如下遍历解空间的算法。

```
void MeziakWeight() {
    int a,b,c,d;
    for (a=1; a<40; a++) {
        for (b=a+1; b<40; b++) {
            for (c=b+1; c<40; c++) {
                for (d=c+1; d<40; d++) {
                    //只需要判断 a+b+c+d 是否等于 40，同时判断 a、b、c、d 能否在天平上
                    //称出 1~40 磅的任意质量
                }
            }
        }
    }
}
```

　　这里将内层循环的变量 b、c、d 的起点从原来的 1 改为上一层循环变量值加 1，这样既可以清除解空间中的冗余解，又可以在判断结果时省略对"砝码碎片的质量各不相同"这一条件的判断（因为循环的最内层得到的 a、b、c、d 一定互不相等）。

　　遍历解空间的问题解决了，接下来要考虑的问题就是如何判断组合(a,b,c,d)能否在天平上称出 1~40 磅之间任意整数磅的质量。

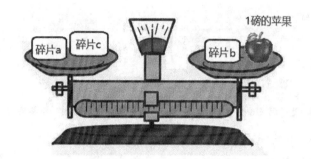

图 5-4 用 3 块砝码碎片称出 1 磅苹果示意

如图 5-4 所示，将碎片 a 和碎片 c 放到天平的一边，将碎片 b 和 1 个 1 磅的苹果放到天平的另一边，此时天平保持平衡，这说明砝码碎片 a、b、c 可以称出 1 磅的质量。我们可以通过变换砝码碎片的组合和摆放位置来称出不同的质量。

如果将这个问题转化为数学符号，其实就是判断方程

$$x_1a + x_2b + x_3c + x_4d = W \qquad x_1, x_2, x_3, x_4 \in \{-1, 0, 1\}$$

在 $W = 1, 2, 3, \cdots, 40$ 时是否都有解。请注意 x_1、x_2、x_3、x_4 只能从 $\{-1, 0, 1\}$ 中取值，这个道理很简单，假设存在一组解 $\{x_1, x_2, x_3, x_4\} = \{1, 1, -1, 0\}$ 使得方程

$$x_1a + x_2b + x_3c + x_4d = 1$$

成立，则有

$$1a + 1b + (-1)c + 0d = 1$$
$$a + b - c = 1$$
$$a + b = 1 + c$$

这就表示天平的一边放碎片 a 和 b，另一边放碎片 c 和 1 个 1 磅的物体会处于平衡状态，也就是图 5-4 所示的情形。同理，如果该方程在 $W = 1, 2, 3, \cdots, 40$ 时都有解（注意不是方程组，每组解可以不同），就表明砝码碎片可以称出 1~40 的任意整数磅质量。

据此，可以给出下面的算法实现用以判断组合(a, b, c, d)是否可以在天平上称出 1~40 的任意整数磅质量。

```
boolan isMeasurableOneToForty(int a,int b,int c,int d) {
    int weight;
    for (weight=1; weight<=40; weight++){
        if (!isMeasurable(a,b,c,d,weight)) {
            return false;
```

```
        }
    }
    return true;
}

boolean isMeasurable(int a,int b,int c,int d, int weight) {
    int x1,x2,x3,x4;
    for (x1=-1; x1<=1; x1++) {
        for (x2=-1; x2<=1; x2++) {
            for (x3=-1; x3<=1; x3++) {
                for (x4=-1; x4<=1; x4++) {
                    if (x1*a+x2*b+x3*c+x4*d  == weight) {
                        return true;
                    }
                }
            }
        }
    }
    return false;
}
```

在函数 isMeasurableOneToForty()中，通过一个循环语句来判断砝码碎片组合(a, b, c, d)是否可以称出 1~40 的任意整数磅。如果可以则函数返回 true，否则返回 false。

函数 isMeasurable(a,b,c,d,weight)包含 5 个参数，其中参数 a、b、c、d 表示砝码碎片的质量；参数 weight 为 1~40 的某个数。如果碎片组合(a,b,c,d)能称出 weight 所表示的质量，则函数 isMeasurable()返回 true，否则返回 false。

下面给出 MeziakWeight()函数的完整实现。

```
void MeziakWeight() {
    int a,b,c,d;
    for (a=1; a<40; a++) {
        for (b=a+1; b<40; b++) {
            for (c=b+1; c<40; c++) {
                for (d=c+1; d<40; d++) {
                        if (isMeasurableOneToForty(a,b,c,d)
                        && a+b+c+d == 40){
                        System.out.println("The mass of the
                                    four weight fragments: ");
                        System.out.println(a + ", " + b
                        System.out.println(a + ", " + b
                                + ", "+ c + " ," + d);
                    }
```

```
            }
        }
    }
  }
}
```

在 MeziakWeight()函数中循环的最内层判断组合(a, b, c, d)是否满足本题的条件。通过调用函数 isMeasurableOneToForty()判断砝码碎片组合是否可以称出 1~40 的任意整磅数；通过条件语句 a+b+c+d == 40 判断砝码碎片的质量和是否等于 40。只有这两个条件都满足，才能判定组合(a, b, c, d)满足本题的要求。

本题完整的代码可从"微信公众号@算法匠人→匠人作品→《算法大爆炸》全书源代码资源→5-3"中获取，运行结果如图 5-5 所示。

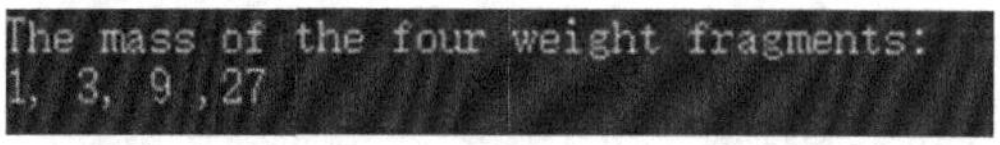

The mass of the four weight fragments:
1, 3, 9 ,27

图 5-5　运行结果

第6章
递归算法

递归算法是众多算法思想中非常重要且应用广泛的。利用递归算法可将规模庞大的问题拆分成规模较小的问题，从而使问题简化，代码也更加简洁。本章将详细介绍递归算法思想。

6.1 递归算法的基本思想

递归算法是一种直接或间接调用原算法的算法，一个使用函数自身给出定义的函数被称为递归函数。无论是递归算法还是递归函数，最大的特点都是"自己调用自己"，对于一些具有递归特性的问题，使用递归算法来解决会更加简单，且易于实现。

递归算法可将一个规模较大的问题划分成若干规模较小的同类问题，如果一个问题规模庞大，且具有明显的递归特性，则可以考虑使用递归算法求解。在使用递归算法解决问题时，要自顶向下地拆分问题，然后利用同类问题这一特性构造出解决问题的递归函数，也就是"自己调用自己"的模型，再通过程序实现。

下面我们通过一个具体的实例来理解递归算法思想。

著名的斐波那契数列的规律是：第 1 项是 1，第 2 项是 1，以后每一项都等于前两项之和，即 1, 1, 2, 3, 5, 8, 13, 21, 34, 55, ⋯的形式。我们的问题是：斐波那契数列的第 n 项是多少？

斐波那契数列的通项公式非常特殊，需要使用无理数表示，如下。

$$F(n) = \frac{1}{\sqrt{5}}\left[(\frac{1+\sqrt{5}}{2})^n - (\frac{1-\sqrt{5}}{2})^n \right]$$

这个通项公式既不方便运算，也不便于编程实现。其实斐波那契数列还有另外一种表达形式，就是递归函数表达式，如下。

$$F(n) = \begin{cases} 1 & n = 1 \\ 1 & n = 2 \\ F(n-1) + F(n-2) & n \geqslant 3 \end{cases}$$

在计算斐波那契数列的第 n 项 $F(n)$ 时，首先需要得到 $F(n-1)$ 和 $F(n-2)$ 的值，而 $F(n-1)$ 和 $F(n-2)$ 也可以通过这个公式计算，所以斐波那契数列具有递归特性，可以使用递归算法计算该数列第 n 项的值。

下面给出使用递归算法计算斐波那契数列第 n 项的代码。

```
int fibonacci(int n) {
    if(n==1 || n==2) {
        return 1;
    } else {
        //递归调用 fibonacci()函数自身
        return fibonacci(n-1) + fibonacci(n-2);
    }
}
```

可以看出，使用递归算法求解斐波那契数列第 n 项的代码非常简洁，易于理解。本题的完整代码及测试程序可从"微信公众号@算法匠人→匠人作品→《算法大爆炸》全书源代码资源→6-1"中获取。

在设计递归算法时应当注意以下几点。

（1）每个递归函数都必须有一个非递归定义的初始值作为递归的结束标志。就像上述 fibonacci()函数，当 n 等于 1 或者 n 等于 2 时函数直接返回 1，不再调用自己。如果一个递归函数中没有定义非递归的初始值，那么该递归调用是无法结束的，也就得不到结果。

（2）递归算法解决的问题需要具有递归特性。就像上述 fibonacci()函数，fibonacci(n)的值可以通过 fibonacci(n-1)和 fibonacci(n-2)的值相加得到，其本质就是一种反复调用自身的过程。

（3）虽然递归算法结构简单，易于理解和实现，但是由于需要反复调用自身，所以运行效率较低，时间复杂度和空间复杂度较高，在使用时应考虑效率和性能问题。

6.2 案例分析

案例 6-1：数组的全排列

编写一个程序，将数组中的元素进行全排列，并输出每一种排列方式。例如数组中的元素为{1, 3, 5}，程序可输出该数组元素的 6 种排列方式，分别为{1, 3, 5}{1, 5, 3}{3, 1, 5}{3, 5, 1}{5,

1, 3}{5, 3, 1}。

本题难度：★★

题目分析：

解决数组全排列问题最经典的方法是递归算法，因为数组的全排列问题具有非常明显的递归特性。可以将数组全排列问题形式化定义为以下模型。

设数组 $R=\{r_1, r_2, \cdots, r_n\}$ 包含 n 个元素，定义符号 $R_i=R-\{r_i\}$，R_i 表示原数组 R 去掉元素 r_i 后的新数组。数组 R 的全排列 Perm(R)可定义如下。

当 $n=1$ 时，Perm(R)=(r)，其中 r 为数组 R 中的唯一元素。

当 $n>1$ 时，Perm(R)由排列(r_1)Perm(R_1),(r_2)Perm(R_2),$\cdots$,(r_n)Perm(R_n)构成。

很显然，上面这个全排列的定义具有递归特性，依此递归定义可以设计出如下递归算法。

```java
public static void Perm(int[] array, Stack<Integer> stack) {
    if (array.length == 1) {
        //当前数组array的长度为1时，将该元素入栈并输出
        stack.push(array[0]);
        System.out.println(stack);
        stack.pop();
    } else {
        for (int i=0; i<array.length; i++) {
            //创建一个临时数组tmp，其长度为 array.length-1
            //该数组用来存放 Ri 的内容
            int[] tmp = new int[array.length - 1];
            //将第 i 个元素 ri 保存在栈 stack 中
            stack.push(array[i]);
            //将剩下的元素 Ri 保存到临时数组 tmp 中
            System.arraycopy(array,0,tmp,0,i);
            System.arraycopy(array,i+1,tmp,i,
                             array.length - 1-i);
            //递归调用 Perm 将 Ri 继续进行全排列
            Perm(tmp, stack);
            //将第 i 个元素 ri 移出栈顶
            stack.pop();
        }
    }
}
```

Perm()函数的作用是将整型数组 array 中的元素进行全排列并输出。这里需要借助栈结构 stack，它会将数组元素以不同的排列方式压入栈中，最终打印出的栈中的内容是一个数组的排列结果。

在函数的实现上，Perm()函数描述了前面给出的全排列问题的递归模型。首先判断数组 array 的长度，如果长度为 1，则说明在本层递归调用中数组 array 里面仅有 1 个元素，此时递归调用结束，需要将该元素压入栈，然后将栈中的内容打印出来，得到一个排列结果。如果 array 的长度不为 1，则循环地将数组中的每个元素 r_i 取出并压入 stack 中，同时将剩余的数组元素 R_i 拷贝到一个新的数组 tmp 中，然后递归地调用 perm() 函数，将剩余的元素继续进行全排列。这一步实际上是在循环执行递归模型中的 (r_1)Perm(R_1)，(r_2)Perm(R_2)，$\cdots$，(r_n)Perm(R_n)。每执行一次递归调用，问题的规模都会减小一些（减少了一个元素），当递归调用到第 n 层时，数组中的元素仅剩 1 个，不再进行下一层的递归调用，而是将数组中的元素压入栈中，得到一个排列结果并将其输出到屏幕上。当最外层递归调用里面的 for 循环执行完毕后，数组 array 中元素的每一个排列结果都将借助栈输出到屏幕上。

在理解该算法时，最关键的是理解栈结构 stack 的用途。stack 的作用是辅助保存数组元素的排列结果，在每一层递归调用中，都将 stack 作为参数传递给下一层递归调用。在第 k 层递归调用中，stack 会保存原数组 array 中的 k 个元素的顺序，当 k 等于数组元素的数量时，就会得到一个排列结果并可以将其输出。另外，在执行完递归调用 Perm()函数以及输出一个排列结果后，必须将本层递归调用中压入（push）stack 的元素弹出（pop），这是因为每个(r_i)Perm(R_i)的结果都要保存到这个 stack 中，stack 要在 for 循环中重复使用。

我们以数组序列{1, 3, 5}为例，演示一下递归算法的执行过程，如图 6-1 所示。

下面通过一个测试程序来验证该递归算法的正确性。

```java
public static void main(String[] args) {
    int[] array = {1,3,5};
    Stack<Integer> stack = new Stack<Integer>();
    Perm(array, stack);
}
```

main()函数中初始化了一个整型数组{1, 3, 5}和一个空栈 stack，然后调用 Perm()函数输出该数组元素的全排列，运行结果如图 6-2 所示。

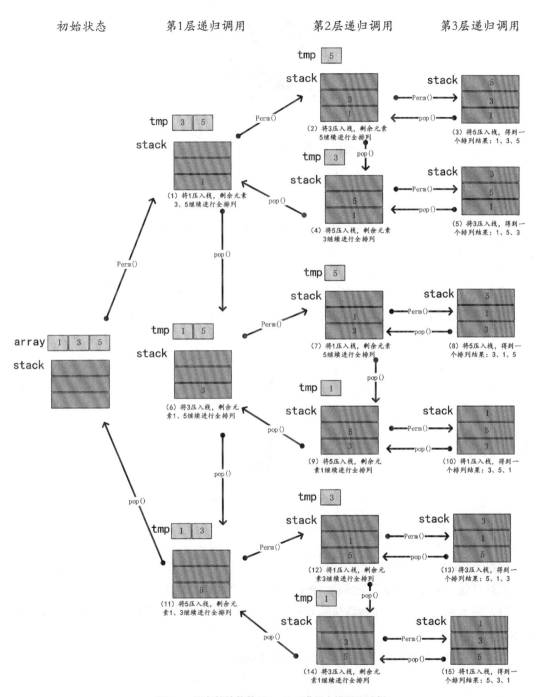

图 6-1 递归算法将数组{1, 3, 5}进行全排列的过程

图 6-2　运行结果

　　运行结果符合预期。本题完整的代码可从"微信公众号@算法匠人→匠人作品→《算法大爆炸》全书源代码资源→6-2"中获取。

案例 6-2：梵塔问题

　　相传在贝那勒斯的圣庙里安放着一块黄铜板，铜板上插着三根细针，其中的一根针上从下到上放了半径由大到小的 64 个圆盘，这就是有名的梵塔，也称为汉诺塔（Towers of Hanoi），如图 6-3 所示。神庙中的僧侣需要把这些圆盘从一根针（A 针）移到指定的针（C 针）上，每次只能移动一个圆盘，可以用另外一根针（B 针）辅助，但是不管在什么情况下，任何针上的圆盘都必须保证大圆盘在下，小圆盘在上。请编写一个程序解决梵塔问题。

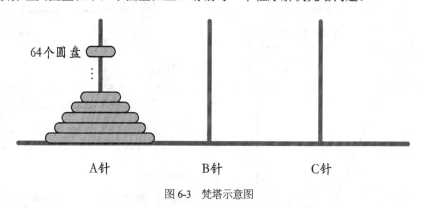

图 6-3　梵塔示意图

本题难度：★★

题目分析：

梵塔问题只能用递归算法来解决。我们可以这样考虑移动的步骤。

（1）将 A 针上第 1~63 个圆盘借助 C 针移到 B 针上，要保证大盘在下小盘在上，如图 6-4 所示。

（2）将 A 针上底部的圆盘移到 C 针上，如图 6-5 所示。

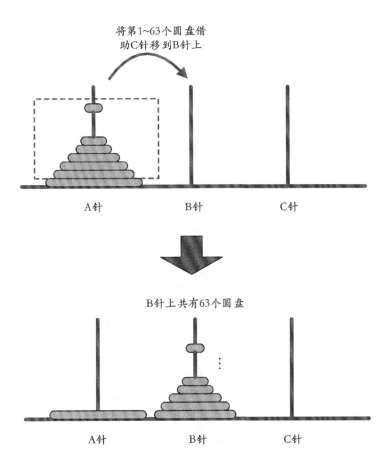

将第1~63个圆盘借助C针移到B针上

B针上共有63个圆盘

图 6-4 将 A 针上第 1~63 个圆盘借助 C 针移动到 B 针上

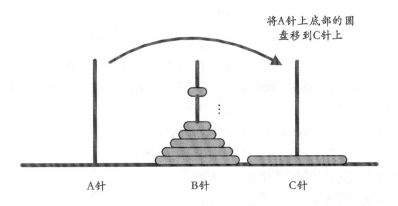

将A针上底部的圆盘移到C针上

图 6-5 将 A 针上底部的圆盘移到 C 针上

（3）将 B 针上的 63 个圆盘借助 A 针移动到 C 针上，如图 6-6 所示。

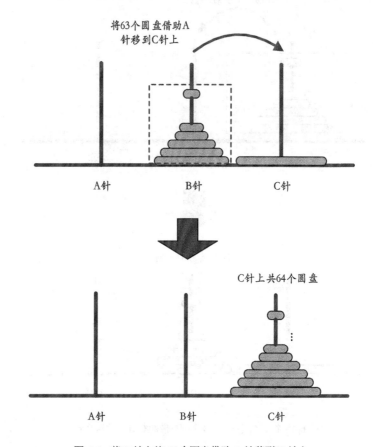

图 6-6　将 B 针上的 63 个圆盘借助 A 针移到 C 针上

只要完成上述步骤就可以将 A 针上的 64 个圆盘全部移到 C 针上，而且在移动过程中始终保持大盘在下小盘在上的顺序。关键在于第（1）步和第（3）步如何执行。

这显然成为了两个新的梵塔问题，只不过这个梵塔问题的规模要小一些（从 64 个盘子缩小到 63 个盘子）。

问题 1：将 A 针上第 1~63 个盘子借助 C 针移到 B 针上。

问题 2：将 B 针上第 1~63 个盘子借助 A 针移到 C 针上。

解决上述两个问题仍然可以采用前面的方法。

问题 1 的解决步骤如下。

（1）将 A 针上第 1~62 个圆盘借助 B 针移到 C 针上。

（2）将 A 针上第 63 个圆盘移到 B 针上。

（3）将 C 针上的 62 个圆盘借助 A 针移到 B 针上。

问题 2 的解决步骤如下。

（1）将 B 针上第 1~62 个圆盘借助 C 针移到 A 针上。

（2）将 B 针上第 63 个圆盘移到 C 针上。

（3）将 A 针上的 62 个圆盘借助 B 针移到 C 针上。

在上述问题 1 和问题 2 的解决步骤中，第（1）步和第（3）步又构成了两个新的梵塔问题，只是问题的规模又缩小了一些（从 63 个盘子缩小到 62 个盘子）。这两个问题的解决方案与上面一样，仍然分三步移动圆盘不断将问题的规模缩小，直到第（1）步和第（3）步移动的盘子个数为 1。这显然是一个递归问题，也就是梵塔问题中嵌套着更小规模的梵塔问题。因此我们应当使用递归算法来求解，请看下面的 Java 代码实现。

```java
public static void movePlate(int n, char x, char y, char z) {
    if (n == 1) {
        System.out.println(x + "-->" + z);
    } else {
        movePlate(n-1,x,z,y);                    //第（1）步
        System.out.println(x + "-->" + z);       //第（2）步
        move(n-1,y,x,z);                         //第（3）步
    }
}
```

函数 movePlate(int n, char x, char y,char z)的作用是将 n 个盘子从 x 针上借助 y 针移动到 z 针上。该函数是个递归函数，递归的结束条件是 $n==1$，此时只需要移动一个圆盘，无须借助 y 针，可以直接从 x 针上移到 z 针上（用 x-->z 表示）。如果 n 不等于 1，则要将问题继续分解，也就是递归地调用函数 movePlate()，按照上面的步骤，首先将 $n-1$ 个圆盘从 x 针上借助 z 针移到 y 针上，然后将 x 针上的第 n 个圆盘直接移到 z 针上（用 x-->z 表示），最后将 y 针上的 $n-1$ 个盘子借助 x 针移到 z 针上。

下面通过一个测试程序来验证递归算法 movePlate()的正确性。

```java
public static void main(String []args) {
    int n;
    move(3,'A','B','C');
}
```

64 个圆盘的梵塔问题规模太大，测试程序中只演示了 3 阶梵塔的移动步骤（即 n 等于 3），运行结果如图 6-7 所示。

图 6-7 运行结果

本题完整的代码可从"微信公众号@算法匠人→匠人作品→《算法大爆炸》全书源代码资源→6-3"中获取。

虽然只有 3 个圆盘，但是要将圆盘从 A 针移到 C 针上也非易事，需要 7 步才能完成。大家可以想一想，如果将 64 个圆盘从 A 针移到 C 针上，需要执行多少步呢？移动次数与圆盘数量之间存在如下关系。

$$移动次数 = 2^n - 1$$

所以 64 个圆盘要移动 $2^{64} - 1$ 次，这可是一个天文数字，它等于 18446744073709551615。假设僧侣们每秒移动一个圆盘，全程无任何停顿和错误，将 A 针上的圆盘全部移到 C 针上大约要花掉 5849 亿年的时间！

第7章
贪心算法

贪心算法又被称为贪婪算法，是一种常见的算法思想。贪心算法的优点是效率较高，实现较为简单，缺点是可能得不到问题的最优解。本章我们就来详细介绍贪心算法的基本思想及应用。

7.1 贪心算法的基本思想

所谓贪心算法就是在求解问题时，总是做出当前看来最好的选择。也就是说贪心算法并不从整体最优上考虑问题，算法得到的是某种意义上的局部最优解。而局部最优解叠加在一起便构成了问题的整体最优解，或者近似最优解。正是因为贪心算法思想简单且效率较高，所以在一些问题的解决上有着明显的优势。

下面我们通过一个实例来认识贪心算法的思想。

假设有 3 种硬币，面值分别为 1 元、5 角、1 角。这 3 种硬币的数量不限，现在要找给顾客 2 元 7 角，请问怎样才能使得找给顾客的硬币数量最少？

最直观的策略是尽量选择面值较大的硬币，在选取硬币时可以依照以下步骤。

（1）找出一个不超过 2 元 7 角的面值最大的硬币，也就是 1 元的硬币。

（2）此时还差 1 元 7 角，找出一个不超过 1 元 7 角的面值最大的硬币，即 1 元的硬币。

（3）此时还差 7 角，找出一个不超过 7 角的面值最大的硬币，即 5 角的硬币。

（4）此时还差 2 角，找出一个不超过 2 角的面值最大的硬币，即 1 角硬币。

（5）此时还差 1 角，找出一个不超过 1 角的面值最大的硬币，即 1 角硬币。

（6）找钱过程结束。

上述找钱过程就是遵循了贪心算法的思想。在每次找钱时并不关注整体最优，只关注当前还亏欠顾客的钱数（子问题），并以此为基础选取不超过这个钱数的面值最大的硬币（局部最优解）。按照这样的策略，最终找给顾客的硬币数量就是最少的。

由于贪心算法每一步都只考虑局部最优解,所以在处理某些问题时可能得不到整体的最优解。从严格意义上讲,要使用贪心算法得到最优解,问题应具备以下性质。

1. 贪心选择性质

所谓贪心选择性质指所求解问题的整体最优解可以通过一系列局部最优解得到。例如在上述找钱问题中,当前状态下最优的选择就是使找过硬币后还亏欠顾客的零钱数最接近 0,所以在每次找钱时都要选择面值尽可能大的硬币,这样硬币的总数才会更少。

2. 最优子结构性质

当一个问题的最优解包含它的子问题的最优解时,则称该问题具有最优子结构性质。上述找钱问题就是典型的具有最优子结构性质的例子。

理论上,在使用贪心算法解决问题之前,要对问题进行深入透彻的分析和证明,以确保可以得到整体最优解。然而经验告诉我们,实际应用中的许多问题都可以使用贪心算法得到最优解,即使得不到最优解,也能得到最优解的近似解。所以在解决一般性问题时,我们可以大胆尝试使用贪心算法。

我们熟悉的哈夫曼编码算法、图算法中的最小生成树 Prim 算法和 Kruskal 算法,以及计算图的单源最短路径的 Dijkstra 算法等都是基于贪心算法的思想设计的。

7.2 案例分析

案例 7-1:分薄饼问题

幼儿园的老师给小朋友们分薄饼。已知每个小朋友最多只能分到一块薄饼,对于每个小朋友 i,都有一个需求值 g_i,即能让小朋友 i 满足需求的薄饼的最小尺寸。同时每块薄饼 j 都有一个尺寸 s_j,如果 $s_j \geqslant g_i$,就可以将薄饼 j 分给小朋友 i。请输出最多能满足几位小朋友。举例说明如下。

输入:[1, 2, 3],[1, 1],其中[1, 2, 3]表示 3 个小朋友的需求值,[1, 1]表示两块薄饼的尺寸。

输出:1,因为只能让需求值为 1 的小朋友得到满足。

输入:[1, 2],[1, 2, 3],其中[1, 2]表示两个小朋友的需求值,[1, 2, 3]表示三块薄饼的尺寸。

输出:2,可将尺寸为 1 的薄饼分给需求值为 1 的小朋友,可将尺寸为 2 或 3 的薄饼分给需求值为 2 的小朋友,最多满足两个小朋友。

本题难度:★★

题目分析:

如果用穷举法求解此题，那么需要将小朋友需求值数组中的元素与薄饼尺寸值数组中的元素两两组合，去除不满足要求的组合（薄饼尺寸小于小朋友需求值），剩下的组合中可覆盖的小朋友（需求值）的数量即为本题的答案。

但是这种方法的时间复杂度很高，如果有 n 个小朋友，m 块薄饼，那么时间复杂度为 $O(mn)$。

我们可用贪心策略回避穷举每一种组合的操作，只要遵循"用尽量小尺寸的薄饼满足不同小朋友的需求值"这一贪心策略，就可以得到本题的最优解。

下面给出本题的贪心算法代码实现。

```
public static int getContentedChildren(int g[], int s[]) {
    Arrays.sort(g);      //将数组 g 从小到大排序
    Arrays.sort(s);      //将数组 s 从小到大排序
    int i = 0;  //数组 g[]的下标
    int j = 0;  //数组 s[]的下标
    int count = 0;  //记录可满足孩子的数量

    while(i <= g.length - 1 && j <= s.length - 1) {
        if (g[i]<=s[j]) {
            //s[j]可以满足g[i]的需求值，所以将 s[j]分给 g[i]
            count++;   //可满足的孩子数加 1
            i++;        //i++表示匹配下一个胃口稍大的孩子
            j++;        //j++表示用尺寸更大的薄饼去匹配
        } else {
            // s[j]不能满足 g[i]的需求值，所以用尺寸更大的薄饼去匹配
            j++;        //j++表示用尺寸更大的薄饼去匹配
        }
    }
    return count;
}
```

函数 getContentedChildren(int g[], int s[])的作用是获取可满足小朋友的最大数量。其中参数 g[]表示小朋友的需求值数组，参数 s[]表示待分薄饼的尺寸数组。

在函数 getContentedChildren()中，首先将数组 g[]和数组 s[]从小到大排序，目的是使每次获取的薄饼的尺寸都比前一次稍大，而且是未获取的薄饼中尺寸最小的。

然后通过一个 while 循环，用变量 i 和 j 分别访问排好序的数组 g[]和 s[]。当 g[i]≤s[j]时，表示薄饼 s[j]可以满足需求值 g[i]，所以将 s[j]分给 g[i]，变量 i 和 j 都加 1，同时将记录可满足孩子数量的变量 count 加 1；如果 g[i]>s[j]则说明 s[j]不能满足需求值 g[i]，所以按照贪心策略，应当用更大尺寸的薄饼匹配对应的孩子，因此将变量 j 加 1。

最终变量 count 会记录下可满足的小朋友的数量，函数 getContentedChildren()将 count 返回。

下面给出本题的测试程序。

```java
public static void main(String[] args) {
    int[] g = {1,2};
    int[] s = {1,2,3};
    System.out.println(getContentedChildren(g,s));
}
```

在测试程序中，初始化孩子需求值的数组 g[]和薄饼尺寸值的数组 s[]，再调用函数 getContentedChildren()获取可满足的小朋友的最大数量。运行结果如图 7-1 所示。

图 7-1 运行结果

本题完整的代码可从"微信公众号@算法匠人→匠人作品→《算法大爆炸》全书源代码资源→7-1"中获取。

案例 7-2：集合覆盖问题

假设你办了个广播节目，要让全美 50 个州的听众都能收听到。为此，你需要决定在哪些广播台播出这个节目。在每个广播台播出都需要支付费用，所以要在尽可能少的广播台播出。现有广播台名单（部分）如表 7-1 所示。

表 7-1 广播台名称和覆盖的州

广播台名称	覆盖的州
KONE	ID、NV、UT
KTWO	WA、ID、MT
KTHREE	OR、NV、CA
KFOUR	NV、UT
KFIVE	CA、ZA

请问如何找出覆盖全美 50 个州的最小广播台集合呢？

本题难度：★★★

题目分析：

在一般情况下，我们会想到使用穷举法来解决这个问题。假设全美共有 n 个广播台可供选择，那么每个广播台就有"选择"（1）和"不选择"（0）两种状态，将这 n 个广播台中每个广播台的两种选择方式任意组合，共有 2^n 种组合方式。现在我们要从这 2^n 个集合中找出 1 个，要求该集合中的广播台可以覆盖全美 50 个州，同时广播台的数量是最少的。

这个方法看似简单直观，其实非常耗时，时间复杂度达到了 $O(2^n)$。如果广播台的数量不多，则穷举法是可行的，毕竟可以在有限时间内找到问题的最优解。但是随着广播台的增多，消耗的时间将呈指数级增长。假设每秒钟可得到 10 个广播台的集合，随着广播台数量的增加，所需时间如表 7-2 所示。

表 7-2　广播台的数量和计算该数量下广播台组合所需时间

广播台数量	计算该数量下广播台组合所需时间
5	3.2s
10	102.4s
32	13.6 年
100	$4×10^{23}$ 年

可见如果广播台数量较多，那么穷举法不是可行的方案。

我们既要让选择的广播台可以覆盖全美 50 州，又要广播台的数量尽可能少，所以可以在选择广播台时优先选择可覆盖最多未覆盖州的广播台，即便这个广播台覆盖了一些已经被覆盖的州也无妨。我们通过一个简单的例子来理解该贪心算法的精髓。假设现在只有 9 个州（A、B、C、D、E、F、G、H、I）和 5 个广播台（1、2、3、4、5），广播台对各州的覆盖情况如图 7-2 所示。

各个广播台对各州的覆盖关系如下。

广播台 1 覆盖的州为 A、B、D、E。

广播台 2 覆盖的州为 D、E、G、H。

广播台 3 覆盖的州为 G、H、I。

广播台 4 覆盖的州为 C、F、I。

广播台 5 覆盖的州为 B、C。

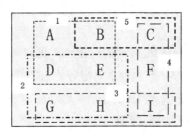

图 7-2　广播台对各州的覆盖情况

现在使用贪心策略来解决这个问题，步骤如下。

（1）最初，未被覆盖的州为{A, B, C, D, E, F, G, H, I}。

（2）选择可覆盖最多未覆盖州的广播台。因为广播台1、2均可覆盖4个州，广播台3、4均可覆盖3个州，广播台5可覆盖2个州，所以选择1、2都是可以的，这里选择广播台1。于是未覆盖的州变为{C, F, I, G, H}，如图7-3所示。

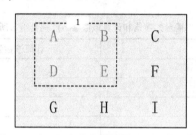

图7-3 选择广播台1

（3）接下来选择能覆盖{C, F, I, G, H}中最多州的广播台，我们可通过计算交集的方法来找出这个广播台。广播台2可覆盖的州为{D, E, G, H}，而集合{D, E, G, H}与{C, F, I, G, H}的交集为{G, H}，这说明广播台2可覆盖的未覆盖的州为G和H。按照同样的方法计算，广播台3可覆盖的未覆盖的州为{G, H, I}；广播台4可覆盖的未覆盖的州为{C,F,I}；广播台5可覆盖的未覆盖的州为{C}。广播台3和广播台4都可以覆盖3个未覆盖的州，这里选择广播台3，于是未覆盖的州变为{C, F}，如图7-4所示。

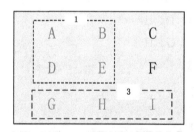

图7-4 选择广播台3

（4）接下来选择能覆盖{C, F}中最多州的广播台，我们同样用计算交集的方法找出这个广播台。此时还剩下广播台2、4、5，广播台2可覆盖的未覆盖的州为{D, E, G, H}∩{C, F}=null；广播台4可覆盖的未覆盖的州为{C, F, I}∩{C, F}={C, F}；广播台5可覆盖的未覆盖的州为{B, C}∩{C, F}={C}，选择广播台4。如图7-5所示。

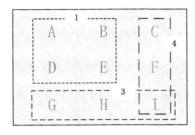

图 7-5 选择广播台 4

至此 9 个州被广播台 1、3、4 覆盖。

在上述计算过程中，利用贪心策略逐步找出最优的广播台组合，既实现了 9 个州全覆盖，又选择了最少的广播台。可以看出，在使用贪心算法解决问题时并不从问题的整体最优解出发，而是只"贪心"地着眼当下。贪心算法的时间复杂度为 $O(n^2)$，其中 n 为广播台的数量。

另外，使用贪心算法得到的答案可能并不唯一。例如本题，如果我们开始选择的不是广播台 1 而是广播台 2，那么使用该贪心策略得到的结果就是 2、4、1，这个结果同样可以覆盖 9 个州。如图 7-6 所示。

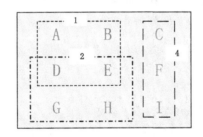

图 7-6 最开始选择广播台 2 得到的结果

下面给出本题完整的代码。

```java
public class SetCover {
    public static HashSet<String> getBestBroadCasts(HashSet<String> allStatesSet,
                    LinkedHashMap<String, HashSet<String>> broadCasts ) {
        HashSet<String> bestbroadCasts = new HashSet<String>();
        String bestBroadCast = "";

        //外层循环控制覆盖所有州
        while (allStatesSet.size()>0) {
            //内层循环遍历每一个广播台，得到其覆盖的州
            //计算这些州与未覆盖州的交集
            //选出其中可覆盖最多未覆盖州的广播台，将其放到bestbroadCasts集合里
            HashSet<String> maxCovered = new HashSet<String>();
```

```java
        for (HashMap.Entry<String, HashSet<String>> map: broadCasts.entrySet()) {
            HashSet<String> set = map.getValue();  //得到该广播台可覆盖的州的集合
            //计算该广播台可覆盖的州与未覆盖州的交集
            HashSet<String> covered = new HashSet<String>();
            covered.clear();
            covered.addAll(set);
            covered.retainAll(allStatesSet);

            //for 循环结束后, maxCovered 中保存可覆盖的最多未覆盖的州
            //bestBroadCast 中保存对应的广播台的名字
            if (covered.size() > maxCovered.size()) {
                maxCovered = covered;
                bestBroadCast = map.getKey();
                //System.out.println("covered " + covered);
                System.out.println("maxCovered " + maxCovered);
                System.out.println("bestBroadCast " + bestBroadCast);
            }
        }
        bestbroadCasts.add(bestBroadCast); //将 bestBroadCast 加入 bestbroadCasts
        //计算 allStatesSet 与 maxCovered 的差集, 这样 allStatesSet 会缩小, 只剩未覆盖的州
        allStatesSet.removeAll(maxCovered);
    }
    return bestbroadCasts;
}

public static void main(String[] args) {
    //初始化 allStates, 存放所有需要覆盖的州
    String[] allStates = {"mt", "wa", "or", "id", "nv", "ut","ca","az"};
    //将字符串数组转换为集合 HashSet
    HashSet<String> allStatesSet = new HashSet<String>(Arrays.asList(allStates));
    //创建一个 HashMap broadCasts, 存放广播台和每个广播台可覆盖的州
    LinkedHashMap<String, HashSet<String>> broadCasts
                        = new LinkedHashMap<String, HashSet<String>>();
    //初始化 broadCasts
    broadCasts.put("kone",new HashSet<String>(Arrays.asList("id", "nv","ut")));
    broadCasts.put("ktwo",new HashSet<String>(Arrays.asList("wa", "id","mt")));
    broadCasts.put("kthree",new HashSet<String>(Arrays.asList("or", "nv","ca")));
    broadCasts.put("kfour",new HashSet<String>(Arrays.asList("nv","ut")));
    broadCasts.put("kfive",new HashSet<String>(Arrays.asList("ca","az")));
    //调用 getBestBroadCasts()函数得到广播台信息
    System.out.println(getBestBroadCasts(allStatesSet,broadCasts));
}
}
```

为了简化问题，上述代码仅实现了表 7-1 所示的 5 个广播台和所覆盖的 8 个州的情形。代码中多采用 HashSet、HashMap 结构存放数据，目的是充分利用 Java 容器类的方法，使操作更加方便。

在 main()函数中首先定义了一个字符串数组 allStates，用来存放 8 个州的名字，然后将该字符串数组转换成为一个 HashSet 集合 allStatesSet。接下来创建一个 HashMap 对象 broadCasts，用来存放每个广播台以及该广播台所能覆盖的州。例如广播台 KONE 可覆盖的州为 ID、NV、UT，那么就将字符串"kone"作为 broadCasts 中的 key 值，将由"id"、"nv"、"ut"组成的 HashSet 作为该 key 对应的 value。最后调用函数 getBestBroadCasts()计算最优方案。

函数 HashSet<String> getBestBroadCasts(HashSet<String> allStatesSet,LinkedHashMap<String, HashSet<String>> broadCasts) 的作用是利用贪心算法找出最优方案。该函数的返回值为 HashSet<String>对象，里面保存选取的广播台的名字。该函数包含两个参数，即前面讲到的 allStatesSet 和 broadCasts。

在函数 getBestBroadCasts()内部通过一个二重循环实现贪心法查找最优广播台组合。外层循环的执行条件是 allStatesSet.size()>0，也就是说只要 allStatesSet 中存储的州还没有被全部覆盖，就继续执行。内层循环遍历 Hashmap broadCasts 中保存的每一个广播站，并得到其覆盖的州，然后计算这些州与未覆盖州的交集，从中选出可覆盖最多未覆盖州的广播站，将其放到 bestbroadCasts 集合里。当一次内层循环执行完毕后，就可以选出一个广播台。每执行完一次内层 for 循环，都要执行"allStatesSet.removeAll (maxCovered);"，目的是将已覆盖的州从集合 allStatesSet 中移除，这样 allStatesSet 中保存的始终是未覆盖的州。当 allStatesSet.size()==0 时表明所有的州都被覆盖，外层循环结束。

最终，集合 bestbroadCasts 中将保存选中的广播台信息，并作为返回值返回给主调函数。

上述代码的运行结果如图 7-7 所示。

图 7-7 运行结果

本题完整的代码可从"微信公众号@算法匠人→匠人作品→《算法大爆炸》全书源代码资源→7-2"中获取。

第8章
动态规划

8.1 动态规划算法的基本思想

前面已经讲过了递归算法，其核心思想是将求解的问题分解成为若干具有相同属性的子问题，通过这些子问题的解得到原问题的解。递归算法最主要的缺陷是在递归调用过程中存在冗余的运算，这将增加算法的时间复杂度和空间复杂度。动态规划算法可以消除这些冗余的计算，提升算法的性能。下面我们从一个具体的实例入手为大家讲解动态规划算法。

走楼梯问题：一个楼梯共有 10 级台阶，一个人从下往上走，可以一次走 1 级台阶，也可以一次走 2 级台阶。请问有多少种方法走完这 10 级台阶？

走法一：1→1→1→1→1→1→1→1→1→1，如图 8-1 所示。

图 8-1 走法一

走法二：2→1→1→1→1→1→1→1，如图 8-2 所示。

图 8-2　走法二

以此类推，这个人可以有很多种方式走完这 10 个台阶。如果要走到第 10 级台阶，则必然存在且仅存在以下两种情形。

（1）先到第 8 级台阶上，然后向上登 2 级台阶，如图 8-3 所示。

图 8-3　先到第 8 级台阶上

（2）先登上第 9 级台阶，再向上登 1 级台阶，如图 8-4 所示。

图 8-4　先登上第 9 级台阶

　　有的读者可能会问："此人在第 8 级台阶处向上登 1 级台阶到第 9 级台阶，然后向上登 1 级台阶到第 10 级台阶，这也是一种情形啊？"其实这种情形已经包含在第 2 种情形中了，第 1 种情形与第 2 种情形是以是否登上第 9 级台阶划分的，只要登上第 9 级台阶就属于第 2 种情形。

　　假设这个人登上第 8 级台阶（第 1 种情形）的走法有 x 种，登上第 9 级台阶（第 2 种情形）的走法有 y 种，那么很显然，登上第 10 级台阶的走法有 $x+y$ 种。

　　我们用 $F(10)$ 表示这个人登上第 10 级台阶的走法的数量，用 $F(9)$ 表示他登上第 9 级台阶的走法的数量，用 $F(8)$ 表示他登上第 8 级台阶的走法的数量，则有 $F(10)=F(9)+F(8)$。类比 $F(10)$ 的计算，我们可以得到 $F(9)=F(8)+F(7)$、$F(8)=F(7)+F(6)$，以此类推。当只有 1 级台阶时只有 1 种走法，所以 $F(1)=1$；当只有 2 级台阶时只有 2 种走法，所以 $F(2)=2$。所以我们可以总结出 $F(n)$ 的计算公式：

$$F(n)=\begin{cases}1 & n=1 \\ 2 & n=2 \\ F(n-1)+F(n-2) & n>2\end{cases}$$

　　不难看出这是一个递归公式，所以可以使用递归算法求解，Java 实现代码如下。

```java
public class ClimbStairs {

    private static int getClimbWays(int n) {
        if (n == 1) {
            return 1;
        } else if (n == 2) {
            return 2;
        } else {
            return getClimbWays(n-1) + getClimbWays(n-2);
        }
```

```
    }

    public static void main(String []args) {
        int climbWays = 0;
        climbWays = getClimbWays(10);
        System.out.println("There are "+ climbWays +
                            " ways to climb 10 steps ");
    }
}
```

代码中的 getClimbWays()是一个递归函数，它的作用是返回登上 *n* 级台阶的走法数量。在函数 getClimbWays()内部会判断 *n* 的值，当 *n* 等于 1 或者 2 时，返回 1 或 2，此为该递归调用的出口。当 *n* 不等于 1 或 2 时，递归地调用 getClimbWays()函数，返回 getClimbWays(n-1) + getClimbWays(n-2)的值，即为本题的答案。上述代码的运行结果如图 8-5 所示。

There are 89 ways to climb 10 steps

图 8-5　运行结果

如图 8-5 所示，登上 10 级台阶共有 89 种走法。

走楼梯问题的递归算法代码实现可从"微信公众号@算法匠人→匠人作品→《算法大爆炸》全书源代码资源→8-1"中获取。

深入思考不难发现，该算法其实存在很多冗余计算。在计算 $F(n)$ 时要先计算 $F(n-1)$ 和 $F(n-2)$，而计算 $F(n-1)$ 时又要先计算 $F(n-2)$ 和 $F(n-3)$，这样就计算了两遍 $F(n-2)$。因此函数 getClimbWays()会执行很多次重复冗余的调用，可以通过图 8-6 直观地看到这一点。

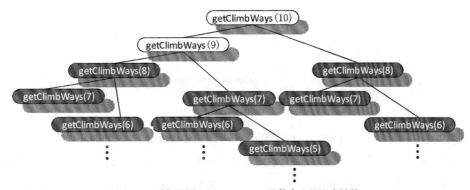

图 8-6　递归调用 getClimbWays()函数产生的冗余计算

如图 8-6 所示，深色框中的函数会被多次调用。那么有没有一种更为高效的算法来解决这个问题呢？上述递归算法是自顶向下的，从 $F(10)$ 开始逐级分解该问题，在重复调用自身的同时，问题的规模不断缩小。其实我们还可以自底向上计算，也就是通过 $F(1)=1$、$F(2)=2$ 计算出 $F(3)=3$，再通过 $F(2)=2$、$F(3)=3$ 计算出 $F(4)=5$，以此类推，一直计算出 $F(n)$。采用这种方式可将每一步的计算结果都记录下来，没有冗余计算，算法的效率会高很多。我们称这种利用问题本身的递归特性自底向上计算出最优解的方法为动态规划算法。本题动态规划算法的 Java 代码实现如下。

```java
public class ClimbStairs {

    private static int getClimbWays(int n) {
        int a = 1;
        int b = 2;
        int tmp = 0;
        int i = 0;
        if (n == 1) {
            return 1;
        } else if (n == 2) {
            return 2;
        } else {
            for (i=3; i<=n; i++) {
                tmp = a + b;
                a = b;
                b = tmp;
            }
            return tmp;
        }

    }

    public static void main (String[] args) {
        int climbWays = 0;
        climbWays = getClimbWays(10);
        System.out.println("There are "+ climbWays +
                            " ways to climb 10 steps ");
    }
}
```

上述代码中函数 getClimbWays() 的作用是返回登上 n 级台阶的走法总数。当 n 等于 1 时表示只有一级台阶，此时只有一种走法，所以函数返回 1；当 n 等于 2 时表示只有 2 级台阶，此时只有两种走法，所以函数返回 2；当 n 大于 2 时需要通过循环来计算共有多少种走法，该循环就是上面所讲的自底向上的求解过程。上述代码的运行结果如图 8-7 所示。

```
There are 89 ways to climb 10 steps
```

图 8-7　运行结果

显然，使用动态规划算法计算的结果与使用递归算法计算的结果是相同的。走楼梯问题的动态规划算法代码实现可从“微信公众号@算法匠人→匠人作品→《算法大爆炸》全书源代码资源→8-2”中获取。

通过上面这个实例，相信大家对动态规划算法能有一个比较直观的理解。动态规划算法与递归算法的相似之处在于它们都会将一个规模较大的问题分解为若干规模较小的问题，逐一求解后再汇聚成一个大的问题。不同之处是动态规划算法以自底向上的方式计算最优解，而递归算法采用自顶向下的方式，在计算过程中保存已解决的子问题答案，减少冗余的计算，从而提高解决问题的效率。

在使用动态规划算法解决问题时要把握如下两个基本要素。

◎　具备最优子结构。

◎　具备子问题重叠性质。

一个问题只有具备了这两个基本要素才能使用动态规划算法求解。

设计动态规划算法的第 1 步通常是刻画出问题的最优子结构。当一个问题的最优解包含其子问题的最优解时，就称该问题具备最优子结构。以走楼梯问题为例，我们可以归纳出该问题的递归公式，即 $F(n)=F(n-1)+F(n-2)$，其中 $n>2$，那么 $F(n-1)$和 $F(n-2)$就是 $F(n)$的最优子结构，因为 $F(n-1)$和 $F(n-2)$是 $F(n)$子问题的最优解。

另外使用动态规划算法求解的问题还应具备子问题的重叠性质，动态规范算法采用自底向上的方式计算，每个子问题只计算一次，然后将结果保存到变量（例如上述代码中的变量 a、b、tmp）或表格中（可以使用数组等数据结构来存储），当再次使用时只需查询并读取即可，这样可以提高解题的效率。

8.2　案例分析

案例 8-1：机器人的不同路径

一个机器人位于一个 $m \times n$ 网格的左上角。已知机器人每次只能向下或者向右移动一步，机器人试图达到网格的右下角，请问一共有多少条不同的路径？

本题难度：★★

题目分析：

若起点为(starti，startj)，终点为(endi，endj)，那么按照题目中的移动方式，可以规划出很多种不同的路径，如图 8-8 所示。

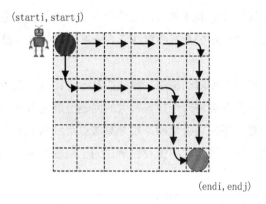

图 8-8　从(starti,startj)到(endi,endj)的路径（仅画出 2 条）

如何计算总的路径数呢？我们可以从宏观角度自顶向下地考虑这个问题。因为机器人每次只能向下或者向右移动一步，所以从点(starti,startj)出发，下一步可能走到(starti+1，startj)（向下移动一步），也可能走到(starti,startj+1)（向右移动一步）。可以将从起点到终点的路径数表示为两部分之和，即从(starti+1，startj)到(endi,endj)的路径数与从(starti,startj+1)到(endi,endj)的路径数之和。如图 8-9 所示。

这样就将一个规模较大的问题划分为两个规模较小的问题。解决这两个规模较小问题的方法与解决规模较大问题的方法是完全一样的，可以继续向下拆分，这样就构成了解决网格不同路径问题的递归结构。所以本题最简单直观的解法是使用递归算法。

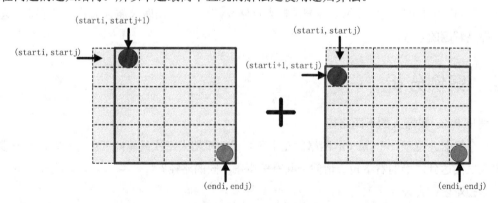

图 8-9　从(starti+1，startj)到(endi,endj)的路径数与从(starti,startj+1)到(endi,endj)的路径数之和

下面给出递归算法的代码实现。

```
public static int getPathsNumber(int starti, int startj,int endi, int endj) {
    if (starti == endi && startj == endj) {
        return 1;
    }

    if (starti > endi || startj > endj) {
        return 0;
    }

    return  getPathsNumber(starti+1,startj,endi,endj)
                + getPathsNumber(starti,startj+1,endi,endj);
}
```

函数 int getPathsNumber(int starti, int startj,int endi, int endj)的作用是获取从(starti,startj)到(endi,endj)的路径数。参数"starti,startj"表示网格的起始点坐标（网格的行和列），这两个参数会随着递归的调用而不断改变；参数"endi,endj"表示网格的终点坐标（网格的行和列），因为无论问题的规模怎样缩小，网格的终点始终是"endi,endj"，所以这两个参数在递归调用过程中保持不变。

在函数 getPathsNumber()内部，首先判断 starti 是否等于 endi，以及 startj 是否等于 endj，如果都相等则说明起点和终点重合，此时从起点到终点的路径只有 1 条（因为既不能向左移动也不能向下移动），因此将这个判断条件作为递归调用的出口。接下来还要判断是否有 starti > endi 或者 startj > endj，如果有则说明此时的起点已超出了网格的边界，如图 8-10 所示，是一种错误的情形，需要返回 0。

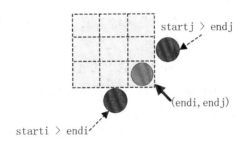

图 8-10　starti > endi 和 startj > endj 的情况

然后递归调用函数 getPathsNumber(starti+1,startj,endi,endj)和 getPathsNumber(starti,startj+1,endi,endj)，并将二者的和返回，即为本题的答案。

用递归算法解决"网格的不同路径"问题的优点在于思想简单、实现方便，只需几行代码。

缺点是需要两次递归调用函数 getPathsNumber()，在计算过程中存在大量重复和冗余，算法性能不高。可以采用动态规划的方法自底向上解决这个问题。

要计算从(starti,startj)到(endi,endj)的路径数，需要先得到从(starti+1，startj)到(endi,endj)的路径数以及从(starti,startj+1)到(endi,endj)的路径数。所以我们可以利用一个与原网格同样大小的矩阵来存储对应网格中每个点到达终点(endi,endj)的路径数。矩阵中每个元素与网格中每个点的对应关系如图8-11所示。

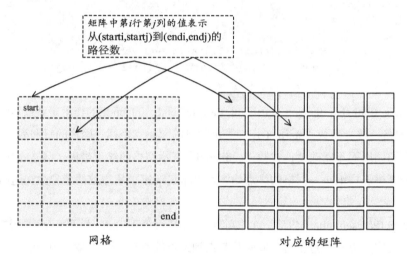

图 8-11   矩阵中每个元素与网格中每个点的对应关系

矩阵中(starti,startj)位置上的值必然等于矩阵中(starti+1,startj)位置上的值与(starti,startj+1)位置上的值之和。这个道理很容易理解，该矩阵中(starti,startj)位置上的值就是对应网格中从(starti,startj)到(endi,endj)的路径数，而要得到这个值，必须先计算出(starti+1,startj)位置和(starti,startj+1)位置上的值，然后将二者相加。

按照同样的方法，要计算(starti+1,startj)位置上的值，需先计算出(starti+2，startj)位置上的值和(starti+1,startj+1)位置上的值，以此类推。所以我们只要想办法将这个矩阵中的值填满，最终得到的矩阵中(0,0)位置上的值就是本题的答案。

该矩阵的最后一行和最后一列上的值都是 1，因为从对应网格中最后一行或最后一列中的任何点到达终点的路径都只有 1 条（因为只能向下移动或向右移动），所以将矩阵的最后一行和最后一列置为 1 可作为填写这个矩阵的初始操作，如图8-12所示。

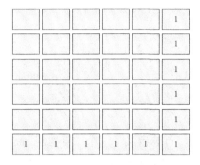

图 8-12　矩阵的初始操作（将最后一行和最后一列置为 1）

接下来以矩阵最后一行和最后一列的初始值为基础填写整个矩阵。可以逐行填写或逐列填写，遵循 matrix[i][j]= matrix[i+1][j] + matrix[i][j+1] 的原则（假设矩阵名为 matrix）即可。最终得到的(0,0)位置上的值即为本题的答案。矩阵填满后的样子如图 8-13 所示。

252	126	56	21	6	1
126	70	35	15	5	1
56	35	20	10	4	1
21	15	10	6	3	1
6	5	4	3	2	1
1	1	1	1	1	1

图 8-13　矩阵填满后

也就是说从网格的左上角走到网格的右下角，共有 252 条路径。

下面给出本题的动态规划算法代码实现。

```
public static int getPathsNumber(int endi, int endj) {
    int[][] matrix = new int[endi+1][endj+1];
    int i,j;

    //初始化 matrix
    for (i=endi,j=0; j<=endj; j++) {
        matrix[i][j] = 1;
    }
    for (i=0,j=endj; i<=endi; i++) {
        matrix[i][j] = 1;
    }

    //逐列填写矩阵 matrix, matrix[0][0]即为所求
```

```
    for (j=endj-1; j>=0; j--) {
        for (i=endi-1; i>=0; i--) {
            matrix[i][j] = matrix[i+1][j] + matrix[i][j+1];
        }
    }
    return matrix[0][0];
}
```

在函数 getPathsNumber()中，首选定义了一个二维数组 matrix 存放对应网格中每个点到达终点(endi,endj)的路径数，matrix[0][0]即为(0,0)点到达(endi,endj)点所有的路径数。接下来对 matrix 进行初始化，也就是将 matrix 中最后一行和最后一列上的每个元素都赋值为 1。然后通过一个二重循环逐列填写 matrix 中的值，其中 matrix 中的元素 matrix[i][j]等于 matrix[i+1][j] + matrix[i][j+1]。最后返回 matrix[0][0]。

下面给出本题的测试程序。

```
public static void main (String[] args) {
    System.out.println(getPathsNumber(0,0,5,5));
    System.out.println(getPathsNumber(5,5));
}
```

在 main() 函数中，分别调用递归函数 getPathsNumber(0,0,5,5) 和非递归函数 getPathsNumber(5,5)计算从网格的左上角移动到右下角的总路径数，并将结果输出。运行结果如图 8-14 所示。

图 8-14　运行结果

该结果与图 8-13 中的结果一致。

本题的完整代码可从"微信公众号@算法匠人→匠人作品→《算法大爆炸》全书源代码资源→8-3"中获取。

案例 8-2：国王的金矿

有一个国家发现了 5 座金矿，每座金矿的储量和所需工人数量如表 8-1 所示。

表 8-1　每座金矿的储量和所需工人数量

	1 号金矿	2 号金矿	3 号金矿	4 号金矿	5 号金矿
黄金储量	400 金	500 金	200 金	300 金	350 金
所需工人数量	5	5	3	4	3

现在招募了 10 名工人参与挖金矿，为了便于管理，要求每座金矿要么全挖，要么不挖，不能只挖一半就停工，也不能派出不符合表 8-1 所示的人数去挖矿。例如，如果决定挖 2 号金矿，就必须派出 5 名工人，而且一定要挖完。同时为了保密，每名工人只能在一座金矿上挖金，不能在一座金矿上挖完后再去另外一座金矿。

国王希望挖出尽可能多的黄金，但是人力有限，又有上述规则的约束，所以不可能每个金矿都被挖掘。最终可以挖到多少黄金？

本题难度：★★★★

题目分析：

国王可以把这个问题拆分成两个子问题，交由两个副手完成，再由自己统一决策。

第 1 种方案由副手 A 执行，不开采 5 号金矿，并合理分派这 10 名工人对 1~4 号金矿进行开采，计算出最多可以开采多少黄金。

第 2 种方案由副手 B 执行，开采 5 号金矿，并合理安排剩余的 7 名工人对 1~4 号金矿进行开采，计算出 1~4 号金矿最多可以开采多少黄金。

这样国王就可以坐等副手 A 和副手 B 的计算结果了。假若副手 A 的计算结果比副手 B 的计算结果再加上 350 金大，则采用第 1 种方案，否则采用第 2 种方案。

可用图 8-15 来形象地描述国王的策略。

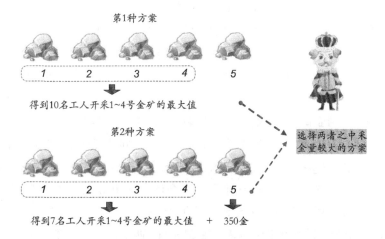

图 8-15 国王的策略

这里实际上是将一个大的问题拆分成了两个较小的子问题，并交由 A、B 两个副手完成。副手 A 和副手 B 完全可以模仿国王的做法将子问题继续拆分，然后交由他们的副手完成，以此类推。这样看来国王与金矿的问题其实具有递归特性，我们可以用数学符号描述该问题。

假设 n 表示要开采 1~n 号金矿，w 表示分派工人的数量，$F(n,w)$ 则表示用 w 名工人开采 1~n 号金矿最多可得到的黄金数。本题就是要计算 $F(5,10)$ 的值，也就是 10 名工人开采 1~5 号金矿最多可开采的黄金数。

在计算 $F(n,w)$ 的过程中需要设定两个数组，数组 $G[]$ 用来表示金矿中黄金的含量，其中 $G[i]$ 表示 i 号金矿的黄金含量，$G[]$ 的值为 $G[5]=\{400, 500, 200, 300, 350\}$。数组 $P[]$ 用来表示每个金矿的用工量，其中 $P[i]$ 表示 i 号金矿的用工量，$P[]$ 的值为 $P[5]=\{5, 5, 3, 4, 3\}$。

下面给出该问题的形式化描述。

$$F(n,w) = 0; \qquad n = 1, \ w < P[0]$$
$$F(n,w) = G[0]; \qquad n = 1, w \geq P[0]$$
$$F(n,w) = F(n-1,w); \quad n > 1, w < P[n-1]$$
$$F(n,w) = \max[F(n-1,w), F(n-1,w-P[n-1])+G[n-1])] \quad ; \ n > 1, w \geq P[n-1]$$

下面逐一解释这组公式中各参数的意思。

当 $n=1$ 且 $w<P[0]$ 时，代表要开采 1 号金矿，而分派的工人数量 w 小于 $P[0]$，这里的 $P[0]$ 表示开采第 1 个金矿需要的工人数量，该值等于 3。在这种情况下人力显然不够，无法开采金矿，所以 $F(n,w)$ 等于 0。

当 $n=1$ 且 $w \geq P[0]$ 时代表要开采 1 号金矿，而且分派的工人数量 w 大于 $P[0]$，所以人数是足够的，可开采出 $G[0]$ 数量的黄金（仅开采 1 号金矿）。

如果 $n>1$ 并且 $w<P[n-1]$ 则说明要开采的金矿数量大于 1，要开采 1~n 号金矿，但是分派的工人数量小于 $P[n-1]$（$P[n-1]$ 表示开采第 n 号金矿需要的工人数量），所以无法开采 n 号金矿，在这种情况下，$F(n,w)$ 就等于 $F(n-1,w)$，也就是只开采 1~$n-1$ 号金矿所得到的黄金数量。有的读者可能会问，w 名工人就能保证开采 1~$n-1$ 号金矿吗？请注意这个公式是递归的，如果 w 名工人开采不了 1~$n-1$ 号金矿，则会再次进入该调用，n 的值会继续减 1。

如果 $n>1$ 并且 $w \geq P[n-1]$ 则说明要开采 1~n 号金矿，同时可分派的工人数量大于或等于 n 号金矿需要的工人数量 $P[n-1]$，在这种情况下，$F(n,w)$ 等于 $F(n-1,w)$ 和 $F(n-1,w-P[n-1])+G[n-1]$ 中较大的那个。其中 $F(n-1,w)$ 表示不开采 n 号金矿，使用 w 名工人最多开采的黄金数；$F(n-1,w-P[n-1])+G[n-1]$ 表示开采 n 号金矿，用剩下的 $w-P[n-1]$ 名工人开采 1~$n-1$ 号金矿得到的黄金数再加上第 n 号金矿可开采出的黄金数 $G[n-1]$，两个值中较大的就是 $F(n-w)$ 的值。

据此分析，我们可以得出本题的递归解法，请看下面的 Java 程序代码实现。

```
class KingAndGold
{
    static int[] P = {5,5,3,4,3};
```

```java
static int[] G = {400,500,200,300,350};

static int getMostGold(int n, int w) {
    if (n==1 && w<P[0]) {
        return 0;
    }
    if (n==1 && w>=P[0]) {
        return G[0];
    }
    if (n>1 && w<P[n-1]) {
        return getMostGold(n-1,w);
    }
    return Math.max(
                getMostGold(n-1,w),
                getMostGold(n-1,w-P[n-1])+G[n-1]);
}

public static void main (String[] args) throws java.lang.Exception
{
    System.out.println("The King can get " + getMostGold(5,10));
}
}
```

上述代码的运行结果如图 8-16 所示。

The King can get 900

图 8-16 运行结果

国王的金矿问题的递归算法代码可从"微信公众号@算法匠人→匠人作品→《算法大爆炸》全书源代码资源→8-4"中获取。

上述递归算法中的每一步调用都有两个子过程，也就是需要递归调用两次 getMostGold()，对于一个规模为 n 的问题，该算法的时间复杂度为 $O(2^n)$。有没有效率更高的算法可以解决此题呢？

大家可能已经猜到了，本题仍然可以使用动态规划算法来求解，因为本题满足动态规划算法的两个基本要素——最优子结构和子问题重叠。

先自底向上逐步递推出每一步的最优解，再使用一些临时变量或者表格（在程序中可使用数组等数据结构）记录这些子问题的解，这样一步一步向上迭代求出问题的最终解。我们可以通过一个表格来记录这些子问题的解，表格的初始状态如表 8-2 所示。

表 8-2　初始状态

	1 名工人	2 名工人	3 名工人	4 名工人	5 名工人	6 名工人	7 名工人	8 名工人	9 名工人	10 名工人
1 号金矿										
1~2 号金矿										
1~3 号金矿										
1~4 号金矿										
1~5 号金矿										

该表格的行代表参与挖矿的工人数量 w，列代表金矿 n，表格的空白处表示获得的黄金数量，即 $F(n,w)$ 的值。我们只需要将这个表格填满，最后一行最后一列的值即为所求 $F(5,10)$。

首先填写表格的第 1 行。因为 1 号金矿黄金储量 400 金，需要 5 人开采，即 $G[0]=400$，$P[0]=5$，而第 1 行前 4 个格子的工人数量都小于 5，即 $w<P[0]$，所以 $F(n,w)$ 都为 0。从第 5 个格子开始，$w \geq P[0]$，$n=1$，所以 $G[0]$，可以得到 400 金，如表 8-3 所示。

表 8-3　填写表格的第 1 行

	1 名工人	2 名工人	3 名工人	4 名工人	5 名工人	6 名工人	7 名工人	8 名工人	9 名工人	10 名工人
1 号金矿	0	0	0	0	400	400	400	400	400	400
1~2 号金矿										
1~3 号金矿										
1~4 号金矿										
1~5 号金矿										

第 2 行对应 $n=2$，表示要开采 1~2 号金矿。当工人数量 w 小于 $P[n-1]$ 时 $F(n,w)=F(n-1,w)$，所以前 4 格子填 0。也就是说当工人数量小于 5 时，开采 1~2 号金矿得到的黄金数与仅开采 1 号金矿得到的黄金数是一样的，而 $F(1,1)$、$F(1,2)$、$F(1,3)$、$F(1,4)$ 都是 0，所以 $F(2,1)$、$F(2,2)$、$F(2,3)$、$F(2,4)$ 也都是 0。当 w 大于或等于 P[1] 时需要根据公式 $F(n,w)=\max[F(n-1,w)$，$F(n-11,w-P[n-1])+G[n-1]]$ 计算。

$F(2,5)=\max[F(1,5),F(1,5-P[2-1])+G[2-1]]=\max(400,500)=500$

$F(2,6)=\max[F(1,6),F(1,6-P[2-1])+G[2-1]]=\max(400,500)=500$

$F(2,7)=\max[F(1,7),F(1,7-P[2-1])+G[2-1]]=\max(400,500)=500$

$F(2,8)=\max[F(1,8),F(1,8-P[2-1])+G[2-1]]=\max(400,500)=500$

$F(2,9)=\max[F(1,9),F(1,9-P[2-1])+G[2-1]]=\max(400,500)=500$

$F(2,10)=\max[F(1,10),F(1,10-P[2-1])+G[2-1]]$

$\qquad =\max[F(1,10),F(1,5)+G[2-1]]$

=max(400,400+500)

=900

如表 8-4 所示。

表 8-4 填写表格的第 2 行

	1 名工人	2 名工人	3 名工人	4 名工人	5 名工人	6 名工人	7 名工人	8 名工人	9 名工人	10 名工人
1 号金矿	0	0	0	0	400	400	400	400	400	400
1~2 号金矿	0	0	0	0	500	500	500	500	500	900
1~3 号金矿										
1~4 号金矿										
1~5 号金矿										

不难看出，我们在计算第 2 行时并不是每一步都调用递归函数 $F(n,w)$，而是通过第 1 行中的值推算。例如在计算 $F(2,5)$ 时，可以从第 1 行中查出 $F(1,5)=400$ 和 $F(1,0)=0$，在这个过程中没有调用递归函数 $F(n,w)$，这就是动态规划算法的精髓所在：不需要重复调用递归函数，只需要在已有的计算结果中查找需要的值，可以避免很多冗余计算。

按照上述规律，我们可以轻松地填满整个表格，如表 8-5 所示。

表 8-5 填满整个表格

	1 名工人	2 名工人	3 名工人	4 名工人	5 名工人	6 名工人	7 名工人	8 名工人	9 名工人	10 名工人
1 号金矿	0	0	0	0	400	400	400	400	400	400
1~2 号金矿	0	0	0	0	500	500	500	500	500	900
1~3 号金矿	0	0	200	200	500	500	500	700	700	900
1~4 号金矿	0	0	200	300	500	500	500	700	800	900
1~5 号金矿	0	0	350	350	500	550	650	850	850	900

表格中最后一行最后一列的值为 900，所以最多可开采 900 金，这个结果与上面的递归算法结果一致。

下面给出动态规划算法的代码实现。

```java
class KingAndGold
{
    static int[] P = {5,5,3,4,3};
    static int[] G = {400,500,200,300,350};

    static int getMostGold(int n, int w) {
        int[] preResult = new int[w+1];
        int[] result = new int[w+1];
```

```
//给表格的第 1 行赋初值
for (int i=0; i<=w; i++) {
    if (i<P[0]) {
        preResult[i] = 0;
    } else {
        preResult[i] = G[0];
    }
}
//循环生成其他表格的内容
for (int i=1; i<n; i++) {
    for (int j=1; j<=w; j++) {
        if(j<P[i]) {
            result[j] = preResult[j];
        } else {
            result[j]= Math.max(preResult[j],preResult[j-P[i]]+G[i]);
        }
    }
    for (int k=0; k<=w; k++) {
        preResult[k] = result[k];
    }
}
return result[w];
}

public static void main (String[] args) throws java.lang.Exception
{
    System.out.println("The King can get " + getMostGold(5,10));
}
}
```

请注意，这段代码中并没有生成如表 8-5 所示的完整表格，而是巧妙地使用数组 preResult []和 result[]来代替，这是因为我们在生成下一行的内容时只需要它上一行的内容，同时函数只需要返回表格中最后一行最后一列的值，为了减少算法的空间复杂度，这里使用两个数组代替这个 n×w 的表格。

上述代码的运行结果如图 8-17 所示。

The King can get 900

图 8-17　运行结果

国王的金矿问题的动态规划算法代码可从"微信公众号@算法匠人→匠人作品→《算法大爆炸》全书源代码资源→8-5"中获取。

第9章
回溯法

回溯法的适用范围相当广泛。它可以系统地搜索一个问题的解空间树,并得到该问题的全部解。因为许多复杂的问题都可以使用回溯法来求解,所以回溯法又有"通用解题算法"的美誉。

9.1 回溯法的基本思想

回溯法的基本思想是:在包含问题所有解的解空间树中,按照深度优先搜索的策略从根节点出发搜索解空间树。当探索到某个节点时,判断该节点是否包含问题的解,如果包含问题的解(满足约束条件),就从该节点出发继续进行深度优先搜索;如果不包含问题的解(不满足约束条件),则说明以该节点为根节点的子树中也一定不包含该问题的解,因此跳过对该节点及其子树的系统搜索,向解空间树的上一层"回溯",这个过程叫作解空间树的"剪枝"。当搜索完整棵解空间树后(也就是回溯到了全树的根节点),就能得到该问题的全部解。如果我们只希望得到问题的一个解,那么在搜索解空间树时只要找到问题的一个解就可以结束,没有必要遍历整棵解空间树。

下面我们通过分析一个回溯法的经典案例——"四皇后问题"来进一步研究回溯法。

四皇后问题源自著名的八皇后问题,只是在问题的规模上小于八皇后问题,但它们的本质和解法是完全一样的。四皇后问题描述如下。

有一个4×4的棋盘,要在上面摆放4颗皇后棋子,要求任意一颗皇后棋子所在位置的水平方向、竖直方向,以及45度斜线方向上都不能出现其他皇后棋子,如图9-1所示,也叫作无冲突的四皇后局面。

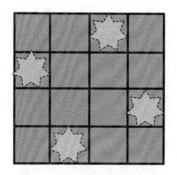

图 9-1 无冲突的四皇后局面

请问这样无冲突的四皇后局面共有多少种？

要使用回溯法解决四皇后问题，首先要描述出四皇后问题的解空间树。解空间树指包含了问题全部解以及生成这些解的中间过程的树状结构。四皇后的解空间树可描述为图 9-2 的样子。

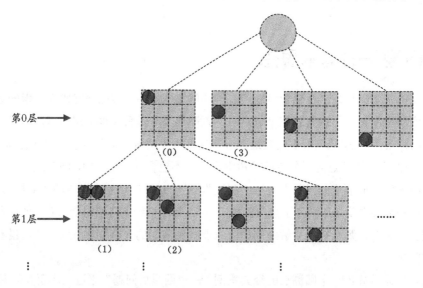

图 9-2 四皇后问题的解空间树（局部）

由于版面的限制，这里只给出了解空间树的局部。该解空间树的根节点不对应任何棋盘局面，只是一个虚拟的节点。我们将图中树结构的第 2 层称作解空间树的第 0 层，第 3 层称作解空间树的第 1 层，以此类推。不难发现，该解空间树的每一层都对应着皇后在棋盘中某一列的摆放方法。具体而言，解空间树的第 0 层对应着皇后在棋盘第 0 列上（规定棋盘的行和列从 0 开始计算）的摆放方法，解空间树的第 1 层对应着皇后在棋盘第 1 列上的摆放方法，解空间树的第 3 层对应着皇后在棋盘第 3 列上的摆放方法。在解空间树的第 3 层中，4 个皇后全部被摆放到了棋盘上，因此第 3 层中包含四皇后问题的所有解，它们是该解空间树的叶子节点。

在棋盘的任何列上皇后都有 4 种摆放方法，在这棵解空间树中以任意节点为根节点都可以派生出 4 个孩子节点，因此完整的解空间树是一棵满四叉树，包含 $4+4^2+4^3+4^4=340$ 个节点（除根节点外）。同时这棵解空间树有 $4^4=256$ 个叶子节点，对应着 256 种四皇后棋盘局面。当然这 256 种棋盘局面中绝大部分都不是问题的答案，我们就是要通过深度优先搜索这棵解空间树，最终找出符合要求的四皇后棋盘局面。

在使用回溯法搜索解空间树时要从根节点出发深度优先搜索整个解空间树，当访问到图 9-2 中标记（1）的节点时发现该节点肯定不包含问题的解（因为两个皇后产生了冲突），那么由该节点作为根节点派生出来的子树中也不会包含四皇后问题的解，所以停止向下搜索转而向上一层回溯，并沿上一层根节点（标记（0）的节点）的下一个孩子节点（标记（2）的节点）继续深度优先搜索。这就是所谓的剪枝操作，也是回溯法的精髓，如图 9-3 所示。

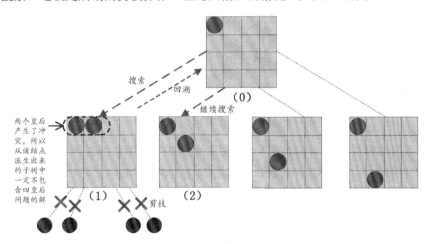

图 9-3 剪枝操作

我们不能等到生成叶子节点（也就是摆放完四个皇后）之后再去判断棋盘局面是否满足四皇后问题的要求，而是在生成棋盘局面的过程中就预先判断，如果当前的局面不满足要求，而后续的局面都是基于当前局面生成的，则提前终止对这一路的搜索。相比穷举法，使用回溯法深度优先探索解空间树可以大大减少搜索的步数，从而更快地找到问题的答案。

实践证明，图 9-3 所示的棋盘局面及其派生出的解空间树中不包含四皇后问题的解。最终会回溯到解空间树的根节点并从图 9-2 中的棋盘局面（3）开始深度优先搜索。从棋盘局面（3）

开始深度优先搜索解空间树可以找到一个解，图 9-4 中实线标识的路径就是找到四皇后问题一个解的过程。

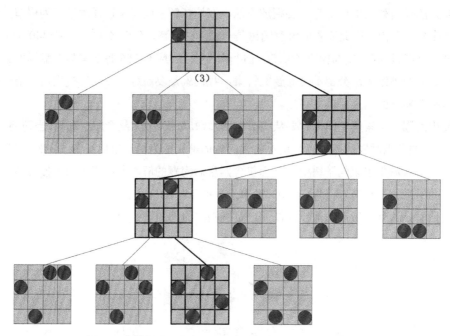

图 9-4　从棋盘局面（3）开始深度优先搜索找到一个解的过程

有的读者可能会发出这样的疑问："真的要先构建这样一棵解空间树吗？那样岂不是太消耗时间和空间资源了吗？" 其实这个解空间树可以只是逻辑上的概念，并不一定真的存在，也可以通过递归回溯来模拟深度优先搜索解空间树的过程。在下一节中我们将详细介绍回溯法求解四皇后问题的代码实现。

9.2　案例分析

案例 9-1：四皇后问题

本题难度：★★★

题目分析：

我们先给出求解四皇后问题的 Java 代码实现，再结合代码进一步分析。

```
public static void QueueByBacktracking (int size){
    int[][] Q ;
```

```
      Q = new int[size][size];
      for (int i=0; i<size; i++) {
          for (int j=0; j<size; j++) {
              Q[i][j] = 0;
          }
      }
      Queen(0, Q, size);
}

private static void Queen(int col, int[][] Q, final int size) {
    int i, j;
    //找到一个四皇后问题的解
    if (col == size) {
        for (i=0; i<size; i++) {
            for (j=0; j<size; j++) {
                System.out.print(Q[i][j]);
            }
            System.out.println(" ");
        }
        System.out.println("-----------------");
        //count++;
        return;
    }

    for (i=0; i<size; i++) {
        if (isCorrectPosition(i,col,Q,size)) { //如果(i,col)可摆放一个皇后
            Q[i][col] = 1;    //摆放一个皇后
            Queen(col+1, Q, size);  //深度优先搜索解空间树
            //将 Q[i][col] 置 0，移走这个皇后，以便继续试探 Q[i+1][col]是否可以摆放皇后
            Q[i][col] = 0;
        }
    }
}

private static boolean isCorrectPosition(int i, int j, int[][] Q, int size) {
    int s,t;
    //判断行
    for (s=i, t=0; t<size; t++) {
        if (Q[s][t] == 1 && t!=j) {
            return false;
        }
    }
    //判断列
    for (t=j, s=0; s<size; s++) {
```

```
        if (Q[s][t] == 1 && s!=i) {
            return false;
        }
    }

    //判断左上方
    for (s=i-1, t=j-1; s>=0 && t>=0; s--,t--) {
        if (Q[s][t] == 1) {
            return false;
        }
    }

    //判断右下方
    for (s=i+1, t=j+1; s<size && t<size; s++,t++) {
        if (Q[s][t] == 1) {
            return false;
        }
    }

    //判断右上方
    for (s=i-1, t=j+1; s>=0  && t<size; s--,t++) {
        if (Q[s][t] == 1) {
            return false;
        }
    }

    //判断左下方
    for (s=i+1, t=j-1; s<size && t>=0; s++,t--) {
        if (Q[s][t] == 1) {
            return false;
        }
    }
    return true;
}
```

QueueByBacktracking(int size)是求解四皇后问题的主函数。其中参数 size 指定了问题的规模。对于四皇后问题，参数 size 应传入 4；如果求解八皇后问题，那么参数 size 传入 8 即可。在函数 QueueByBacktracking(int size)中首先创建了一个 size×size 大小的二维数组 Q 用来存放棋盘布局。Q[i][j]=0 表示该位置不放置皇后，Q[i][j]=1 则表示该位置放置皇后，然后调用递归函数 Queen(0, Q, size)求解四皇后问题。函数 Queen()是本题的核心。

Queen(int col, int[][] Q, int size)是一个递归函数，它包含 3 个参数：col 为二维数组 Q 的列

下标（对于四皇后问题，col 的取值范围是 0~3）；Q 为二维数组对象的引用；size 是常量值，表示问题的规模。

在上一节中已经讲到，四皇后问题解空间树的第 i 层对应着皇后在棋盘第 i 列上的摆放方法。与之相对应，函数 Queen(col,Q,size) 表示从解空间树的第 col 层开始深度优先搜索解空间树。因此在函数 QueueByBacktracking() 中调用 Queen(0, Q,size) 就表示从解空间树的第 0 层开始深度优先搜索解空间树，从而求解四皇后问题。

函数 Queen(col,Q,size) 的作用如下。

（1）判断 col 是否等于 size，本题中的 size 等于 4。如果 col 等于 4 就表示当前层递归调用要从解空间树的第 4 层开始深度优先搜索解空间树。然而四皇后问题的解空间树只有 3 层（如图 9-2 所示），所以 col 等于 4 为递归的结束条件，它标志着找到了一个四皇后问题的解。程序会将结果打印出来，并通过 return 返回上一层递归调用。

（2）如果 col 不等于 4 则说明还没有搜索到底，在这种情况下，需要通过一个循环操作来尝试第 col 层的 4 种棋盘局面，也就是尝试将皇后分别摆放在 Q[0][col]、Q[1][col]、Q[2][col]、Q[3][col] 这 4 个位置上。摆放皇后的动作通过调用函数 isCorrectPosition(i,col,Q,size) 来完成，参数 i 为二维数组 Q 的行下标，i=0,1,2,3。

如果函数 isCorrectPosition() 返回 true，则说明满足约束条件，即 Q[i][col] 上可以摆放皇后，此时要执行以下 3 步操作。

（1）执行 Q[i][col] = 1，也就是在 Q[i][col] 上摆放皇后棋子。

（2）递归地调用函数 Queen(col+1, Q, size) 从解空间树的第 col+1 层开始继续深度优先搜索解空间树。

（3）Q[i][col] = 0，也就是移走 Q[i][col] 位置上的皇后棋子。

如果函数 isCorrectPosition() 返回 false，则说明不满足约束条件，即 Q[i][col] 上不能摆放皇后，此时不再调用函数 Queen() 继续深度优先搜索解空间树，这就是所谓的剪枝过程。

这里的函数 isCorrectPosition(i,col,Q,size) 至关重要，该函数的作用是判断棋盘中 Q[i][j] 的位置上是否可以摆放皇后。判断的方法是以 Q[i][j] 为中心，分别查看二维数组 Q 的第 i 行、第 j 列、Q[i][j] 的左上方、Q[i][j] 的右上方、Q[i][j] 的左下方、Q[i][j] 的右下方是否存在 1，如果存在，说明有皇后冲突，则 Q[i][j] 位置上不能摆放皇后，函数返回 false；否则说明 Q[i][j] 上可以摆放皇后，函数返回 true。如图 9-5 所示。

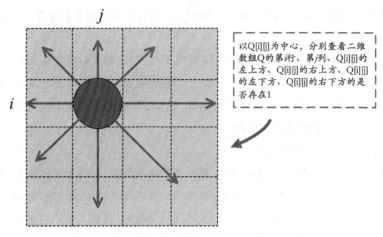

图 9-5　以 Q[i][j]为中心判断 8 个方向上是否有皇后

执行上述代码就可以得到四皇后问题的全部解，并将结果输出到屏幕上。图 9-6 为程序的运行结果。

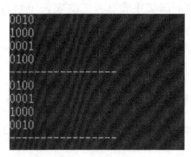

图 9-6　运行结果

本题完整的代码及测试程序可从"微信公众号@算法匠人→匠人作品→《算法大爆炸》全书源代码资源→9-1"中获取。

案例 9-2：0-1 背包问题

本题难度：★★★

有 n 个物品和一个背包。已知物品 i 的重量为 w_i，价值为 v_i，背包最大载量为 c。编写一个程序，使得装入背包中的物品总价值最大。

题目分析：

0-1 背包问题是一道经典的问题，常用的解法包括穷举法、动态规划法、分支限界法、回溯法等。这里我们使用回溯法求解 0-1 背包问题。

　　把 n 个物品的取舍状态用一个向量 $X=\{x_0, x_1, \cdots, x_i, \cdots, x_n\}$ 表示，其中 x_i 只有 0 和 1 两种可能的取值。当 $x_i=1$ 时表示将第 i 个物品装入背包，当 $x_i=0$ 时表示不将第 i 个物品装入背包。0-1 背包问题实质上就是要得到一个 n 维向量 $\{x_0, x_1, \cdots, x_i, \cdots, x_n\}$，$x \in \{0,1\}$，使得 $\sum_{i=1}^{n} v_i x_i$ 的值最大（装入包中物品总价值最大），同时还要满足 $\sum_{i=1}^{n} w_i x_i \leqslant c$ 这个约束条件（不超过背包的最大装载重量 c）。

　　如何才能得到这样一个标志着物品取舍状态的 n 维向量呢？比较直观的方法是利用回溯法在一棵由 0 和 1 构成的解空间树中进行搜索，并从中挖掘出这个 n 维向量。图 9-7 为二值向量 $\{x_0, x_1, x_2\}$ 的解空间树。

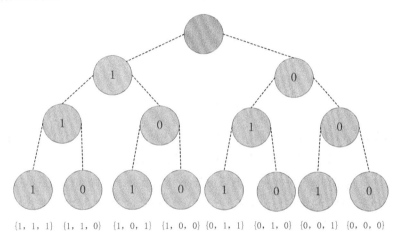

图 9-7　二值向量的解空间树

　　如图 9-7 所示，该解空间树的根节点为一个虚拟节点，真正有意义的节点是从该解空间树的第 2 层开始的。因为二值向量 $\{x_0, x_1, x_2\}$ 的可能取值有 $2^3=8$ 种，所以该解空间树中共有 8 个叶子节点。向量 $\{x_0, x_1, x_2\}$ 的每一种可能的解都对应解空间树中从第 2 层节点到叶子节点的一条路径。推而广之，一个包含 n 个元素的二值向量 $\{x_0, x_1, \cdots, x_i, \cdots, x_n\}$ 的可能取值共有 2^n 种，所以它的解空间树就是一棵由 0 和 1 构成，包含 $n+1$ 层和 2^n 个叶子节点的满二叉树。

　　在搜索解空间树时，可从根节点出发，沿着根节点的左孩子深度优先搜索解空间树。如果这个左孩子是一个可行节点，就进入该节点，并沿着该节点的左孩子继续深度优先搜索下去。如果这个左孩子不是一个可行节点，就通过剪枝操作剪掉这个左孩子及其子树，然后回溯到该节点的父节点，并沿着其父节点的右孩子继续深度优先搜索下去。因为该解空间树中右孩子中保存的值都是 0，表示不装入物品，所以无须判断右孩子的可行性，继续沿着它的左孩子（如果存在）深度优先搜索下去即可。我们通过一个具体实例说明上述过程。

假设有 3 件物品和 1 个背包，物品的重量分别为 $w_0=3$，$w_1=5$，$w_2=2$；背包的最大载重量为 $c=7$。在深度优先搜索图 9-7 所示的解空间树时，发现第 3 层第 1 个节点是一个"不可行"的节点，如图 9-8 所示。

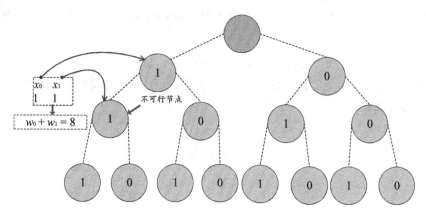

图 9-8　搜索到不可行节点

从根节点深度优先搜索该解空间树，图 9-8 中第 3 层的第 1 个节点值为 1，这就表示向量元素 x_1 的值会被置为 1，而 x_0 也已被置为 1，所以对应的物品重量 $w_0x_0+w_1x_1=8$，已经超出了背包的最大载重量 $c=7$，因此第 3 层的第 1 个节点是不可行节点，如果从该节点继续搜索下去，最终到达叶子节点得到的装包方案也一定不符合 0-1 背包问题的约束条件（$\sum_{i=1}^{n} w_i x_i \leqslant c$）。所以不妨将该节点连同它的子树全部剪掉，转而沿着其父节点的右孩子继续深度优先搜索下去。如图 9-9 所示。

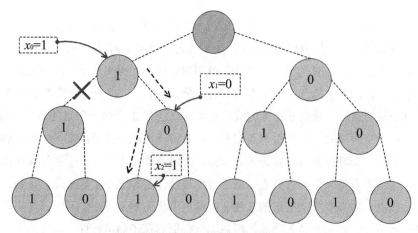

图 9-9　沿着右孩子节点继续深度优先搜索

右孩子值为 0，所以无须判断可行性，继续沿着它的左孩子深度优先搜索，最终搜索到叶子节点并得到一个装包方案$\{x_0=1, x_1=0, x_2=1\}$。此时 $w_0x_0+w_1x_1+w_2x_2=5$，小于背包的最大载重量 $c=7$，符合 0-1 背包问题的约束条件。

当访问到解空间树的叶子节点时，表示找到了一个装包方案（从解空间树的第 2 层节点到该叶子节点构成的 0-1 向量）。但是这个装包方案并不一定是 0-1 背包问题的解，因为该方案所装的物品总价值不一定是最大的，我们要寻找的是总价值最大的装包方案。所以此时需要将得到的装包方案连同其可装载的最大价值记录下来，然后从叶子节点向其父节点回溯，按照深度优先搜索的策略继续搜索解空间树。每当搜索到该解空间树的叶子节点时，就计算这个装包方案可装物品的总价值，然后与上一次记录下的总价值进行比较，如果本次得到的装包方案可装物品的总价值较大，则将之前的记录值更新为本次得到的值。否则记录值不变。

需要注意的是，0-1 背包问题的答案可能不唯一，我们在比较本次装包方案可装物品的总价值和记录中保存的总价值时，还应考虑相等的情况，如果相等，则需要将本次的装包方案连同可装物品的价值也记录下来，这样就能确保通过一遍深度优先搜索解空间树得到 0-1 背包问题的全部解。

下面给出回溯法求解 0-1 背包问题的 Java 代码实现。

```java
public static ArrayList<Integer> knapSackByBackTrack
                    (int c, int[] x, int[] w, int v[]) {
    ArrayList<Integer> record = new ArrayList<Integer>();
    backTrack(c, 0, x, w, v, record);
    return record;
}

private static void backTrack(int c, int index, int[] x,
                int[] w, int v[], ArrayList<Integer> record) {
    if (index == x.length) {
        //得到了一个装包方案
        int value = 0;
        for (int i = 0; i<x.length; i++) {
            if (x[i] == 1) {
                value = value + v[i];      //计算装包物品的总价值value
            }
        }
        int lastPos = record.size() - 1;
        //当record中没有任何记录，或者已存在记录的装包方案总价值小于value时
        if (record.size() == 0 || record.get(lastPos) < value) {
            record.clear();
            for (int i=0; i<x.length; i++) {
```

```
                record.add(x[i]);                    //更新为最新的装包方案
            }
            record.add(x.length, value);        //将value值置于装包方案后
        } else if (record.get(lastPos) == value){
            // 记录的装包方案总价值恰好等于value
            for (int i=0; i<x.length; i++) {
                record.add(lastPos + 1 + i, x[i]);    //追加记录新的方案
            }
            //将value值置于装包方案后
            record.add(lastPos + x.length + 1,value);
        }
        return;
    }
    if (c-w[index] >= 0) { //背包中还有空间可将第index个物品装入
        x[index] = 1;              //装入第index个物品
        //继续深度优先搜索左子树
        backTrack(c-w[index], index+1, x, w, v, record);
    }
    x[index] = 0;                      //不装第index个物品
    backTrack(c, index+1, x, w, v, record);//继续深度优先搜索右子树
}
```

上述代码仍然通过递归回溯模拟深度优先搜索解空间树。函数 knapSackByBackTrack()是主算法，它包含 4 个参数：c 表示背包的最大装包重量；x 是向量数组，用来标识每件物品的装包状态，例如 x[0]=0 表示不装载第 0 件物品，x[1]=1 则表示装载第 1 件物品；w 是一个数组，保存着每件物品的重量；v 也是一个数组，保存着每件物品的价值。在函数 knapSackByBackTrack()中首先创建了一个 ArrayList<Integer>类型的数组 record，用来保存装包方案以及该方案下所装物品的总价值。然后调用函数 backTrack()深度优先搜索解空间树，数组 record 将作为函数 backTrack()的一个参数传入。

函数 backTrack()是本题的核心算法，它是一个递归函数，负责递归回溯解空间树。在 backTrack()函数中，首先判断向量数组 x 的下标 index 是否等于向量数组 x 中元素的数量 x.length，如果相等则表示向量数组 x 已被填满，相当于进入了解空间树的叶子节点，此时得到了一个装包方案。接下来通过下面的 for 循环计算该装包方案可以装入的物品的总价值，并将其保存在变量 value 中。

```
for (int i = 0; i<x.length; i++) {
    if (x[i] == 1) {                    //x[i]为1表示装载第1件物品
        value = value + v[i];           //计算装包物品的总价值value
    }
}
```

　　然后通过下面的代码将装包方案连同物品价值保存在数组 record 中。

```
int lastPos = record.size() - 1;    //lastPos 为 value 值在数组 record 中对应的下标
//当 record 中没有任何记录，或者已存在记录的装包方案总价值小于 value 时
if (record.size() == 0 || record.get(lastPos) < value) {
    record.clear();
    for (int i=0; i<x.length; i++) {
        record.add(x[i]);                //更新为最新的装包方案
    }
    record.add(x.length, value);         //将 value 值置于装包方案的后面
} else if (record.get(lastPos) == value){
    // 已存在记录的装包方案总价值恰好等于 value
    for (int i=0; i<x.length; i++) {
        record.add(lastPos + 1 + i, x[i]);  //追加记录新的方案
    }
    //将 value 值置于装包方案的后面
    record.add(lastPos + x.length + 1,value);
}
```

　　这里需要分几种情况进行讨论。

　　（1）如果 record 中没有任何记录，或者 record 中记录的装包方案的物品价值小于 value，则需要将数组 record 清空，然后将向量数组 x（每件物品的装包状态）中的每个元素和 value 值（物品总价值）都保存在数组 record 中。record 中数据的格式如图 9-10 所示。

图 9-10　record 中数据的格式

　　（2）如果计算得到的物品价值与 record 中记录的物品价值相等，则需要将本次得到的装包方案 x[] 和物品价值量 value 追加到 record 中，如图 9-11 所示。

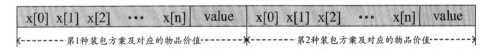

图 9-11　存放两个装包方案的 record 记录格式

　　如果 x 向量数组的下标 index 不等于某中元素的个数 x.length，则表示本层递归调用还没有搜索到解空间树的叶子节点，需要做如下判断。

　　如果 c−w[index] 大于或等于 0 就表示背包中能够容纳下第 index 件物品，对应到解空间树中就是这个左孩子是一个可行节点，于是将 x[index] 置为 1，表示将第 index 件物品放入背包。然

后调用递归函数 backTrack(c-w[index], index+1, x, w, v, record)继续深度优先搜索解空间树。第 1 个传入的参数为 c-w[index]，表示将第 index 件物品装入背包后，背包的最大剩余载重量，第 2 个传入的参数为 index+1，表示下一层递归调用要判断是否能将第 index+1 件物品装入背包。其他参数保持不变。

如果 c-w[index]小于 0，则表示当前背包的剩余载重量不能容纳下第 index 件物品，所以将 x[index]置为 0。然后调用递归函数 backTrack(c, index+1, x, w, v, record)继续深度优先搜索解空间树。因为不能将第 index 件物品装入背包，所以第 1 个传入的参数仍是 c。上述操作相当于在解空间树中剪掉左孩子（1 节点）及其子树，转而从右孩子（0 节点）继续进行深度优先搜索。

需要特别注意的是，"x[index]=0;"和"backTrack(c, index+1, x, w, v, record);"这两条语句是一定要执行的，因此不能放在 else{}语句中。当 c-w[index]<0 时，执行这两条语句相当于剪枝并回溯；当 c-w[index]≥0 时，执行这两条语句表示从该可行节点回溯到父节点并从父节点的右孩子继续进行深度优先搜索。

最终数组 record 中将保存 0-1 背包问题的解，并通过函数 knapSackByBackTrack()返回。

下面给出本题的测试程序。

```
public static void main (String[] args) {
    int[] x = {0,0,0,0,0,0,0,0,0,0};
    int[] w = {2,7,3,4,8,5,8,6,4,16};
    int[] v = {15,25,8,9,15,9,13,9,6,14};
    System.out.println(knapSackByBackTrack(34,x,w,v));
}
```

在 main()函数中定义并初始化了向量数组 x[]，以及存放每一件物品重量的数组 w[]和存放每一件物品价值的数组 v[]。然后调用函数 knapSackByBackTrack()计算最优的装包方案，这里指定背包的最大载重量为 34。程序的运行结果如图 9-12 所示。

[1, 1, 1, 1, 1, 1, 0, 0, 1, 0, 87, 1, 1, 1, 1, 1, 0, 0, 1, 1, 0, 87]

图 9-12　运行结果

本题得到了两个装包方案，背包中物品的总价值都是 87。

本题完整的代码及测试程序可从"微信公众号@算法匠人→匠人作品→《算法大爆炸》全书源代码资源→9-2"中获取。

下篇　大厂经典面试题详解

第 10 章
数组和字符串类面试题

数组和字符串无疑是大厂面试中出现概率最高的一类题目，究其原因有两点：一是这类题目不但能够检验面试者的编程功力（主要是对编程细节的掌控能力），还能够考查面试者的算法设计能力；二是解决这类问题，代码量通常并不大，易于面试者作答，也易于考官评判。本章深度分析一些经典的数组和字符串类问题，并总结字符串数组类面试题的常见解题技巧。

10.1 数组元素的奇偶重排

题目描述：

给定一个存放整数的数组，重新排列数组元素使得数组左边为奇数，右边为偶数。要求：空间复杂度为 $O(1)$，时间复杂度为 $O(n)$。

本题难度： ★

题目分析：

本题的要求有些像快速排序：在快速排序的一趟排序中，首先指定一个基准点，然后利用两个指针（数组下标）实现数组元素的一次划分，将小于基准点的元素移动到基准点之前，将大于基准点的元素移动到基准点之后。我们也可以借鉴快速排序算法的思想，利用两个指针将数组元素进行奇偶划分。具体步骤如下。

（1）将变量 low 和 high 作为数组下标分别指向数组第 1 个和最后一个元素。

（2）循环执行 low++操作，直到 low 指向一个偶数元素或者 low>=high。

（3）循环执行 high--操作，直到 high 指向一个奇数元素或者 high<=low。

（4）如果 low>=high，则程序结束，此时数组的左边为奇数元素，右边为偶数元素。否则将数组中 low 指向的元素与 high 指向的元素交换，再重复步骤（2）、步骤（3）、步骤（4）。

下面我们通过一个具体的实例进一步理解该算法。

图 10-1 中（1）为初始状态，数组内容为{7, 2, 3, 5, 8, 10, 6}，此时 low 和 high 分别指向数组第 1 个元素和最后一个元素。（2）为循环执行 high--，直到 high 指向一个奇数，此时 high 等于 3。（3）为循环执行 low++，直到 low 指向一个偶数，此时 low 等于 1。因为 low 小于 high，所以将 low 指向的元素与 high 指向的元素交换位置，变成（4）的样子。接下来重复（2）（3）（4）的操作，直到 low 大于 high，程序结束。最终数组为{7, 5, 3, 2, 8, 10, 6}。

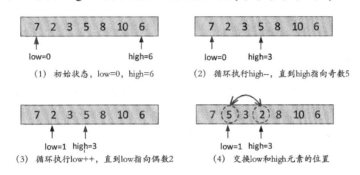

图 10-1　数组重排列算法演示

下面给出该算法的代码描述。

```
public static void reArrange(int[] array) {
    int low = 0, high = array.length - 1;
    while(true) {
        while (!isEvenNumber(array[low]) && low < high) {
            low++;                      //循环操作，使 low 指向偶数元素
        }

        while (isEvenNumber(array[high]) && low < high) {
            high--;                     //循环操作，使 high 指向奇数元素
        }

        if (low >= high) {
            return ;                    //low≥high，表明每个元素都已遍历，程序返回
        } else {
            swap(array, low, high);     //交换 low 和 high 元素的位置
            low++;                      //指向下一个元素，继续比较
            high--;                     //指向下一个元素，继续比较
        }
    }
}
```

算法中函数 isEvenNum()用来判断一个整数是否是偶数，定义如下。

```
private static boolean isEvenNumber(int e) {
    return (e % 2 == 0) ? true : false;
}
```

函数 swap()用于交换数组中两个元素的位置，定义如下。

```
private static void swap(int[] array, int low, int high) {
    int tmp;
    tmp = array[low];
    array[low] = array[high];
    array[high] = tmp;
}
```

函数 reArrange()简单直观，易于实现。数组中每个元素都仅遍历一次，时间复杂度为 $O(n)$。算法实现了将数组在原地址空间上重新排列，唯一用到的内存空间开销就是用来实现两个元素位置交换的临时变量，空间复杂度为 $O(1)$。因此该算法符合题目要求。

下面给出本题的测试程序。

```
public static void main(String[] args) {
    int[] array = {1,2,3,4,5,6,7,8,9,10};
    for (int i = 0; i<array.length; i++) {
        System.out.print(array[i] + " ");         //打印原数组
    }
    System.out.println();
    reArrange(array);  //对数组内容进行奇偶重排
    for (int i = 0; i<array.length; i++) {
        System.out.print(array[i] + " ");         //重排后的数组
    }
}
```

在测试程序中首先初始化一个整型数组 array[10]={1, 2, 3, 4, 5, 6, 7, 8, 9, 10}，然后调用函数 reArrange()调整数组中元素的位置，使得数组左边为奇数元素，右边为偶数元素。运行结果如图 10-2 所示。

10-2　运行结果

本题完整的代码及测试程序可从"微信公众号@算法匠人→匠人作品→《算法大爆炸》全书源代码资源→10-1"中获取。

本题采用的是处理数组、字符串类问题常用的方法——双指针法。双指针法通常用于数组元素按值有序的情况（后面的题目会涉及），也可用于数组内容重排、数组内容逆置等问题。本题使用双指针法最大的优势是可以实现数组元素的"跳跃式移动"。我们知道，由于数组中的元素都是顺序存储的，且数组元素之间不能存在空隙，所以在数组中插入或删除元素时都会导致数组元素的批量移动，其时间复杂度为 O(n)。而双指针法直接将数组中的两个元素位置对调，可以省掉批量移动数组元素带来的时间消耗，其时间复杂度仅为 $O(1)$。

10.2　不改变顺序的数组元素奇偶重排

题目描述：

给定一个整数数组，重新排列数组使得数组左边为奇数，右边为偶数，要求不改变数据在数组中的先后次序。例如，数组初始状态为{1, 2, 3, 4, 5, 6, 7, 8, 9, 10}，重排后的数组为{1, 3, 5, 7, 9, 2, 4, 6, 8, 10}。

本题难度：★★

题目分析：

本题与上一题类似，都是将奇数置于数组的左边，将偶数置于数组的右边。但是本题提出了一个额外要求——不改变数据在数组中的先后次序，这使得本题不能再用上一题的方法处理。

有的读者马上想到可以定义一个与该存放整数的数组 A 等长的数组 B，然后扫描数组 A 将里面的奇数逐一读出，并保存在数组 B 中，然后再扫描一次数组 A，将里面的偶数逐一读出，保存在数组 B 的后半部分。在这里给出该算法的代码实现和程序的执行结果。

```
public static void reArrange(int[] array) {
    int i,j;
    int[] tmp_array = new int[array.length];
    for(i=0, j=0; i < array.length; i++) {
        if (!isEvenNumber(array[i])) {
            //array[i]为奇数，将其复制到 tmp_array 的前半部
            tmp_array[j] = array[i];
            j++;   //tmp_array 的下标 j 加 1
        }
    }
    for(i = 0; i < array.length; i++) {
        if (isEvenNumber(array[i])) {
            //array[i]为偶数，将其复制到 tmp_array 的后半部
            tmp_array[j] = array[i];
            j++;   //tmp_array 的下标 j 加 1
        }
    }
    for (i = 0; i < array.length; i++) {
```

```
        array[i] = tmp_array[i];     //将 tmp_array 的内容复制到原数组 array 中
    }
}
```

使用上一题的测试程序检验函数 reArrange()是否正确，得到的结果如图 10-3 所示。

```
1  2  3  4  5  6  7  8  9 10
1  3  5  7  9  2  4  6  8 10
```

图 10-3　运行结果

上述算法满足题目要求，时间复杂度为 $O(n)$，但空间复杂度较大，达到 $O(n)$级别，这是因为增加了一个与原数组等长的临时数组作为缓冲区。如果我们想牺牲时间复杂度来优化空间复杂度，那么可以通过下面这个算法实现。

```
public static void reArrange(int[] array) {
    int i, j, k;
    int tmp_elem;

    for (i = 0; i < array.length; i++) {
        if (isEvenNumber(array[i])) {
            break;                                  //找到数组中的第 1 个偶数
        }
    }
    for (j = i+1; j < array.length; j++) {
        if (!isEvenNumber(array[j])) {          //遇到一个奇数 array[j]
            tmp_elem = array[j];                //将奇数 array[j]暂存起来
            for (k = j-1; k >= i; k--) {
                //从 array[j-1]开始从后向前将每个元素后移 1 个单元
                //直到将 array[i]空出
                array[k+1] = array[k];
            }
            array[i] = tmp_elem;  //将暂存起来的 array[j]放到 array[i]的位置上
            i = i + 1;            // i 仍指向第 1 个偶数
        }
    }
}
```

在上述算法中，首先扫描数组 array，找到数组中的第 1 个偶数，并用下标 i 指向这个元素，即 array[i]为数组中的第 1 个偶数。然后通过变量 j 循环扫描 array[i]之后的元素，当找到一个奇数 array[j]时，就将 array[j]移动到 array[i]的位置上，此时需要将 array[i]~array[j-1]中的元素都顺序后移一个单元，移动数组元素的操作也需要通过一个循环完成。此时第 1 个偶数元素向后移动了一个单元，因此 i 要做加 1 操作，以确保 array[i] 始终是数组中第 1 个偶数。

如此循环，直到变量 j 扫描完整个数组。这个时候 array[i] 仍是数组中的第 1 个偶数，而 array[i] 之后的元素已不含任何奇数了，因为奇数都移到了 array[i] 的前面。这样就保证了 array[i] 后面的偶数元素保持原顺序，而 array[i] 前面的奇数也按照原顺序向后插入。

以数组 {1, 2, 4, 6, 7, 9} 为例，采用上述算法对数组元素重新排序的过程如图 10-4 所示。

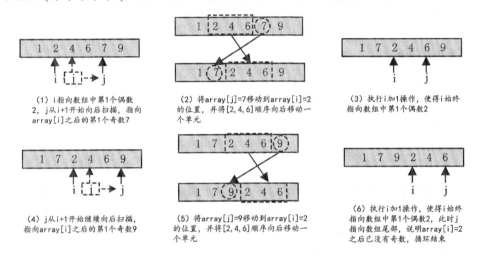

（1）i 指向数组中第 1 个偶数 2，j 从 i+1 开始向后扫描，指向 array[i] 之后的第 1 个奇数 7

（2）将 array[j]=7 移动到 array[i]=2 的位置，并将 [2,4,6] 顺序向后移动一个单元

（3）执行 i 加 1 操作，使得 i 始终指向数组中第 1 个偶数 2

（4）j 从 i+1 开始继续向后扫描，指向 array[i] 之后的第 1 个奇数 9

（5）将 array[j]=9 移动到 array[i]=2 的位置，并将 [2,4,6] 顺序向后移动一个单元

（6）执行 i 加 1 操作，使得 i 始终指向数组中第 1 个偶数 2，此时 j 指向数组尾部，说明 array[i]=2 之后已没有奇数，循环结束

图 10-4 将数组 {1, 2, 4, 6, 7, 9} 重排的过程

将数组 {1, 2, 4, 6, 7, 9} 按照上述算法进行奇偶重排后得到的结果为 {1, 7, 9, 2, 4, 6}。这个结果既满足了奇数在数组左边，偶数在数组右边的要求，也没有改变元素在数组中的顺序。

使用上一题的测试程序检验函数 reArrange() 是否正确，得到的结果如图 10-5 所示。

图 10-5 运行结果

上述算法虽然时间复杂度较高，达到了 $O(n^2)$ 级别，但是空间复杂度很低，因为不需要开辟额外的临时数组作为缓冲区。由此可见，一个算法的好坏并没有绝对的标准，大家在选择算法时应根据实际的使用场景和具体需求选择最为适合的。

以上两种方法的源代码以及测试程序可从"微信公众号 @算法匠人 → 匠人作品 → 《算法大爆炸》全书源代码资源 → 10-2"中获取。

10.3 有序数组的两数之和

题目描述：

给定一个已按照升序排列的有序数组，找到两个数，使得它们的和等于目标数 target。

该函数应该返回下标值 index1 和 index2，且 index1 必须小于 index2。

举例：给定一个升序排列的数组 array[5]={1, 2, 3, 4, 5}和目标数 target=8，得到的结果应是 index1=2，index2=4，因为 array[2]+array[4]=3+5=8。

本题难度： ★★

题目分析：

寻找序列中两数之和等于目标数最常规的方法是穷举法，将数组中任意两个元素的组合枚举出来，计算它们的和是否等于目标数。但是这种方法的时间复杂度达到 $O(2^n)$ 级别。而题目告诉我们，数组已经按照升序排列，所以我们要充分利用这个条件，采用更加简捷的方法解决这个问题。

本题可使双指针法解决。使用两个数组下标 index1 和 index2，一个从前向后扫描数组元素，一个从后向前扫描数组元素），先将 index1 指向数组的第 1 个元素，将 index2 指向数组的最后一个元素，然后按照以下步骤执行。

（1）如果 index1≥index2 则返回 null，否则判断 array[index1]+array[index2]是否等于目标数 target，如果相等则返回组合[index1, index2]，否则执行步骤（2）。

（2）如果 array[index1]+array[index2]大于目标数 target，则先执行 index2=index2−1 操作，再执行步骤（1），否则执行步骤（3）。

（3）如果 array[index1]+array[index2]小于目标数 target，则先执行 index1=index1+1 操作，再执行步骤（1）。

不难看出，以上 3 个步骤构成了一个循环，该循环结束的条件有两个：一是在步骤（1）中找到了问题的一个解，即 array[index1]+array[index2]等于目标数 target，此时返回[index1,index2]即可；二是下标值 index1≥index2，说明在数组 array 中没有找到两个元素之和等于 target 的解，此时要返回 null。

上述算法可在数组 array 中找到一对满足条件的下标值 index1 和 index2，如果要找到所有满足条件的下标值对[index1, index2]，则只需将上述算法的步骤（1）稍加修改。也就是当 array[index1]+array[index2]等于目标数 target 时不直接返回结果，而是记录下[index1,index2]，并执行 index1++和 index2--操作，继续寻找下一个结果。这样循环的结束条件就只有 index1≥index2 这一条了。

因为充分利用了数组元素按值有序递增的特性，所以使用双指针法解决该问题的时间复杂度仅为 $O(n)$，相比较于时间复杂度高达 $O(2^n)$ 的穷举法，双数组下标法要高效很多。

下面我们通过一个实例进一步理解该算法的执行过程。假设给定的数组 array 为 {1, 2, 4, 5, 6, 7, 10}，目标数 target 为 9，采用上面介绍的双指针法求解该题的过程如图 10-6 所示。

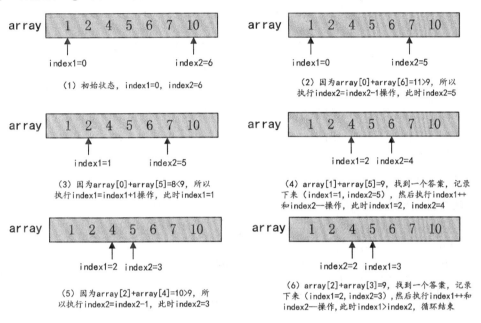

图 10-6　双指针法解决过程

下面给出算法的代码描述。

```
public static ArrayList<int[]> getTwoNumber(int[] array, int sum) {
    int index1 = 0;                  //index1 指向数组第 1 个元素
    int index2 = array.length-1;     //index2 指向数组最后一个元素
    ArrayList<int[]> result = new ArrayList<int[]>();   //ArrayList 对象，用来存储结果
    while(index1 < index2) {
        if (array[index1] + array[index2] < sum) {
            index1++;
        } else if (array[index1] + array[index2] > sum){
            index2--;
        } else {
            int[] oneRes = new int[2];//找到一个结果
            oneRes[0] = index1;          //将 index1 保存到 oneRes[0] 中
            oneRes[1] = index2;          //将 index2 保存到 onRes[1] 中
            result.add(oneRes);          //将数组 onRes[] (里面保存一个结果)加入链表 result 中
```

```
        index1++;
        index2--;
    }
}

if (result.size() > 0) {
    return result;          //如果有结果，即 result.size()>0，则返回 result
}
return null;                //返回 null 表示没有找到满足要求的结果
}
```

函数 ArrayList<int[]> getTwoNumber(int[] array, int sum)的作用是在数组 array 中寻找和为参数 sum 的两个元素，将全部结果保存到一个 ArrayList<int []>类的对象中并返回。上面的代码可找到所有满足条件的下标值对[index1, index2]，每个下标值对都保存在一个整型数组中，全部的下标值对保存到一个 ArrayList<int []>类的对象中。如果没有在数组 array 中找到满足要求的结果，则返回 null。

下面给出本题的测试程序。

```
public static void main(String[] args) {
    int[] array = {1,2,4,5,8,13,17,21,36};
    ArrayList<int[]> res = getTwoNumber(array,21);
    for (int[] entry: res) {
        System.out.println("[ " + entry[0] + " , " + entry[1] + " ]");
    }
}
```

在测试程序中，初始化了一个数组 array={1, 2, 4, 5, 8, 13, 17, 21, 36}，该数组是按照升序排列的。然后调用函数 getTwoNumber(array, 21)在数组 array 中寻找两数之和等于 21 的数组元素。最终将得到的结果输出到屏幕上。本程序的运行结果如图 10-7 所示。

图 10-7　运行结果

如图 10-7 所示，在数组 array 中，array[2]+array[6]=4+17=21，array[4]+array[5]=8+13=21，符合题目的要求。

本题完整的代码以及测试程序可从"微信公众号@算法匠人→匠人作品→《算法大爆炸》全书源代码资源→10-3"中获取。

10.4 三数之和

题目描述：

给定一个包含 *n* 个整数的数组 nums，判断 nums 中是否存在元素 *a*、*b*、*c*，使得 *a*+*b*+*c*=0。请打印出所有满足条件且不重复的三元组。请注意：答案中不可以包含重复的三元组。例如，若 nums={-1, 0, 1, 2, -1, -4}，则满足要求的三元组为{-1, 0, 1}、{-1, -1, 2}。

本题难度：★★★

题目分析：

本题最直观的解法是利用穷举法枚举数组中的三元组，在枚举的过程中判断三个元素的和是否等于 0，如果等于 0 则是本题的一个答案。枚举时可以采用一个 0/1 向量数组 x[]来表示元素的取舍。x[i]=1 表示取，x[i]=0 表示舍。如图 10-8 所示。

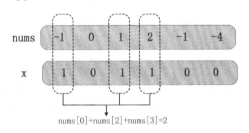

图 10-8 通过数组 x[]选取 nums[0]、nums[2]、nums[1]三个元素

根据排列组合的知识可知，这种穷举方式的解空间大小为 C_n^3，如果数组 nums 的长度为 10，那么穷举法的解空间大小为 120，但是如果数组 nums 的长度为 100，则解空间的大小将达到 161700，使用穷举法解决本题的时间复杂度为 $O(n^3)$ 级别。所以当 nums 数组的长度较大时，穷举法并不是理想的方案。

还有一种更为巧妙且高效的方法，就是利用"数组排序+双指针法"来解决此题。在前面的章节中已经讲到，双指针法通常用于数组元素按值有序的情况，我们可先将数组 nums 从小到大排序，然后从左向右定位数组元素。这里的"定位数组元素"指选定数组元素 nums[i]进入三元组，然后利用双指针法从 nums[i]右边的子数组中找出三元组中的另外两个元素（当然也可能找不到）。利用"数组排序+双指针法"解决三数之和问题的时间复杂度为 $O(n\log n)+O(n^2)$，性能高于穷举法的 $O(n^3)$。

下面详细介绍该方法的执行步骤。

首先将数组 nums[]从小到大排序，并将排序后的数组元素保存到数组 sorted[]中。然后在排序后的数组 sorted[]中从左向右定位元素，最后找出符合题目要求的三元组。具体操作步骤如下。

（1）定位 sorted[i]元素（最初 i=0），也就是将 sorted[i]作为三元组中的一个元素。

（2）在 sorted[i]元素右边的子数组中寻找另外两个元素。寻找的方法是利用两个指针，指针 low 指向子数组中最左边的元素（最小元素），指针 high 指向子数组中最右边的元素（最大元素），判断 sorted[i]+sorted[low]+sorted[high]是否等于 0。如果等于 0 则表示{sorted[i], sorted[low], sorted[high]}构成的三元组是本题的一个答案，可将其输出。然后分别执行 low++和 high--，并重复执行步骤（2）。如果 sorted[i]+sorted[low]+sorted[high]不等于 0，则需要分两种情况考虑。

◎ 如果 sorted[i]+sorted[low]+sorted[high]<0，则执行 low++，然后重复步骤（2）。

◎ 如果 sorted[i]+sorted[low]+sorted[high]>0，则执行 high--，然后重复步骤（2）。

（3）当 high<low 时，表示 sorted[i]元素右边的子数组中的元素已被全部遍历，此时可能已经找到了问题的某个或某几个解，也可能没有找到问题的解。为了找出符合题目要求的全部三元组，还需要执行 i++，然后重复执行步骤（1），继续定位 sorted[]数组的下一个元素。

使用上述方法可找出数组中满足条件的全部三元组。读者可能会问：为什么上述方法就能不重不漏地找出符合要求的全部的三元组呢？首先我们是在 sorted 数组中从左向右定位元素的，已定位元素左边的子数组都已遍历完毕，所以只需要在定位元素右边的子数组中查找三元组中的另外两个元素。其次，数组 sorted 中的元素已是从小到大按值排序的，所以当 sorted[i]+sorted[low]+sorted[high]<0 时，说明三元组中需要一个更大的值，因此将 low++后继续判断；而当 sorted[i]+sorted[low]+sorted[high]>0 时，说明三元组中需要一个更小的值，因此将 high--后继续判断。最后，因为要求三元组中三个元素和为 0，所以这三个元素中至少有一个是负数或者三个数全是 0。由于数组 sorted 已按升序排列，所以我们在定位有序数组 sorted[]的元素时，只需定位那些 sorted[i]≤0 的元素，当 sorted[i]>0 时，后续子数组组成的三元组之和不可能等于 0，没必要继续定位。

下面通过一个具体实例进一步理解上述算法的操作步骤。

图 10-9 所示为数组 nums[]中的初始元素。我们先将该数组从小到大排序，并保存在数组 sorted[]中。

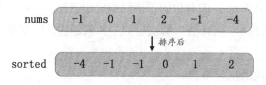

图 10-9 将 nums 数组排序

然后在排序后的数组 sorted[]中从左向右定位元素，确定三元组中的元素。

首先定位到 sorted[0]，然后在右边的子数组中查找另外两个元素，如图 10-10 所示。

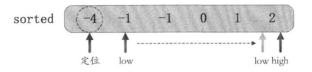

图 10-10　定位到 sorted[0]

因为 sorted[0]+sorted[low]+sorted[high]始终小于 0，所以一直执行 low++操作，最终 low 等于 high，循环结束。在定位 sorted[0]的情况下，没有找到符合要求的三元组。

然后进入外层循环执行 i++定位到 sorted[1]，并在 sorted[1]右边的子数组中查找另外两个元素。如图 10-11 所示。

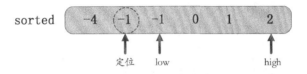

图 10-11　定位到 sorted[1]

因为 sorted[1]+stored[2]+sorted[5]恰好等于 0，所以找到了符合要求的三元组[-1,-1, 2]。执行 low++和 high--，如图 10-12 所示。

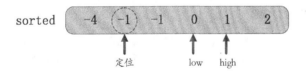

图 10-12　执行 low++和 high--

因为 sorted[1]+stored[3]+sorted[4]恰好也等于 0，所以找到了符合要求的三元组[-1, 0, 1]。执行 low++和 high--，此时 high<low，循环结束。

接下来进入外层循环执行 i++定位到 sorted[2]，并在 sorted[2]右边的子数组中查找另外两个元素。如图 10-13 所示。

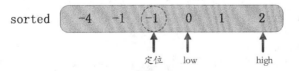

图 10-13　定位到 sorted[2]

因为 sorted[2]+stored[3]+sorted[5]=−1+0+2=1，大于 0，所以执行 high--，如图 10-14 所示。

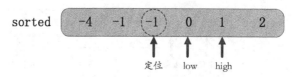

图 10-14　执行 high--

因为 sorted[2]+stored[3]+sorted[4]恰好等于 0，所以找到了符合要求的三元组[−1, 0, 1]。显然三元组出现了重复，出现这种情况的原因是 sorted[2]和 sorted[1]的元素是重复的，所以我们在定位时要过滤掉重复的数组元素。此处对于数组元素−1 应当只定位 1 次。

然后进入外层循环执行 i++定位到 sorted[3]。因为 sorted[3]等于 0，而 sorted[4]和 sorted[5]均不等于 0，所以此后没有符合要求的三元组。本题的答案是{−1, 0, 1}，{−1, −1, 2}。

下面给出"数组排序+双指针法"的代码实现。

```java
public static void threeNumberSum(int[] array) {
    int sorted[] = new int[array.length];
    System.arraycopy(array, 0, sorted, 0, array.length);
    sort(sorted);   //将数组从小到大排序
    for (int i=0; i<=sorted.length-3 && sorted[i]<=0; i++) {
        if (i!=0 && sorted[i] == sorted[i-1]) {
            //出现重复元素,过滤掉该元素(不作为定位元素)
            continue;
        }
        int low = i+1;   //low 指向子数组中的最小元素
        int high = sorted.length-1;   //high 指向子数组中的最大元素
        while (low < high) {
            if (sorted[i] + sorted[low] + sorted[high] > 0) {
                high--;   //三元素之和大于 0,执行 high--指向更小元素
            } else if (sorted[i] + sorted[low] + sorted[high] < 0) {
                low++;   //三元素之和小于 0,执行 low++指向更大元素
            } else {
                // 找到一个符合要求的三元组,将其打印出来
                System.out.println("[ " + sorted[i] + ",
                        " + sorted[low] + ", " + sorted[high] + " ]");
                do {
                    low++;
                    high--;
                } while(sorted[low] == sorted[low-1] &&
                        sorted[high] == sorted[high+1] && low < high) ;
        }
```

```
        }
    }
}
```

在上述代码中，函数 threeNumberSum(int[] array)的作用是在数组 array 中寻找满足条件（三数之和为 0）的三个元素并打印。当然你也可以像上一题那样用一个类似 ArrayList<int[]>的容器存放这些结果并返回，方便起见，本题直接在函数中将结果打印出来了。

函数 sort(sorted)的作用是将数组 sorted 从小到大排序，这个排序算法可以任意选择，当然最好是选择速度较快的算法，例如之前介绍过的快速排序算法。

另外，为了避免得到重复的三元组，我们在定位元素时添加了判断条件。

```
if (i!=0 && sorted[i] == sorted[i-1]) {
    //出现重复元素，过滤掉该元素（不作为定位元素）
    continue;
}
```

当 sorted[i] + sorted[low] + sorted[high]==0 时，表明找到了一个答案，但是此时不能直接执行 low++和 high--，而是要通过 do-while 进行 low++和 high--操作，这样做也是为了避免得到重复的三元组。

```
do {
    low++;
    high--;
} while(sorted[low] == sorted[low-1] &&
                    sorted[high] == sorted[high+1] && low < high) ;
```

下面给出该算法的测试程序。

```
public static void main(String[] args) {
    int[] array = {-1,0,1,2,-1,-4};
    threeNumberSum(array);
}
```

程序的运行结果如图 10-15 所示。

图 10-15　运行结果

本题的完整代码及测试程序可从"微信公众号@算法匠人→匠人作品→《算法大爆炸》全书源代码资源→10-4"中获取。

10.5 两个有序数组的交集

题目描述：

给定两个有序整型数组 array_1 和 array_2，数组元素递增且不重复，计算 array_1 和 array_2 的交集。例如 array_1={2, 5, 6, 8, 9}，array_2={1, 5, 6, 7, 8}，它们的交集为{5, 6, 8}。

本题难度： ★★

题目分析：

看到本题，有些读者可能会马上给出解法：通过一个循环操作扫描 array_1 中的每一个元素，每扫描到一个元素都用该元素去比较 array_2 中的每一个元素，如果该元素在 array_2 中出现，则将其加入交集。这个算法固然能够实现题目的要求，但是需要一个二重循环，时间复杂度为 $O(n^2)$。另外，这个算法没有利用题目中"数组元素递增且不重复"的条件。

本题仍然可以用双指针法来解决，两个指针分别在两个数组中移动。用变量 i 指向 array_1 中的第 1 个元素，变量 j 指向 array_2 中的第 1 个元素，然后执行下面的操作。

（1）如果 array_1[i]等于 array_2[j]，则该元素是交集元素，将其放到 intersection 数组中，然后执行 i++，j++，继续比较。

（2）如果 array_1[i]大于 array_2[j]，则执行 j++，继续比较。

（3）如果 array_1[i]小于 array_2[j]，则执行 i++，继续比较。

（4）一旦 i 等于数组 array_1 的长度，或者 j 等于数组 array_2 的长度，就终止循环。最终数组 intersection 中的元素即为 array_1 和 array_2 的交集元素。

以数组 array_1={2, 5, 6, 8, 9}，array_2={1, 5, 6, 7, 8}为例，使用双指针法计算两数组交集的过程如图 10-16 所示。

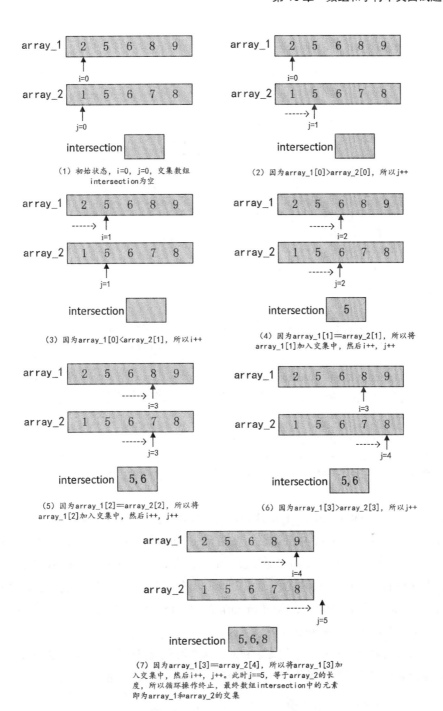

图 10-16　双指针法计算 array_1 和 array_2 交集的过程

下面给出该算法的代码描述。

```java
public static int[] getIntersection(int[] array_1, int[] array_2) {
    int i = 0;      //array_1 的数组下标
    int j = 0;      //array_2 的数组下标
    int k = 0;      //交集 intersection 的数组下标
    int len = array_1.length > array_2.length ?
                        array_2.length : array_1.length;
    int[] tmp = new int[len];

    while(i < array_1.length && j < array_2.length) {
        if (array_1[i] == array_2[j]) {
            //发现交集元素，赋值给 intersection[k]
            tmp[k] = array_1[i];
            i++;
            j++;
            k++;
        }
        if (array_1[i] > array_2[j]) {
            j++;                //array_1[i]大于 array_2[j]，则 j++
        }
        if (array_1[i] < array_2[j]) {
            i++;                //array_1[i]小于 array_2[j]，则 i++
        }
    }
     //将 tmp 数组中的内容拷贝到 intersection
    int[] intersection = Arrays.copyOf(tmp,k);
    return intersection;        //返回交集数组 intersection 的引用
}
```

函数 getIntersection(int[] array_1, int[] array_2)的作用是计算数组 array_1 和 array_2 的交集，将结果保存到数组 intersection 中并返回。在函数 getIntersection()中首先创建了一个临时数组 tmp，用来存放数组 array_1 和 array_2 的交集，tmp 的长度等于 array_1 和 array_2 的较小值。然后按照前面介绍的步骤通过双指针法（变量 i 和 j）计算两数组的交集，并将得到的交集元素保存到 tmp 中。最后调用 Arrays.copyOf(tmp,k)将数组 tmp 的内容拷贝到长度为 k 的新数组 intersection 中，并返回 intersection 。

该算法的时间复杂度为 $O(n)$，相比最初的二重循环法要高效得多。本算法中利用了"数组元素递增且没有重复元素"的条件，通过双指针法，只需扫描一遍便可以找到两个数组的交集元素。

下面给出测试程序。

```
public static void main(String[] args) {
    int[] array_1 = {1,2,3,5,8,9,13};
    int[] array_2 = {2,3,9,15,19};
    int[] intersection;
    intersection = getIntersection(array_1,array_2);

    for (int i=0; i<intersection.length; i++) {
        System.out.print(intersection[i] + " ");
    }
}
```

在上述测试程序中，计算数组{1, 2, 3, 5, 8, 9, 13}和{2, 3, 9, 15, 19}的交集，并将结果输出到屏幕上。本程序的运行结果如图 10-17 所示。

图 10-17　运行结果

上面的双指针法适用于一般情况下求解两个有序数组的交集，如果两个数组长度相差悬殊则另当别论。

假设有两个数组，其中 array_1 只包含 3 个元素{1, 100, 10000}，而 array_2 包含 10000 个元素{1, 2, 3, …, 9999, 10000}。如果用双指针法求解交集，就要遍历整个 array_2 数组，但其实它们只有 3 个交集元素。

有没有更好的办法既可以减少元素之间的比较次数又可以找到两数组的交集元素呢？实际上，我们可以先遍历较小的数组，再将访问到的元素在长数组中进行折半查找。如果找到该元素，则将其放入交集元素数组 intersection 中，否则继续遍历较小的数组，直到遍历完较小的数组。因为长数组也是按值有序排列的，所以可以使用折半查找算法搜索元素，大幅减少元素比较的次数，提高算法整体效率。该算法描述如下。

```
public static int[] getIntersection(int[] array_1, int[] array_2) {
    int i, index, k = 0;
    int[] array_short;
    int[] array_long;

    if (array_1.length < array_2.length) {
        array_short = array_1;    //array_short 指向短数组
        array_long = array_2;        //array_long 指向长数组
    } else {
        array_short = array_2;
        array_long = array_1;
    }
```

```
    int[] tmp = new int[array_short.length];
    for (i = 0; i < array_short.length; i++) {      //遍历较短的数组
        //调用折半查找算法在 array_long 中查找 array_short[i]
        index = binSearch(array_long, array_short[i]);
        if (index != -1) {
            //如果 index 不为-1 则表示查找成功, index 表示该元素在 array_long 中的下标
            //将交集元素 array_short[i]保存在数组 intersection 中
            tmp[k] = array_short[i];
            k++;
        }
    }
    //将 tmp 数组中的内容拷贝到 intersection
    int[] intersection = Arrays.copyOf(tmp,k);
    return intersection;
}
private static int binSearch(int[] array, int elem) {
    int low = 0, high = array.length-1,mid;
    while (low <= high) {
        mid = (low + high) / 2;
        if (array[mid] == elem) {
            //找到了元素 elem, 将数组下标 mid 返回
            return mid;
        } else if (elem > array[mid]) {
            //在后半序列查找元素 elem
            low = mid+ 1;
        } else {
            //在前半序列查找元素 elem
            high = mid - 1;
        }
    }
    return -1; //查找失败, 返回-1
}
```

在函数 getIntersection()中，首先用 array_short 指向较短的数组，array_long 指向较长的数组。然后通过一个循环操作遍历短数组 array_short，并将其中的所有元素在长数组 array_long 中进行折半查找，如果在 array_long 中找到该元素，则函数 binSearch()会返回该元素在数组 array_long 中的下标，否则返回-1。通过这个循环操作，可将数组 array_short 和 array_long 中的交集元素找出，并保存到临时数组 tmp 中。最后调用 Arrays.copyOf(tmp,k)将数组 tmp 的内容拷贝到长度为 k 的新数组 intersection 中，并返回 intersection。

本题完整的代码可从"微信公众号@算法匠人→匠人作品→《算法大爆炸》全书源代码资源→10-5"中获取。

10.6　最长公共前缀问题

题目描述:

编写一个函数来查找字符串数组的最长公共前缀。如果不存在公共前缀,则返回空字符串""。例如,输入: {"flower","flow","flight"};输出: "fl"

题目难度: ★★

题目分析:

我们从最简单的情况入手分析这个问题。假设只有两个字符串,计算这两个字符串的最长公共前缀的方法是将两个字符串从左向右一一比较,直到遇到不相同的字符,比较过的部分就是它们的最长公共前缀。例如字符串 1 为"abcde",字符串 2 为"abcab",计算二者的最长公共前缀的过程如图 10-18 所示。

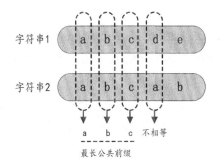

图 10-18　计算两个字符串的最长公共前缀

如果有 3 个字符串,那么怎样得到它们的最长公共前缀呢?可以先计算第 1 个字符串和第 2 个字符串的最长公共前缀,再将得到的这个最长公共前缀作为一个新的字符串,计算它与第 3 个字符串的最长公共前缀,即为 3 个字符串的最长公共前缀。例如字符串 1 为"abcde",字符串 2 为"abcab",字符串 3 为"abefc",计算这 3 个字符串的最长公共前缀的过程如图 10-19 所示。

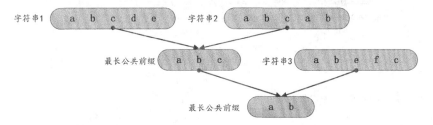

图 10-19　计算 3 个字符串的最长公共前缀过程

不难想象，如果给定 n 个字符串，那么要得到它们的最长公共前缀，也可以使用上述方法。先计算前两个字符串的最长公共前缀，再将这个公共前缀作为一个新的字符串，计算它与第 3 个字符串的最长公共前缀，以此类推，最终可得 n 个字符串的最长公共前缀。

下面给出该方法的 Java 代码实现。

```java
public static String getLongestCommonPrefix(String[] array) {
    if (array.length == 1) {
        return array[0];
    }
    String commonPrefix = getCommonPrefix(array[0], array[1]);
    for (int i=2; i<array.length; i++) {
        commonPrefix = getCommonPrefix(commonPrefix, array[i]);
    }
    return commonPrefix;
}
```

在上述代码中，函数 getLongestCommonPrefix(String[] array)的作用是计算字符串数组 array 中的最长公共前缀，并将这个最长公共前缀返回。在 getLongestCommonPrefix()函数内部，首先判断字符串数组 array 的长度，如果该长度为 1，则说明当前数组 array 中只保存了一个字符串，那么这个最长公共前缀就是它本身。如果该长度大于 1，则首先调用函数 getCommonPrefix(String str1, String str2)计算字符串 array[0]和 array[1]的最长公共前缀，并将其保存在字符串 commonPrefix 中；然后进入一个 for 循环，计算 commonPrefix 与下一个字符串的最长公共前缀，并用得到的最长公共前缀更新变量 commonPrefix。这个 for 循环一直执行到计算出 commonPrefix 与最后一个字符串 array[array.length-1]的最长公共前缀，并更新 commonPrefix，最终返回 commonPrefix。函数 getCommonPrefix(String str1, String str2)的定义如下。

```java
private static String getCommonPrefix(String str1, String str2) {
    StringBuffer res = new StringBuffer();
    for (int i=0; i<Math.min(str1.length(),str2.length()); i++) {
        if (str1.charAt(i) == str2.charAt(i)) {
            res.append(str1.charAt(i));
        } else {
            return res.toString();
        }
    }
    return res.toString();
}
```

计算最长公共前缀的过程本身具备递归特性，可以自顶向下地考虑这个问题。如果要计算

n 个字符串的最长公共前缀，那么可以先计算第 2 至第 *n* 个字符串的最长公共前缀，然后将这个公共前缀作为一个新的字符串计算它与第 1 个字符串的最长公共前缀。其中计算第 2 至第 *n* 个字符串的最长公共前缀的方法与计算第 1 至第 *n* 个字符串的最长公共前缀的方法完全一样，只是问题的规模减小了而已，因此也可通过递归的方法来求解。下面给出递归算法的 Java 代码实现。

```
public static String getLongestCommonPrefix(String[] array) {
    if (array.length == 1) {
        return array[0];
    }
    String[] subarray = new String[array.length-1];
    //获取第 2~n 个字符串，并将其保存在字符串数组 subarray 中
    System.arraycopy(array,1,subarray,0,array.length-1);
    //递归调用函数 getLongestCommonPrefix()计算 subarray 的最长公共前缀
    //并将这个公共前缀作为一个新的字符串计算它与第 1 个字符串的最长公共前缀
    return getCommonPrefix(array[0],getLongestCommonPrefix(subarray));
}
```

下面给出测试程序。

```
public static void main(String[] args) {
    String[] array = {"abcde","abcab", "abefc"};
    System.out.println("The longest common prefix is "
                            + getLongestCommonPrefix(array));
}
```

在测试程序中计算字符串"abcde""abcab"和"abefc"的最长公共前缀，程序的运行结果如图 10-20 所示。

The longest common prefix is ab

图 10-20 运行结果

本题完整的代码可从"微信公众号@算法匠人→匠人作品→《算法大爆炸》全书源代码资源→10-6"中获取。

10.7 最长公共子串问题

题目描述：

编写一个程序，在两个字符串中找出最长公共子串。例如字符串 A="abcdefg"，字符串

B="cdeab"，其最长公共子串为"cde"。如果两个字符串中没有公共子串，则返回 null。这里规定给定的两个字符串中最多只有 1 个最长公共子串。

题目难度： ★★★

题目分析：

要寻找两个字符串的最长公共子串，可以从较短的字符串出发，找到它的全部子串，然后在较长的字符串中查找是否存在这些子串。在寻找子串的过程中，要本着"由长到短，逐步递减"的原则，这样可以保证第 1 次得到的公共子串即为两字符串的最长公共子串。我们可以通过图 10-21 来理解在两个字符串中寻找最长公共子串的过程。

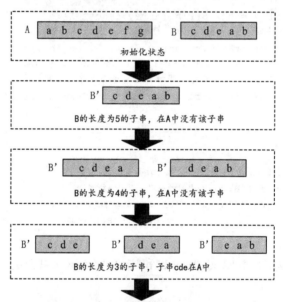

图 10-21　在两个字符串中寻找最长公共子串的过程

如图 10-21 所示，我们要做的就是将其中一个较短的字符串分解，从长至短地求出其子串。每求出同长度的一组子串，都要在较长的字符串中进行查找，一旦匹配成功就可以得到两个字符串的最长公共子串。请注意，因为我们在这里约定，两个字符串的最长公共子串最多有 1 个，所以只要找到 1 个最长公共子串，查找过程即可结束。

上述求解过程可用下面这段代码描述。

```
public static String getLongestCommonSubstring(String str1, String str2) {
    String longerStr, shorterStr, subStr;
    int i,j;
```

```
if(str1 == null || str2 == null) {
    return null;
}
if(str1.length() <= str2.length()) {
    shorterStr = str1;
    longerStr = str2;
} else {
    shorterStr = str2;
    longerStr = str1;
}
for(i=shorterStr.length(); i>=1; i--){    //外层循环控制子串的长度
    for(j=0; j<=shorterStr.length()-i; j++) {
        subStr = shorterStr.substring(j,j+i);      //内层循环获得长度为 i 的子串
        if(longerStr.indexOf(subStr) != -1) {
            //如果 longerStr 中包含子串 subStr，则函数 indexOf()会
            //返回 subStr 在 longerStr 中的下标，否则返回-1
            return subStr ;
        }
    }
}
return null;
}
```

函数 getLongestCommonSubstring()用来寻找其两个字符串的最长公共子串。如果找到了则返回这个公共子串，如果没有找到则返回 null。

上述代码的核心部分是一个二重循环语句，通过这个二重循环语句可以找出给定的两个字符串中的最大公共子串（如果存在）。其中外层循环负责控制子串的长度，从较短的字符串 shorterStr 的长度开始逐步减小，每执行一次，子串的长度减 1。内层循环负责获得长度为 i 的子串 subStr，然后通过 longerStr.indexOf(subStr)判断较长的字符串 longerStr 中是否包含子串 subStr。由于我们约定两个字符串的最长公共子串最多有 1 个，因此只要较长的字符串 longerStr 中包含子串 subStr，就可以认定 subStr 为两个字符串的最长公共子串。

下面给出测试程序。

```
public static void main(String[] args) {
    String str1 = "abcdefgh";
    String str2 = "acdef";
    System.out.println("The longest common subtring of 'abcdefgh' and
            'acdef' is " + getLongestCommonSubstring(str1,str2));
}
```

在测试程序中定义了两个字符串，其中 str1 为"abcdefgh"，str2 为"acdef"，然后调用函数 getLongestCommonSubstring()计算 str1 和 str2 的最长公共子串。程序的运行结果如图 10-22 所示。

The longest common subtring of 'abcdefgh' and 'acdef' is cdef

图 10-22 运行结果

本题完整的代码可从"微信公众号@算法匠人→匠人作品→《算法大爆炸》全书源代码资源→10-7"中获取。

10.8 长度最小的连续子数组

题目描述：

给定一个含有 n 个正整数的数组和一个正整数 s，找出该数组中满足其和大于或等于（≥）s 的长度最小的连续子数组。如果不存在符合条件的连续子数组，则返回 null。例如，输入为 s = 7, nums = {2, 3, 1, 2, 4, 3}，则输出应为 {4, 3}，因为子数组 {4, 3} 是该条件下的长度最小的连续子数组。虽然子数组{1, 2, 4}的元素之和也等于 7，但其长度为 3，不符合"长度最小"的条件。

题目难度：★★★

题目分析：

本题有一个比较直观简便的解法，我们称之为锁定起点法，也就在数组中锁定不同的元素，然后以该元素为起点向右扫描后续数组元素，并在扫描的过程中将数组元素累加求和。当累加和（sum）大于或等于 s 时就停止扫描，此时表示找到了一个符合要求（sum≥s）的子数组，同时子数组的长度也是尽可能小的。不难想象，如果逐个将数组中的元素作为起点，就能找出所有符合要求的子数组，其中长度最小的即为本题的答案。下面以数组 nums={2, 3, 1, 2, 4, 3}为例，介绍锁定起点法的执行过程。如图 10-23 所示。

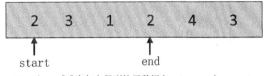

（1）以nums[0]为起点得到的子数组{2，3，1，2}，sum=8，
minLen=4

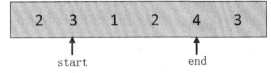

（2）以nums[1]为起点得到的子数组{3，1，2，　4}，sum=10，
minLen=4

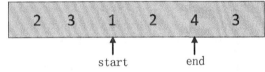

（3）以nums[2]为起点得到的子数组{1，2，4}，sum=7，
minLen=3

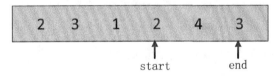

（4）以nums[3]为起点得到的子数组{2，4，3}，sum=9，
minLen=3

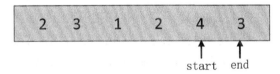

（5）以nums[4]为起点得到的子数组{4，3}，sum=7，
minLen=2

图 10-23　锁定起点法的执行过程

锁定起点法会尝试将数组中的每一个元素作为起点（start），然后用下标 end 向后扫描，直到数组元素的累加和（sum）大于给定的 s，或者下标 end 到达了数组的末尾。记录下这段子数组（从下标 start 到下标 end）的元素累加和以及子数组长度（minLen），minLen 最小的子数组即为本题的答案。

下面给出锁定起点法的代码实现。

```
public static HashMap getMinSubArray(int s, int[] nums ) {
  int start,end; //start 为指定的起点，end 负责从起点向后扫描数组
```

```
int sum = 0;    //sum 保存子数组中元素之和
int minLen = nums.length + 1;  //minLen 记录子数组的长度
HashMap<String,Integer> map = new HashMap<String,Integer>();

for (start = 0; start < nums.length; start++) {
    sum = 0;
    for (end = start; end<nums.length && sum <s; end++) {
        sum = nums[end] + sum;  //以 start 为起点扫描后续数组元素并计算累加和
    }
    end--;  //调整下标 end，使得从 start 到 end 的数组元素之和刚好大于或等于 s
    if (sum >= s && end-start+1 < minLen) {
        //找到一个可能的解
        minLen = end-start+1;          //更新最小长度
        map.put("start", start);       //将子数组的左端下标 start 更新到 map 中
        map.put("end", end);           //将子数组的右端下标 end 更新到 map 中
        map.put("length", minLen);     //更新 map 中保存的子数组长度
    }
}
if (minLen == nums.length + 1) {
    //minlen 等于初始值 nums.length+1 表示没有找到答案，返回 null
    return null;
}
return map;  //将保存了子数组信息的 map 返回
}
```

锁定起点法的优点在于算法易于理解，且实现简单。但是该算法的执行效率其实并不高。

以上面的数组 nums={2, 3, 1, 2, 4, 3}，s=7 为例，在把子数组的起点定位到数组 nums 的第 2 个元素后，要从数组的第 2 个元素开始向后累加求和，直到数组元素之和大于或等于 s，也就是累加计算 3+1+2+4(=10>7)。其实在上一次循环中（以第 1 个元素为起点），已经计算了 2+3+1+2 (=8>7) 的值，而在本次循环中重复计算 3+1+2，这是影响算法性能的关键。

为了减少重复计算，使算法的执行效率更高，我们推荐一种更为巧妙的算法——滑动窗口法，该方法特别适用于求解子串、子数组类问题。

所谓滑动窗口法，就是利用指针（数组下标）start 和 end 分别框定一个窗口，让这个窗口按照一定的规律在数组或字符串上滑动，在滑动的过程中该窗口的宽度会不断调整，最终从字符串和数组中找到符合要求的子串。

滑动窗口算法有固定的执行步骤，可以解决很多同类问题。

设置两个变量 start 和 end，用这两个变量在数组（或字符串）中框定一个窗口，只需判断这个窗口中的子数组（或子串）是否满足条件。

（1）如果不满足条件，end 就一直递增（end++）。每次循环都要判断当前框定的子数组是否满足条件，如果满足，end 就停止递增。

（2）start 递增（start++）。每次循环都要判断当前框定的子数组是否满足条件，如果不满足条件，start 就停止递增。

（3）重复步骤（1）（2），直到 start 遍历到数组末尾。

在上述循环过程中，要随时判断当前滑动窗口中的子数组是否已成为最优解，如果已成为最优解，则更新结果。

我们通过实例了解一下滑动窗口法，然后进一步分析滑动窗口法的优势。

首先设置变量 start 和 end。在本题中，可将 end 初始化为–1，start 初始化为 0（end 和 start 的初始值可依据实际情况而定），然后判断当前窗口中的子数组是否满足条件。对本题而言，需要满足的条件是从 start 到 end 的窗口中的元素之和大于或等于 s，如果累加和小于 s 则表明不满足条件。

我们还要设置几个辅助变量。

◎　int sum：用于记录当前窗口中子数组元素之和。

◎　int minLen：用于保存子数组的最小长度，请注意这里所说的子数组指满足条件（sum≥s）的子数组，通过 minLen 这个变量从众多满足条件的子数组中选出长度最小的。

接下来按照下面的步骤操作。

（1）在初始状态下 end=–1，所以一定不满足条件，于是 end 不断加 1，在循环的过程中将数组元素累加到变量 sum 中，同时每次循环都要判断 sum 是否大于或等于 s，如果是，end 就停止递增。如图 10-24 所示。

（2）接下来将 start 不断加 1，在循环的过程中将 start 指向的数组元素从 sum 中减去（sum 只记录当前窗口中子数组元素之和），同时每次循环都要判断 sum 是否小于 s，一旦 sum 小于 s，start 就停止加 1。

如图 10-25 所示，start=1，end=3，此时子数组{3, 1, 2}的元素之和为 3+1+2=6，小于 s，所以不满足条件，start 停止加 1。需要注意的是，此时变量 minLen 的值依然为 4，而不是子数组的长度 3，这是因为变量 minLen 保存的长度是所有满足条件的子数组的最小长度，而此时子数组{3, 1, 2}不满足条件，所以 minLen 不需要更新。

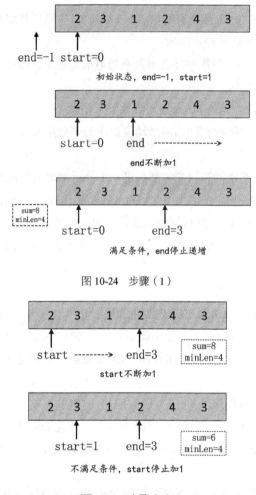

图 10-24　步骤（1）

图 10-25　步骤（2）

　　因此无论是 start 加 1 的过程还是 end 加 1 的过程，只要当前窗口中的数组元素和大于或等于 s，就要判断当前的子数组长度（end−start+1）是否小于之前记录下来的最小子数组长度 minLen，如果当前子数组长度更小，就更新 minLen，这样才能确保得到的子数组是满足条件的子数组中最小的。

　　接下来重复步骤（1）、步骤（2），直到 start 等于 length。

　　下面给出使用滑动窗口法解决问题的完整过程，如图 10-26 所示。

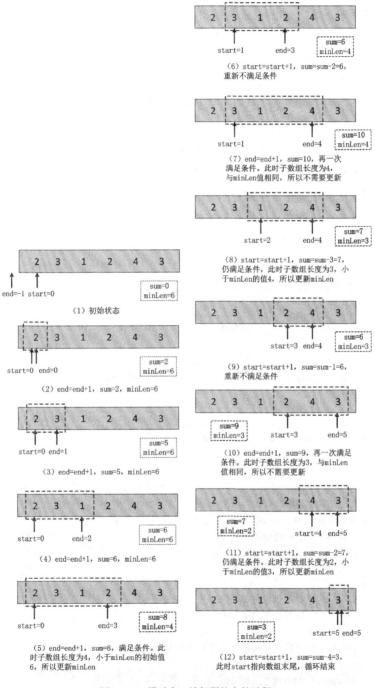

（6）start=start+1，sum=sum-2=6，
重新不满足条件

（7）end=end+1，sum=10，再一次
满足条件。此时子数组长度为4，
与minLen值相同，所以不需要更新

（8）start=start+1，sum=sum-3=7，
仍满足条件，此时子数组长度为3，小
于minLen的值4，所以更新minLen

（1）初始状态

（9）start=start+1，sum=sum-1=6，
重新不满足条件

（2）end=end+1，sum=2，minLen=6

（10）end=end+1，sum=9，再一次满足
条件。此时子数组长度为3，与minLen
值相同，所以不需要更新

（3）end=end+1，sum=5，minLen=6

（11）start=start+1，sum=sum-2=7，
仍满足条件。此时子数组长度为2，小
于minLen的值3，所以更新minLen

（4）end=end+1，sum=6，minLen=6

（5）end=end+1，sum=8，满足条件。此
时子数组长度为4，小于minLen的初始值
6，所以更新minLen

（12）start=start+1，sum=sum-4=3，
此时start指向数组末尾，循环结束

图 10-26　滑动窗口法问题的完整过程

如图 10-26 所示，最终变量 minLen 等于 2，说明满足要求的最小子数组长度为 2。其起始下标 start=4，终点下标 end=5，得到的子数组为{4, 3}。

滑动窗口法与锁定起点法最大的不同在于：锁定起点法只关注起点，锁定起点后就以该起点为基础重新寻找符合条件的子数组。在这个过程中需要重新计算和判断当前子数组是否满足条件，本题需要重新计算子数组中每个元素的和，在这个过程中会产生大量的重复计算。而滑动窗口法关注的是由起点和终点框定的窗口内的子数组，当滑动窗口的长度发生改变时会同步计算和判断当前子数组是否满足条件，对于本题而言就是对子数组元素的和进行调整，这样就避免了重复计算导致的时间损耗。锁定起点法解决子数组、子串类问题的时间复杂度为 $O(n^2)$，而滑动窗口法解决子数组、子串类问题的时间复杂度为 $O(n)$。

如何保证滑动窗口法的正确性呢？与锁定起点法相同，滑动窗口的 start 指针也是从数组的头部一直遍历到数组的末尾的，而在遍历的过程中，只要滑动窗口内包含的子数组满足题目的要求就会被记录下来，所以使用"滑动窗口法"一定能得到题目的最优解。

下面给出长度最小子数组问题的滑动窗口算法实现。

```java
public static HashMap getMinSubArray(int s, int[] nums) {
    int start = 0, end = -1; //初始化 start=0, end=-1
    int sum = 0;
    int minLen = nums.length + 1 ;
    HashMap<String,Integer> map = new HashMap<String,Integer>();

    while (start < nums.length) {
        if (end < nums.length-1 && sum < s) {
            //不满足 sum≥s，并且 end 下标未到达数组尾部
            end++;
            sum = sum + nums[end];
        } else {
            //满足 sum≥s，或者 end 已到数组尾部，则 start 开始向右移动
            //直到不满足 sum≥s 或者 start 到达了数组尾部（left==nums.length）
            sum = sum - nums[start];
            start++;
        }
        if (sum >= s) {
            //如果满足条件则判断当前滑动窗口中子数组的长度
            //如果小于 minLen 则更新 minLen 的值
            if (end - start + 1 < minLen) {
                //找到了一个更小的结果，将子数组的起始坐标和长度更新到 map 中
                minLen = end - start + 1;
                map.put("start", start);
                map.put("end", end);
```

```
                map.put("length", minLen);
            }
        }
    }
    if (minLen == nums.length + 1) {
        //没有找到答案,返回 null
        return null;
    }
    return map;
}
```

下面给出本题的测试程序。

```
public static void main(String[] args) {
    int[] nums = {2,3,1,2,4,3};
    HashMap<String,Integer> map = getMinSubArray(7,nums);
    if (map != null) {
        System.out.println("The start index of subarray : " + map.get("start"));
        System.out.println("The end index of subarray : " + map.get("end"));
        System.out.println("The length of the subarray: " + map.get("length"));
    }
}
```

在测试程序中，初始化了一个数组 nums = {2, 3, 1, 2, 4, 3}，调用函数 getMinSubArray(7,nums) 获取满足元素之和大于或等于 7 的最小子数组。其中函数 getMinSubArray() 既可以使用锁定起点法实现，也可以使用滑动窗口法实现，它们的运行结果相同。本程序的运行结果如图 10-27 所示。

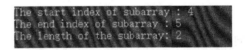

图 10-27　运行结果

如图 10-27 所示，得到的子数组为{4, 3}。它在原数组中的起点下标为 4，终点下标为 5，长度为 2。

本题完整的代码可从"微信公众号@算法匠人→匠人作品→《算法大爆炸》全书源代码资源→10-8"中获取。

10.9 最长无重复子串

题目描述：

给定一个字符串，找出不含有重复字符的最长子串的长度。

例如，给定字符串"abcabcbb"，没有重复字符的最长子串是 "abc"或者"bca"或者"cab"，所以长度为 3。给定字符串"bbbbb"，没有重复字符的最长的子串是 "b"，长度是 1。给定字符串 "pwwkew"，没有重复字符的最长子串是 "wke"，长度是 3。请注意答案必须是一个子串，"pwke" 是子序列而不是子串。

题目难度：★★★

题目分析：

要解决最长不重复子串的问题，首先应当知道如何找到不含有重复字符的子串。可以从给定字符串的起始位置开始向后扫描字符串，当遇到与已扫描过的字符串重复的字符时就停下来，前面的部分就是第 1 个不重复子串，如图 10-28 所示。

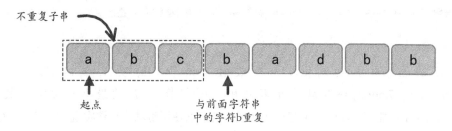

图 10-28 第 1 个不重复子串

至此，我们只找到了第 1 个不重复子串，后续的不重复子串要怎样找呢？可以参考上题中的锁定起点法，将原起点向右移动一个字符，再向后扫描字符串查找下一个不重复子串。但是这样做存在冗余计算。

以图 10-28 为例，如果以第 2 个字符'b'作为新的起点向后扫描字符串寻找第 2 个不重复子串，则这个子串只能是"bc"，而它是第 1 个不重复子串的子串，所以一定不是我们要找的最长无重复子串，因此这一步的查找是没有意义的。我们希望找到的后续的不重复子串可能与前面已经找到的有重叠，但不应该是它的子串，否则就是冗余计算。

所以在寻找第 2 个不重复子串时，要从第 1 个不重复子串（"abc"）中与后续字符重复的那个字符（字符'b'）后面的字符（字符'c'）开始扫描，直到遇到与本次扫描的字符串重复的字符，从新的起点到重复字符的前一个字符为第 2 个不重复子串。如图 10-29 所示。

重复上述操作，可以找到该字符串中的全部不重复子串。在每次扫描字符串的过程中，都要统计扫描到的字符数量并将其作为不重复子串的长度，最长的一个即为本题所求。

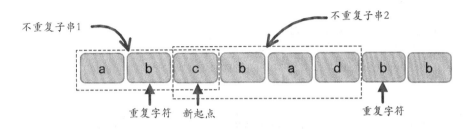

图 10-29 找到第 2 个不重复子串

接下来的问题是在扫描字符串的过程中如何知道当前扫描到的字符与前面已扫描过的字符有无重复呢？比较笨的方法是通过循环操作逐一比对前面字符串中的字符，但是这样做很耗费时间。我们既然已经扫描过之前的每一个字符，就没有必要再重复访问一遍。可以利用一个HashSet 容器将已扫描过的字符加入 HashSet，如果加入不成功（返回 false）则说明当前加入的字符与 HashSet 中已存在的字符有重复。利用这种方法可以高效地判断当前扫描到的字符是否与扫描过的字符有重复。

下面给出锁定起点法的 Java 代码实现。

```java
int getSubstringLength(String str) {
    int len = 0;
    int maxLen = 0;
    int start = 0;
    HashSet<Character> set = new HashSet<Character>();
    int i = 0;
    while(i<str.length()) {
        if (!set.add(str.charAt(i))) { //出现重复元素
            //(1)找出下一次扫描的起点
            set.clear();
            set.add(str.charAt(i)); //str[i]为重复元素，将其加入 HashSet
            for (int j=start; j<i; j++) {
                if (!set.add(str.charAt(j))) {
                    start = j+1;  //str[j]与 str[i]重复，所以新起点为 j+1
                    break;
                }
            }
            //(2)更新 maxLen
            if (len > maxLen) {
                maxLen = len;
```

```
        }
        //(3)重新设定起点i、set和变量len
        set.clear();
        i = start;
        len = 0;
    } else {      //尚未出现重复元素
        len++;    //统计无重复子串的长度len
        i++;
    }
}
if (len > maxLen) {
    //如果最长不重复连续子串一直到字符串结尾
    //则len可能大于maxLen，所以这里要再判断一次
    maxLen = len;
}
return maxLen;
}
```

上述算法本质上是锁定起点法的改进，也就是将起点设置得更加合理，从而减少冗余计算，但是该算法的时间复杂度仍为 $O(n^2)$。其实本题使用滑动窗口法解决会更加高效，其时间复杂度仅为 $O(n)$ 级别。

与上一题的解法类似，首先设置变量 start 和 end，将 end 和 start 初始化为 0，然后判断由 start 和 end 框定的窗口中的子串是否满足条件。对于本题来说，可将"满足条件"定义为由 start 和 end 框定的窗口中出现了重复的字符，当不满足条件时需要调整窗口的大小（end++）。

同时要设置几个辅助变量。

◎ HashSet set：这是一个 Hash 对象，用来存放子串元素并判断子串中是否有重复元素。

◎ int maxLen：用于保存无重复子串的最大长度，这个值会随着无重复子串长度的变化而更新。

接下来按照下面的步骤操作。

（1）如果不满足条件，即由 start 和 end 框定的窗口中没有重复字符，则 end 不断加 1（将 end 指向的字符加入滑动窗口），同时将 end 指向的字符 str.charAt(end)加入 HashSet。当 HashSet.add(str.charAt(end))的返回值为 false 时，表示当前要加入 HashSet 的字符与 HashSet 中已有的字符重复，end 停止加 1。

（2）将 start 循环加 1（将 start 指向的字符从滑动窗口中移出），同时将 start 指向的字符 str.charAt(start)从 HashSet 中移除（HashSet.remove(str.charAt(start))）。每执行一次循环操作，就试探地执行 HashSet.add(str.charAt(end))，当 HashSet.add(str.charAt(end))的返回值为 true 时，表

示再次不满足条件，start 此时停止加 1。

重复执行步骤（1）、步骤（2），直到 start 指向字符串的尾部。

按照上述步骤执行，从 start 到 end−1 的字符串中一定不会包含重复的字符，所以每次循环都要计算从 start 到 end−1 的字符串的长度，即 end−start，并将其中的最大值保存到变量 maxLen 中，最终 maxLen 即为所求。

下面给出使用滑动窗口法解决本题的 Java 代码实现和测试程序。

```java
public static int getSubstringLength(String str) {
    int start = 0;
    int end = 0;

    HashSet<Character> set = new HashSet<Character>();
    int maxLen = 0;
    while (start < str.length()) {
        if (end < str.length() && set.add(str.charAt(end))) {
            //不满足条件（没出现重复的字符），则 end 向右移动
            //同时更新 maxLen
            if (end - start + 1 > maxLen) {
                maxLen = end - start + 1;
            }
            end++;
        } else {
            //end 已经指向字符串尾部，或者
            //满足条件（出现重复的字符），此时将 start 指向的字符移出滑动窗口
            //同时将该字符移出 set
            set.remove(str.charAt(start));
            start++;
        }
    }
    return maxLen;
}
```

下面给出测试程序。

```java
public static void main(String[] args) {
    String str = "abcdefgfabcdertqa";
    System.out.println("The length of the longest non
            repeating substring is: " + getSubstringLength(str));
}
```

在测试程序中定义了一个字符串"abcdefgfabcdertqa"，然后调用函数 getSubstringLength(str)

计算其最长无重复子串的长度，并将结果输出到屏幕上。程序的运行结果如图 10-30 所示。

```
The length of the longest non repeating substring is: 10
```

图 10-30 运行结果

给定的字符串为"abcdefgfabcdertqa"，其最长无重复子串为"gfabcdertq"，长度为 10。两个算法得到的结果是相同的。

本题完整的代码可从"微信公众号@算法匠人→匠人作品→《算法大爆炸》全书源代码资源→10-9"中获取。

10.10 删除字符数组中特定字符

题目描述：

编写一个效率尽可能高的函数，删除字符数组中的指定字符，函数的接口定义如下。

```
int removeChars(char[] srcStr, char[] removeStr);
```

函数 removeChars()中包含两个参数：srcStr 为源字符数组，removeStr 为要从 srcStr 中删除的字符组成的数组（removeStr 中的字符不得有重复）。字符数组 removeStr 中所有的字符都必须从 srcStr 中删除。函数 removeChars()的返回值为删除特定字符后字符数组 srcStr 的长度。

例如，源字符数组 srcStr 的内容为{'a','e','a','b','f','e'}，removeStr 为{'e','a'}，则函数 removeChars()可将数组 srcStr 中的字符'e'和'a'删除，只剩下有效字符{'b','f'}，函数的返回值为2。

题目难度：★★★

题目分析：

本题最直观最简单的解法是：扫描源字符数组 srcStr，每当访问到 srcStr 中的一个字符时，都在字符数组 removeStr 中查找是否包含该字符。如果包含该字符，则在 srcStr 中删除该字符，如果不包含该字符，则在 srcStr 中继续扫描下一个字符。这个方法简单直观，易于实现，但是效率十分低下，不满足题目中"效率尽可能高"的要求。如果在面试中给出这样的答案，面试官是不会满意的。

我们先来分析一下上述算法的缺点，进而一步一步地推导出更好的解决方案。

上面这个算法的时间复杂度是 $O(n^2 \times m)$ 级别的。其中，n 为源字符数组 srcStr 的长度，m 为字符数组 removeStr 的长度。扫描整个源字符数组 srcStr 的时间复杂度为 $O(n)$，在 removeStr 中查找指定的字符，如果采用顺序查找则时间复杂度为 $O(m)$，如果在 removeStr 中查找到了这个字符，则从 srcStr 中删除该字符的时间复杂度也是 $O(n)$，所以综合起来，该算法的时间复杂

度为 $O(n^2 \times m)$。要改进这个算法，就要从以上 3 个环节入手。

扫描源字符数组 srcStr 的环节是省不掉的，因为不完全扫描 srcStr 就无法删除 removeStr 中指定的所有字符。

在 removeStr 中查找当前扫描到的字符没有必要使用顺序查找，可以采用更为有效的算法，折半查找可以将时间复杂度降为 $O(\log m)$，但是这里我们更加推荐使用 HashSet 查找法，因为它的时间复杂度为 $O(1)$。我们可以先将 removeStr 中的字符逐一存放到一个 HashSet 中，在判断 srcStr 中的某个字符是否在 removeStr 中时，只需将该字符加入这个 HashSet（调用 HashSet.add() 函数），如果返回值为 false，则说明该字符在 removeStr 中，将该字符删除；如果返回值为 true，则说明该字符不在 removeStr 中，此时不需要删除该字符，但需要调用 HashSet.remove() 函数将刚才插入 HashSet 的字符从 HashSet 中删除，以便判断后续字符。优化后的时间复杂度为 O(1)，代价是空间复杂度有所提高，因为需要额外的 HashSet 容器做判断。不过与顺序查找的 $O(m)$ 时间复杂度相比，这样的代价是值得的。

从源字符数组 srcStr 中删除字符 srcStr[i] 的环节也存在优化的空间。按照一般的理解，从一个字符数组中删除一个字符，需要将该字符后面的所有的字符都向前移动一位。其实这个方法一般只适用于删除数组中一个（或少数几个）字符的情况，像本题这样不确定删除字符数量的情况，不推荐使用这个方法，因为该方法存在着大量的冗余操作。如图 10-31 所示。

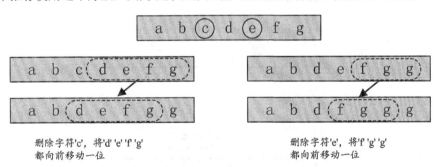

删除字符'c'，将'd' 'e' 'f' 'g'
都向前移动一位

删除字符'e'，将'f' 'g' 'g'
都向前移动一位

图 10-31　删除字符串中字符的方法（存在冗余操作）

例如从字符数组"abcdefg"中删除字符'c'和'e'，首先要将'c'后面的所有字符'd''e''f''g'（虚线框中的内容）都向前移动一位，然后将'e'后面的所有字符'f''g' 'g'（虚线框中的内容）都向前移动一位。细心的读者不难发现，第 1 次移动后只有字符'd'移动到了它的最终位置上，字符'e'''f''g'的移动只是"临时的"，因为在第 2 次移动中，字符'e'会被覆盖，而字符'f''g'仍要继续向前移动一位。所以第 1 次移动的'e'''f''g'是冗余的，完全可以将'f'和'g'一步到位地移动到它们最终的位置上，而不是"一个位置一个位置"地向前移动。

在这里推荐一种更为高效的删除字符串中特定字符的方法，该算法的核心思想是只考虑将不需要删除的字符一次性地移动到它最终的位置上，而不考虑要删除的那些字符。该算法需要使用 dst 和 src 两个指针（数组下标），dst 指向该字符数组中字符最终要移动到的位置，src 则指向当前正在扫描的字符。如果当前正在扫描的字符 srcStr[src]不需要被删除，则将 srcStr[src] 赋值给 srcStr[dst]，表示将字符 srcStr[src]移动到它最终的位置上。然后执行 dst++和 src++，继续扫描数组中的下一个字符，如果当前正在扫描的字符需要被删除，则只执行 src++，表示当前扫描的这个字符将不会被移动到 srcStr[dst]位置上，忽略它并继续扫描下一个字符。

按照上述步骤循环操作，直到指针 src 指向数组的末尾，最终 removeStr 中的所有字符都会被从 srcStr 中删除。按照上述方法删除 srcStr 中的字符时不需要整块地移动数组元素，而只是指执行 src++操作来忽略这个元素，所以其时间复杂度仅为 $O(1)$，而且不需要额外开辟内存空间。

需要注意的是，经过上述一系列操作，数组 srcStr 内存空间的大小并不会改变，改变的只是数组中字符的位置以及数组的实际长度（数组的长度和数组的容量不是一个概念）。其中的一些元素将被覆盖，最终保留下来的元素会紧凑地排列在数组 srcStr 的前部，数组下标 dst 将指向数组中有效元素的下一位，所以此时数组的长度为 dst，它将被函数 removeChars()返回。例如从数组 srcStr={'a','e','a','b','f','e'}中删除字符 removeStr={'e','a'}后，数组 srcStr 的状态如图 10-32 所示。

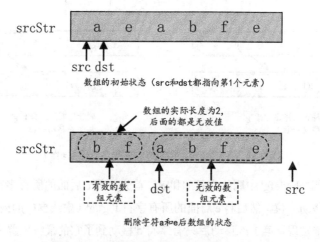

图 10-32 从数组 srcStr 中删除 removeStr 中的字符

综上所述，改进后的 removeChars()函数的时间复杂度仅为 O(n)，在算法性能上大为提高。下面给出改进后的 removeChars()函数的代码实现。

```
public static int removeChars(char srcStr[], char removeStr[]) {
    int src=0, dst=0;
    HashSet set = new HashSet<Character>();

    for (int i=0; i<removeStr.length; i++) {
        set.add(removeStr[i]);    //将 removeStr 中的元素保存到 HashSet
    }

    for (src=0; src<srcStr.length; src++) {
        if (set.add(srcStr[src])) {
            //srcStr[src] 可以加入 HashSet
            //说明 srcStr[src] 与 removeStr 里面的元素不重复
            //所以不需要删除
            srcStr[dst] = srcStr[src];   //将 srcStr[src] 移动到最终的位置上
            dst++;
            set.remove(srcStr[src]);       //再将 srcStr[src] 从 HashSet 中移除
        }
    }
    //返回删除元素后数组的长度，因为 dst 最终会指向有效元素的下一位
    //所以 dst 的值等于数组的长度 (有效元素的数量)
    return dst;
}
```

下面给出测试程序。

```
public static void main(String[] src) {
    char[] srcStr = {'a','e','a','b','f','e'};
    char[] removeStr = {'e','a'};
    int len = removeChars(srcStr,removeStr);
    System.out.println(" The result of deleting specific characters is ");
    for (int i=0; i<len; i++) {
        System.out.print(srcStr[i] + " ");
    }
}
```

在测试程序中，首先初始化字符数组 srcStr={'a','e','a','b','f','e'} removeStr = {'e','a'}，然后调用
函数 removeChars(srcStr,removeStr) 从数组 srcStr 中删除与 removeStr 中重复的字符。最后将数组
srcStr 中的元素输出。需要注意的是，删除特定字符后，数组 srcStr 的长度变为 len，也就是数
组中有效元素的数量为 len，因此这里只需要循环 len 次输出 srcStr 中的元素，而不是循环
srcStr.length 次。测试程序的运行结果如图 10-33 所示。

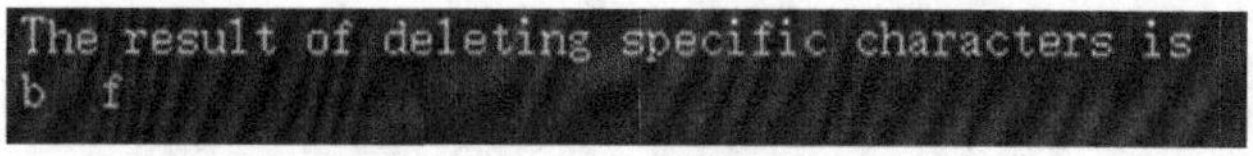

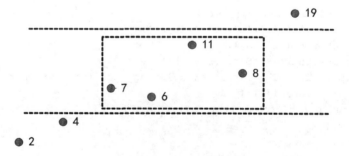

The result of deleting specific characters is
b   f

图 10-33   运行结果

本题完整的代码可从"微信公众号@算法匠人→匠人作品→《算法大爆炸》全书源代码资源→10-10"中获取。

10.11   最短连续子数组问题

题目描述：

给定一个整数数组，请寻找一个连续的子数组，如果对这个子数组进行升序排列，那么整个数组都会变为升序排列。要求找到的子数组最短并输出它的长度。

例如，给定数组 array[7]={2, 4, 7, 6, 11, 8, 19}，输出的结果应为 4。因为最短连续子数组为 {7, 6, 11, 8}，如果将其升序排列可得到{6, 7, 8, 11}，这样整个数组就变为{2, 4, 6, 7, 8, 11, 19}，即从小到大排列。

题目难度： ★★

题目分析：

如果数组中各元素的大小如图 10-34 所示，那么我们要寻找的子数组就是虚线框出的部分。

19

11

8

7

6

4

2

图 10-34   数组中的元素分布

如图 10-34 所示，虚线框左侧的元素都小于虚线框中的元素并且是递增的，虚线框右侧的元素都大于虚线框中的元素并且也是递增的。不难想象，如果将虚线框中的元素从小到大排序，整个数组将按值有序递增。

所以只要先将整个数组从小到大排列，再与原数组中的元素进行比较就可以找出最短连续子数组。具体做法如下。

（1）从前向后逐一比较两个数组中的元素，将找到的第 1 个不同元素作为该最短子数组的起点。

（2）将两个数组中的元素从后向前逐一比较，找到的第 1 个不同元素就是最短子数组的终点。

通过这两次比较，可以准确定位最短连续子数组的起点和终点，从而计算出最短连续子数组的长度。图 10-35 形象地展示了寻找连续最短子数组起始点的过程。

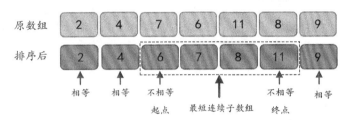

图 10-35　寻找连续最短子数组起始点的过程

下面给出该算法的 Java 代码实现。

```java
public static int getContinuousSubArray(int[] array) {
    int[] tmpArray = new int[array.length];
    int start = 0;
    int end = 0;
    //将原数组 array 拷贝到 tmpArray 中，用来排序
    System.arraycopy(array,0,tmpArray,0,array.length);
    sort(tmpArray); //将数组从小到大排序
    //寻找起点
    for (int i=0; i<array.length; i++) {
        if (array[i] != tmpArray[i]) {
            start = i;
            break;
        }
    }
    //寻找终点
    for (int i=array.length-1; i>=0; i--) {
        if (array[i] != tmpArray[i]) {
            end = i;
            break;
        }
    }
    if (end==0 && start==0) {
        return 0;
```

```
    }
    return (end-start+1);
}
private static void sort(int[] array) {
    for(int i=1; i<array.length; i++) {
        int tmp = array[i];
        int j = i - 1;
        while(j>=0 && tmp < array[j]) {
            array[j+1] = array[j--];
        }
        array[j+1] = tmp;
    }
}
```

下面给出本题的测试程序。

```
public static void main(String[] args) {
    int[] a = {2,4,7,6,11,8,19};
    int len;
    len = getContinuousSubArray(a);
    System.out.println("The length of continuous sub array is " + len);
}
```

本程序的运行结果如图 10-36 所示。

The length of continuous sub array is 4

图 10-36　运行结果

本题完整的代码可从"微信公众号@算法匠人→匠人作品→《算法大爆炸》全书源代码资源→10-11"中获取。

10.12　字符数组的内容重排

题目描述：

给定一个字符数组，数组中包括英文字母、数字、符号 3 类元素。要求在不额外开辟数组的前提下，将字符数组中的内容进行重新排列，经过处理后的字符数组中的内容按照字母、数字、符号的顺序存放。另外，要求不改变同类在数组中的顺序。

例如，给定的字符数组为{'A','$','b','3','1','#'}，重排后的数组为：{'A','b','3','1','$','#'}。

题目难度：★★★

题目分析：

本题可以参考 10.2 节中的解法,首先找到该字符数组中第 1 个非字母的元素(数字或符号),并用变量 i 指向该元素,然后用变量 j 扫描后续元素,当发现第 1 个字母元素时将其移动到 i 指向的元素的位置(数组元素的批量移动),最后执行 i++ 操作,并使用变量 j 继续扫描后续元素。

按照上述步骤操作,经过一次扫描(使用变量 j 扫描完整个数组)就可将全部字母元素集中到数组的前部。但是此时数组的后半部分仍然是数字元素和符号元素混合排列的状态,所以还需要一次扫描(只针对后半部分)将数字元素和符号元素分离。如图 10-37 所示。

第1次扫描后数组的状态   第2次扫描后数组的状态

图 10-37 经过 2 次扫描可将字符数组的内容重新排列

下面介绍一种更加巧妙的方法来解决字符数组的内容重排问题。我们先给出该算法的代码实现,然后结合代码进行详细讲解。

```
public static void parseCharArray(char[] array) {
    boolean changed = false;
    int n = array.length;
    do {
        changed = false;
        for(int i=1;i<n;i++) {
            if( compare(array[i-1],array[i])<0 ) {
                changed = true;
                char tmp = array[i-1];
                array[i-1] = array[i];
                array[i] = tmp;
            }
        }
        n--;
    } while (changed);
}
```

该算法通过一个 do-while 循环内嵌一个 for 循环实现字符串中字符的重新排列。在内层 for 循环中通过一个 compare()函数对字符串中相邻的两个字符 array[i-1]和 array[i]进行比较,并根据比较的结果决定是否交换 array[i-1]和 array[i]的位置。所以 compare()函数是该算法的一个关键子函数。compare(a,b)函数的比较规则如表 10-1 所示。

表 10-1 compare(a,b)函数的比较规则

a \ b	字母字符	数字字符	其他符号
字母字符	0	1	1
数字字符	−1	0	1
其他符号	−1	−1	0

当 compare(a,b)的返回值为−1 时，交换字符 a、b 在数组中的位置，这样每次的内层 for 循环都尽量将字母字符交换到数组的前端，将数字字符交换到数组的中间，将其他字符交换到数组的后端。如果比较的两个字符是同类的，则 compare(a,b)的返回值为 0，不交换字符的位置，因此可以满足"不改变字母、数字和其他符号在字符数组中的顺序"的要求。

如果在本次的内层 for 循环中发生了相邻元素的交换，则将变量 changed 置为 true，说明此时字符数组中的字符顺序不是最终结果，还要进行下一次比较。如果本次循环中没有发生相邻元素的交换，则说明字符数组中的字符已按照字母、数字、其他符号的顺序排列了，只有这样 compare()函数才不会返回−1。在这种情况下，变量 changed 保持为 false，外层的 do-while 循环将被终止，字符重排操作结束。

该算法中的字符比较函数 compare(a,b)的实现如下。

```
private static int compare(char a,char b) {      //比较字符a和b
    if(isAlpha(a)) {
        if(isAlpha(b)) {
            return 0;                //a是字母，b是字母，返回0
        }
        else {
            return 1;                //a是字母，b不是字母，返回1
        }
    }
    else if(isDigit(a)) {
        if(isAlpha(b)) {
            return -1;               //a是数字，b是字母，返回-1
        }
        else if(isDigit(b)) {
            return 0;                //a是数字，b是数字，返回0
        }
        else {
            return 1;                //a是数字，b是其他符号，返回1
        }
    }
    else {
```

```
    if(isAlpha(b) || isDigit(b)) {
        return -1;                    //a是其他符号，b是数字或字母，返回-1
    }
    else {
        return 0;                     //a是其他符号，b是其他符号，返回0
    }
  }
}
```

判断一个字符是否是字母字符的函数 isAlpha(char c)以及判断一个字符是否是数字字符的函数 isDigit(char c)的实现如下。

```
private static boolean isAlpha(char c) {   //判断参数c是否是字母字符
    if ((c>='a' && c<='z') ||
        (c>='A' && c<='Z')) {
        return true;                  //是字母字符，返回true
    } else {
        return false;                 //不是字母字符，返回false
    }
}

private static boolean isDigit(char c) {   //判断参数c是否是数字字符
    if (c>='0' && c<='9') {
        return true;                  //是数字字符，返回true
    }
    return false;                     //不是数字字符，返回false
}
```

上述算法借鉴了排序算法中的冒泡排序法。每一次的内层 for 循环都相当于冒泡排序中的一次排序过程。第 k 次的内层 for 循环可以确保 array[n-k]上的数组元素是最终的，所以每执行一次内层 for 循环，都会执行 n--操作，这样下一次排序的字符数组长度可减 1。当 for 循环中不再有相邻字符的交换时，说明数组中的字符已按照"字母、数字、其他符号"的顺序排列，可以通过给标记变量 changed 置 false 的方法提前结束外层的 do-while 循环，以避免冗余操作。

下面给出本题的测试程序。

```
public static void main(String[] args) {
    char[] array = {'1','w','3','5','a','b','#','&','2','$','p','0'};
    ParseCharArrayTest.parseCharArray(array);
    System.out.println(" The contents of the reordered array are as follows");
    System.out.println(array);
}
```

本程序的运行结果如图 10-38 所示。

```
The contents of the reordered array are as follows
wabp13520#&$
```

图 10-38 运行结果

本题完整的代码可从“微信公众号@算法匠人→匠人作品→《算法大爆炸》全书源代码资源→10-12”中获取。

10.13 字符串数组类面试题解题技巧

本章为大家详细讲解了 12 道经典的字符串与数组类面试题。如果读者认真分析就会发现，这些题目的解法是有章可循的。本节我们就结合这些经典的面试题，总结一下字符串、数组类面试题的解题技巧。

1. 双指针法

所谓双指针法，就是利用两个指针（数组下标）对数组进行遍历，从而找到问题的答案。双指针法的应用场景主要包括以下几个。

（1）数组元素的逆置问题。

我们在第 1 章讲过，数组元素的地址是连续的，所以在数组中插入或删除一个元素需要批量移动数组元素。如果使用“删除—插入”元素的传统方法将数组的元素逆置，那么每移动一个元素的时间复杂度都是 $O(n)$级别的，这样完成数组元素逆置操作的时间复杂度就是 $O(n^2)$。如果采用双指针法，用指针 low 指向数组的头部，指针 high 指向数组的尾部，然后将 low 和 high 指向的元素交换，再执行 low++和 high--操作，那么只需要 $O(n)$的时间复杂度便可完成数组元素逆置的操作。双指针法之所以高效，是因为它实现了数组元素的“跨越式移动”。

本章 10.1 节的题目就是一个很好的实例。通过双指针法直接将数组两端的奇数和偶数交换，可以避免冗余的元素移动操作，只需 $O(n)$的时间复杂度便可实现数组元素的奇偶重排。

（2）基于元素有序的数组问题。

对于元素有序的数组问题，我们首先应当想到的就是双指针法。本书 10.3 节中介绍的就是典型的利用双指针法可以解决的问题。因为数组本身是按值有序的（从小到大排列），所以当两个指针指向的元素之和小于目标值时，就将 low 指针加 1，这样新指向的两个元素之和会增大。同理，当两个指针指向的元素之和大于目标值 target 时，就将 high 指针减 1，这样新指向的两个元素之和会减小。利用两个指针“一个从前向后，一个从后向前”扫描数组的办法，只需要

$O(n)$的时间复杂度就可以从有序数组中找到和等于 target 的两个元素。

双指针法不仅适用于基于一个有序数组的问题，对于基于两个有序数组的问题同样适用。例如计算两个有序数组的交集，同样可以采用双指针法求解。类似的问题还有将两个有序数组合并为一个有序数组等，也可以采用双指针法求解。

（3）判断数组元素的对称性。

双指针法还可以用来判断数组元素的对称性。例如判断一个字符串是否是回文字符串，就可以利用指针 low 和 high，将 low 指向字符串的头部，high 指向字符串的尾部，然后将两指针循环靠拢（low++，high--），在循环的过程中比较 low 和 high 指向的元素是否相等。只要出现不相等的情况，就可以判定该字符串不是回文字符串。当 low==high，或者 low>high 时，该字符串是回文字符串。

2. 锁定起点和滑动窗口

从一个数组或字符串中找到某个符合要求的子数组或子串的问题是许多大厂面试的高频考题，也是有难度的问题。解决这类问题的常规方法是锁定起点法和滑动窗口法。

（1）锁定起点法。

锁定起点法的思想比较简单：在数组中锁定不同的元素，然后以锁定的元素为起点向后扫描。在扫描的过程中判断当前扫描过的子串是否满足题目的要求，如果满足要求则找到了一个答案（可能不是最终答案）。如果直到数组尾部，都不能找到满足题目要求的子串，则表示以该元素为起点的子串不能满足题目的要求，于是要改变起点（通常将下一个元素作为新的起点），重新寻找满足要求的子串。10.8 节给出了锁定起点法的实现。

锁定起点法的优点是算法简单、易于实现，缺点是算法的时间复杂度较高（$O(n^2)$级别）。

我们还可以在锁定起点法的基础上根据题目的要求对算法进行改进，使其性能得到提高。例如在 10.9 节中，在选择新的起点时，就不需要将起点锁定到下一个元素，而是将重复字符后的字符作为新的起点向后扫描，这样可以避免重复的比较运算，使算法的性能得到提高。

（2）滑动窗口法。

锁定起点法虽然实现简单，但是性能较差，即使是改进后的锁定起点法，其时间复杂度也是 $O(n^2)$级别的。所以对于"寻找满足条件的子数组、子串"等问题，我们更推荐使用滑动窗口法。

滑动窗口法的性能之所以高于锁定起点法，是因为锁定起点法只关注扫描数组的起点，锁定起点后就以该起点为基础重新寻找符合条件的子数组。在这个过程中需要重新计算和判断当前子数组是否满足条件，所以会产生大量重复计算。而滑动窗口法关注的是由起点 start 和终点

end 框定的窗口内的子数组，当滑动窗口的长度发生改变时会判断当前子数组是否满足条件，所以滑动窗口法的时间复杂度为 $O(n)$。

3. 字符串函数和容器类

任何编程语言都会提供一些高效的字符串处理函数（例如库函数或类的成员函数），如果能够灵活掌握并使用这些函数，就可以写出简洁高效的代码。

例如在 10.7 节中，需要从字符串 shorterStr 中截取长度为 i 的子串。此时就可以直接调用 String 类的 substring(index1,index2)函数，非常简便快捷。再例如判断字符串 subStr 是否是字符串 longerStr 的子串，如果要自己写代码实现这个操作则比较费时，其实大可不必这样麻烦，只需要调用 String 类的 indexOf(subStr)函数就可以判断 subStr 是否是 longerStr 的子串。灵活使用这些系统预定义好的字符串处理函数可以达到事半功倍的效果。

在 Java 中，容器类也是帮助我们高效地处理字符串数组问题的有力工具。在 10.10 节中，要求从字符数组 srcStr 中删除数组 removeStr 中指定的字符，此时需要判断 srcStr 中的字符是否也出现在 removeStr 中，进而决定是否要从数组 srcStr 中删除该字符。按照常规的做法，判断一个字符是否出现在数组中是需要顺序遍历该数组的，其时间复杂度为 $O(n)$，如果使用 Java 容器类 HashSet 辅助判断字符是否存在重复，则仅需要 $O(1)$量级的运算，性能大幅提高。

因此，我们在解决字符串数组类问题时应当善于灵活使用字符串处理函数及相关容器类，这样既可以使代码简洁干净，又可以使程序高效健壮。

4. 排序算法

当数组处于无序状态时，有些问题是很难解决的，例如 10.11 节中的题目。如果先将整个数组从小到大排列，就可以得到该数组最终的状态，然后将排序后的数组与当前的数组进行比对，就可以很容易地划定这个子数组的范围。相反，如果没有排序的思想，要解决这个题目则是非常困难的。

10.12 节的题目的本质也是排序，只不过不是按照数组元素值的大小排序的，而是需要重新定义一套比较大小的规则（如表 10-1 所示）。能想到这一点，就可以借助任何一种排序算法的思想轻松解答此题。

第11章
线性结构类面试题

线性结构包括数组（顺序表）、链表，以及基于数组和链表实现的栈和队列。关于数组类的问题，我们已在第 10 章中介绍。本章重点介绍一些经典的链表和栈类的面试题目。

11.1　约瑟夫环

题目描述：

编号为 1~N 的 N 个人顺时针围成一个圈，每人都持有一个密码（正整数）。开始时任选一个正整数作为报数上限值 M，从编号为 1 的人开始沿顺时针方向从 1 报数，报到 M 时停止。报 M 的人出列，并将他手中的密码作为新的报数上限，从他顺时针方向的下一个人开始从 1 报数，如此下去，直至所有人都出列。编写一个程序，求这些人的出列顺序。

本题难度：★★

题目分析：

约瑟夫环是经典的数据结构问题，最简单的解法是使用一个循环链表来存储约瑟夫环中每个人的编号和手中的密码，然后按照规则执行报数和出列的动作。其中，报数对应的是循环链表的循环遍历操作，出列对应的是循环链表的删除节点操作。

首先需要确定链表节点的结构，可以定义该循环链表的节点如下。

```
class Node {
    int id;                 //成员编号
    int key;                //手中的密码
    Node next;              //指针域，指向下一个节点
    public Node (int id,int key) {
    //构造函数，在构造节点对象时为 id 和 key 赋值
        this.id = id;
        this.key = key;
```

```
        this.next = null;
    }
}
```

每个链表节点中都包含一个成员编号 id 和一个密码 key，以及指向后继节点的指针 next。创建一个约瑟夫环的代码如下。

```
public class JosephCircle {
    Node mHead = null;  //循环链表的头指针

    public void creatJosephCircle(HashMap<Integer, Integer> members) {
        Node p;
        p = mHead = new Node(1,members.get(1));  //创建约瑟夫环的第 1 个节点
        for (int i =2; i<=members.size(); i++) {
            p.next = new Node(i,members.get(i)); //创建约瑟夫环的其他节点
            p = p.next;
        }
        p.next = mHead; //最后一个节点的 next 域指向头节点 mHead，构成一个循环链表
    }
}
```

上述代码中定义了一个类 JosephCircle，该类中有一个 Node 类型的成员变量 mHead，它表示构成约瑟夫环的循环链表的头指针。函数 creatJosephCircle() 的作用是创建一个约瑟夫环（循环链表），约瑟夫环中节点的内容由参数 members 指定。参数 members 是一个 HashMap 对象，它的 key 表示循环链表节点中的成员编号，与之对应的 value 表示循环链表节点中成员手中的密码。在函数 creatJosephCircle() 中，通过循环操作从 HashMap 对象 members 中获取 id 和 key 的值，然后调用 Node 类的构造函数创建约瑟夫环的链表节点，并建立节点之间的关联关系。最终在堆内存中创建一个单向循环链表，也就是本题需要的约瑟夫环。

接下来要对这个约瑟夫环执行报数、出列、重置报数上限等操作。这个操作我们仍然定义在类 JosephCircle 中，作为该类的一个成员函数。该函数定义如下。

```
public void run(int m) {
    Node p = mHead;
    Node q = mHead;
    //通过循环使 q 指向头节点的前一个节点
    while (q.next != mHead) {
        q = q.next;
    }

    while (p != q) {
        //通过 for 循环使 p 指向最终要删除的节点
```

```
    //q指向p的前一个节点
    for (int i=1;i<m; i++) {
        q = p;          //q指向p指向的节点
        p = p.next;     //p指向后一个节点
    }
    System.out.print(p.id + " ");  //打印p节点（出队节点）的id
    m = p.key;              //将p节点的密码作为下一次报数的上限
    q.next = p.next;        //删除p指向的节点
    p = q.next;
  }
  System.out.print(p.id + " ");  //打印最后一个出队节点的id
}
```

run(int m)函数的作用是对创建好的约瑟夫环执行报数、出列、重置报数上限等操作。首先设置指针 p 和 q，p 指向循环链表的头节点 mHead，然后通过循环操作使 q 指向头节点的前一个节点。这样便形成了初始状态，如图 11-1 所示。

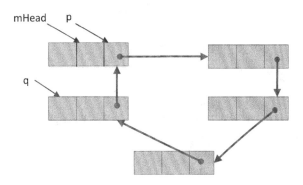

图 11-1　指针 p 和 q 的初始状态

接下来动态地执行报数、出列、重置报数上限的动作，每出列一个成员，实际上就是在循环链表中删除一个节点。输出该节点的 id 作为出队序列，同时将该节点的密码 key 作为下一次的报数上限 m。代码如下。

```
while (p != q) {
    //通过for循环使p指向最终要删除的节点
    //q指向p的前一个节点
    for (int i=1;i<m; i++) {
        q = p;          //q指向p指向的节点
        p = p.next;     //p指向后一个节点
    }
    System.out.print(p.id + " ");  //打印p节点（出队节点）的id
    m = p.key;                  //将p节点的密码作为下一次的报数上限m
```

```
    q.next = p.next;        //删除 p 指向的节点
    p = q.next;
}
System.out.print(p.id + " ");  //打印最后一个出队节点的 id
```

当指针 p 不等于 q 时,表明该循环链表中不只有一个节点,循环继续。每次循环指针 p 和 q 都顺次后移 m–1 次,最终指针 p 指向要出列的成员节点,指针 q 指向其前驱节点。然后通过指针 q 从链表中删除要出列的节点,通过指针 p 读出出列节点的 id 和 key。将 id 作为出列序列输出,将 key 赋值给 m 作为下一次循环的报数上限。

当循环链表中只剩下一个节点时,指针 p 和 q 指向同一个节点,但不一定是 mHead 所指向的节点,如图 11-2 所示。此时约瑟夫环中只剩下一个成员,其他的成员都已出列,那么这个成员手中的密码也没有用了,于是输出该节点中的成员 id 即可。

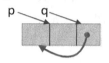

图 11-2　循环链表中只剩下一个节点

下面给出本题的测试程序。

```
public static void main(String[] args) {
    HashMap<Integer, Integer> ms = new HashMap<Integer, Integer>();
    ms.put(1,3);
    ms.put(2,1);
    ms.put(3,7);
    ms.put(4,2);
    ms.put(5,4);
    ms.put(6,8);
    ms.put(7,4);
    JosephCircle jc = new JosephCircle();
    jc.creatJosephCircle(ms);
    System.out.println("The order of leaving Joseph Circle");
    jc.run(6);
}
```

在 main()函数中,首先创建一个 HashMap 的对象 ms 用来存放约瑟夫环中成员的信息,然后创建一个 JosephCircle 类型的对象 jc,并调用 creatJosephCircle(ms)函数创建约瑟夫环。最后调用 run(6)函数执行报数、出列、重置报数上限 m 的操作,初始的上限值为 6。程序的运行结果如图 11-3 所示。

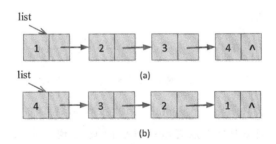

图 11-3　运行结果

本题完整的代码及测试程序可从"微信公众号@算法匠人→匠人作品→《算法大爆炸》全书源代码资源→11-1"中获取。

11.2　单链表的逆置

题目描述：

编写一个程序，实现单链表的逆置，原链表的数据元素为$(a_1, a_2, a_3, \cdots, a_{n-1}, a_n)$，链表逆置后变为$(a_n, a_{n-1}, \cdots, a_3, a_2, a_1)$。要求不增加新的链表节点空间。

本题难度：★★

题目分析：

在不增加新节点的前提下，通过修改链表中节点的指针实现链表的逆置。如图 11-4 所示，(a)为原链表，逆置后变为(b)，(b)中的每个节点都是(a)中原有的节点，无须开辟新的节点空间，只是节点顺序发生了改变。

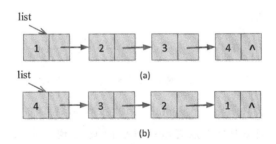

图 11-4　原链表与逆置后的链表

单链表的逆置也是一个很经典的算法，通过 3 个指向不同节点的指针完成链表的逆置。算法的代码如下。

```
public class MyLinkedList {
    Node mHead;
    void reverseLinkList() {
        Node p, q, r;
        p = mHead;
        q = null;
        r = null;
```

```
    while (p != null) {
        r = q;
        q = p;
        p = p.next;
        q.next = r;
    }
    mHead = q;
}
}
```

reverseLinkList()可定义在链表类 MyLinkedList 中，作用是将以 mHead 为头节点的单链表逆置。这里使用指针 p、q、r 完成链表的逆置。下面我们通过一个实例来讲解这个算法。

假设初始状态下的链表 mHead 如图 11-5 所示。此时头指针 mHead 和指针 p 都指向链表的第 1 个节点，将指针 q 和 r 初始化为 null。

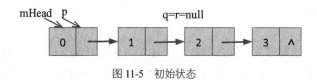

图 11-5　初始状态

接下来进入一个循环。第 1 次循环后，指针 p、q、r 及链表的状态如图 11-6 所示。

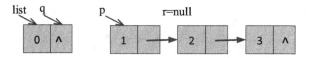

图 11-6　第 1 次循环后，指针 p、q、r 及链表的状态

我们看到，第 1 次循环后指针 r 为 null，指针 q 指向原链表的第 1 个节点，指针 p 指向原链表的第 2 个节点，指针 q 指向节点的 next 等于 r 的值，也就是 null。这样原链表中第 1 个节点与第 2 个节点之间就"断开"了。此时指针 p 不为 null，所以要继续循环，第 2 次循环后，指针 p、q、r 及链表的状态如图 11-7 所示。

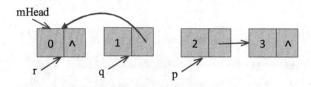

图 11-7　第 2 次循环后，指针 p、q、r 及链表的状态

我们看到，第 2 次循环后指针 r 指向原链表的第 1 个节点，指针 q 指向原链表的第 2 个节

点，指针 p 指向原链表的第 3 个节点，指针 q 指向节点的 next 域为 r 的值，即原链表的第 1 个
节点的地址。此时原链表的第 1 个节点和第 2 个节点的顺序已经改变，第 1 个节点变为第 2 个
节点的后继节点。

　　细心的读者可能已经找出其中的规律：（1）将指针 q 赋值给指针 r；（2）将指针 q 和 p 分别
后移；（3）通过赋值语句"q.next=r;"将 r 指向的节点置为 q 指向节点的后继节点，从而实现 r
节点与 q 节点的逆置。按照这种方式循环，直到 p 等于 null。第 3 次循环和第 4 次循环后，指
针 p、q、r 及链表的状态如图 11-8 所示。

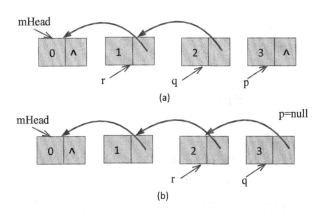

图 11-8　第 3、4 次循环后，指针 p、q、r 及链表的状态

　　如图 11-8(b) 所示，循环结束后指针 p 等于 null，指针 q 指向原链表中的最后一个节点，指
针 r 指向原链表中的倒数第 2 个节点，但是这两个节点的逻辑顺序已经改变，此时 r 节点是 q
节点的后继节点。

　　最后将 q 的值赋给 mHead，这样 mHead 就指向了原链表的最后一个节点，也就是逆置后链
表的第 1 个节点。

　　下面给出本题的测试程序。

```
public static void main(String[] args) {
    MyLinkedList list = new MyLinkedList();
    list.insertNode(5,1);
    list.insertNode(4,2);
    list.insertNode(3,3);
    list.insertNode(2,4);
    list.insertNode(1,5);
    list.reverseLinkList();
    list.printLinkedList();
}
```

在 main()函数中首先定义一个 MyLinkedList 类的链表对象，并调用 MyLinkedList 类的 insertNode(int data, int index)函数向链表中插入整数元素（该函数的定义见 1.2 节），初始化后的链表形态为 mHead→5→4→3→2→1→null。

然后调用 reverseLinkList()对链表进行逆置，最后调用 printLinkedList()函数打印逆置后的链表中的数据。运行结果如图 11-9 所示。

图 11-9　运行结果

本题完整的代码及测试程序可从"微信公众号@算法匠人→匠人作品→《算法大爆炸》全书源代码资源→11-2"中获取。

11.3　判断链表中是否存在循环结构

题目描述：

给定一个链表，可能是以 null 结尾的非循环链表，也可能是带有循环结构的循环链表。这里的循环结构指链表中某个节点的 next 域指向它之前的某个节点，并不一定是第 1 个节点。已知这个链表的头指针，请编写一个函数来判断该链表是否存在循环结构。要求函数不得修改链表本身。

本题难度：★★

题目分析：

本题定义的循环链表与传统意义上的循环链表略有不同。一般的循环链表指单链表的最后一个节点的指针域指向链表的头节点或者第 1 个节点，本题中的循环链表指更加广义的循环链表。如图 11-10 所示，这些链表结构都可以被称为循环链表。

我们不妨给链表中指向前面某个节点的节点起个名字，叫作循环节点。如果这个链表中存在循环节点，那么它就是循环链表，否则就不是循环链表。本题的难点在于如何判断链表中是否存在循环节点。

如果本题中定义的循环链表就是传统意义上的循环链表（即最后一个节点的指针域指向链表的头节点），那么只需用一个指针 p 指向链表的头节点，用另一个指针 q 遍历链表，如果遍历过程中 q.next 等于 null，则说明该链表不是循环链表；如果遍历过程中 q.next 等于 p，则说明该链表是循环链表（此时 q 节点就是循环节点）。但是对于本题，即使链表存在循环节点，我们也不知道循环节点的 next 域指向谁，所以问题更加复杂。

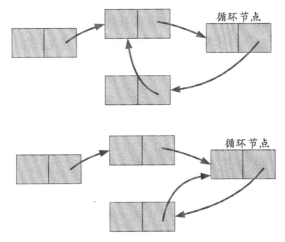

图 11-10　不同形式的循环链表

　　既然循环节点的 next 域指向谁无法确定，那么我们不妨用一个动态数组记录下每次访问到的节点地址，每访问一个节点，都在这个动态数组中查找当前访问节点的 next 域地址。如果该地址存在，则说明当前访问的节点是循环节点，该链表是循环链表。如果该地址不存在，则继续访问下一个节点，如此循环，直到找到循环节点或者遇到 null。

　　这个方法不失为一种解法，但其空间复杂度为 $O(n)$。如果链表很长而环又很小，如图 11-11 所示，那么使用这种方法进行判断会消耗大量的内存空间。

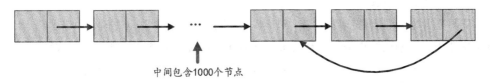

中间包含1000个节点

图 11-11　链表很长但环很小

　　下面介绍一个经典而巧妙的算法，该算法不需要占用额外的内存空间，时间复杂度为 $O(n)$。

　　该算法被称为快慢指针法，采用指针 fast 和 slow 分别指向链表的两个节点，在初始条件下，slow 指向链表的第 1 个节点，fast 指向其下一个节点。然后两个指针顺序向后遍历链表，在遍历过程中指针 slow 一次只访问一个链表节点，而指针 fast 一次访问两个链表节点。每完成一次访问都要判断 slow 是否等于 fast，或者 fast 是否为 null。如果 slow 等于 fast，则说明该链表是循环链表；如果 fast 等于 null，则说明该链表不是循环链表。

　　我们可以形象地将该算法的比较过程想象成在环形跑道上赛跑，fast 指针相当于跑得快的运动员，slow 指针相当于跑得慢的运动员。如果两名运动员保持各自的速度不变（即 fast 一次访问两个节点，slow 一次访问一个节点），那么跑得快的运动员一定能超过跑得慢的运动员一圈，也就是算法中 slow 等于 fast 的情形。如果跑道是直的，那么跑得快的运动员一定会先到达终点，也就是 fast 等于 null 的情形。

该算法的代码如下。

```java
public boolean isLoopLinkList() {
    Node fast, slow;
    fast = mHead.next;
    slow = mHead;

    while (true) {
        if (fast == null || fast.next == null) {
            return false;
        } else if (fast == slow || fast.next == slow) {
            return true;
        } else {
            fast = fast.next.next;
            slow = slow.next;
        }
    }
}
```

函数 isLoopLinkList()的作用是判断以 mHead 为头节点的链表是否是循环链表，如果是，则返回 true，否则返回 false。

首先将指针 slow 指向链表的第 1 个节点，将指针 fast 指向 slow 的下一个节点，然后进入循环遍历链表。在遍历过程中，先判断 fast 或者 fast.next 是否等于 null。在每次循环中，slow 只向后遍历一个节点，而 fast 向后遍历两个节点，如果该链表不是循环链表，则 fast 一定先跑到最后。所以只要 fast 或者 fast.next 有一个为 null，就说明该链表不是循环链表，程序返回 false。

接下来判断 fast 或者 fast.next 是否等于 slow。只要这两个节点中有一个是当前 slow 访问的节点，就说明该链表是循环链表，程序返回 true。

如果上述条件均不满足，则指针 fast 和 slow 继续遍历链表，slow 指针向后遍历一个节点，fast 指针向后遍历两个节点。

本题需要构造一个特殊形式的循环链表，为了让大家看清楚构造过程，这里给出完整的参考代码。

```java
public class MyLinkedList {
    Node mHead = null;
    public void createLinkedListWithCircle() {
        mHead = new Node(1);
```

```
    Node p = mHead;
    for (int i=2; i<=5; i++) {
        p.next = new Node(i);
        p = p.next;
    }
    //最终 p 指向链表的最后一个节点
    //将 mHead.next 赋值给 p.next 即可实现一个循环链表
    p.next = mHead.next;
}

public void createLinkedList() {
    mHead = new Node(1);
    Node p = mHead;
    for (int i=2; i<=5; i++) {
        p.next = new Node(i);
        p = p.next;
    }
}

public boolean isLoopLinkList() {
    //前文已有介绍，这里省略
}
public static void main (String[] args) {
    MyLinkedList linkedList_1 = new MyLinkedList();
    linkedList_1.createLinkedListWithCircle();
    MyLinkedList linkedList_2 = new MyLinkedList();
    linkedList_2.createLinkedList();
    String res1 = linkedList_1.isLoopLinkList()?
            "is loop linked list" : "is NOT loop linked list";
    System.out.println("linkedList_1 " + res1);
    String res2 = linkedList_2.isLoopLinkList()?
            "is loop linked list" : "is NOT loop linked list";
    System.out.println("linkedList_2 " + res2);
    }
}
```

在 main() 函数中，首先创建一个 MyLinkedList 类的对象 linkedList_1，然后调用 createLinkedListWithCircle() 为 linkedList_1 创建一个循环链表。该链表的最后一个节点的指针域指向了 mHead.next，也就是头节点的后继节点，当然它也可以指向前面的任意节点。

然后创建一个 MyLinkedList 类的对象 linkedList_2，并调用 createLinkedList() 为 linkedList_2 创建一个单链表。

最后调用函数 isLoopLinkList()判断这两个链表是否是循环链表，并将结果输出。运行结果如图 11-12 所示。

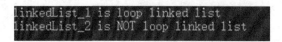

图 11-12　运行结果

本题完整的代码及测试程序可从"微信公众号@算法匠人→匠人作品→《算法大爆炸》全书源代码资源→11-3"中获取。

11.4　判断两个链表是否相交

题目描述：

编写一个程序，判断两个单链表是否相交。如果相交，则返回相交节点的指针，否则返回 null。

本题难度：★★

题目分析：

要想解答本题，首先要知道相交的两个单链表具有哪些特点。单链表的每个节点中只能包含一个指针域，在该指针域中存放后继节点的地址。如果两个单链表是相交的，那么从相交节点开始，后续的链表段只能是一条，两个链表共享这一条链表段，如图 11-13 所示。

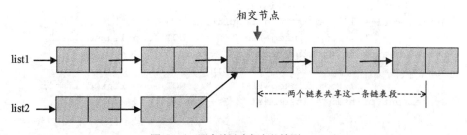

图 11-13　两个单链表相交的情形

链表相交的错误情形如图 11-14 所示，相交节点只能有一个后继节点（单链表的每个节点都最多只能有一个后继节点），而图 11-14 所示的相交节点出现了两个后继节点，这是不可能的。

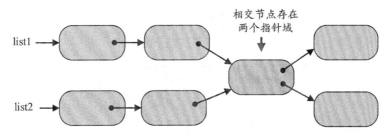

图 11-14　链表相交的错误情形

　　清楚了这一点，本题就很容易解答了。如果两个单链表是相交的，那么从两链表的头节点开始分别向后遍历这两个链表至最后一个节点，最终一定会指向同一个节点。

　　但是只知道两个链表是否相交还不够，因为题目要求"如果相交，则返回相交节点的指针"。怎样才能得到相交节点的指针呢？有的读者可能会想到下面这个方法。

　　使用两个指针同时从两链表的头节点开始向后遍历，如果指针相等了，则说明已遍历到这个相交节点，返回该节点的指针即可。

　　但是这个方法明显存在问题。因为我们无法确定这两个链表在相交节点之前一定是等长的（或者说无法确定这两个链表是等长的），所以该方法不能保证两个遍历指针同时到达相交节点。如图 11-15 所示。

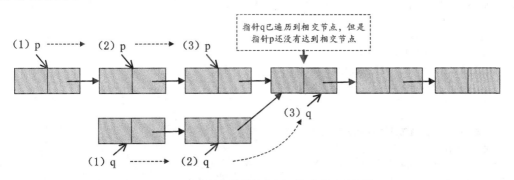

图 11-15　两个遍历指针没有同时达到相交节点的情形

　　但是上面这个方法也给了我们一些启发：如果先从较长的链表头部开始遍历一些节点，使得两个指针从两链表相交节点之前等长的地方开始同时向后遍历，就可以确保两个遍历指针同时到达相交节点，这样我们就能通过比较遍历指针是否相等的方法找到相交节点了。图 11-16 给出了指针 p 先从较长链表头部向后遍历 1 个节点的情况。

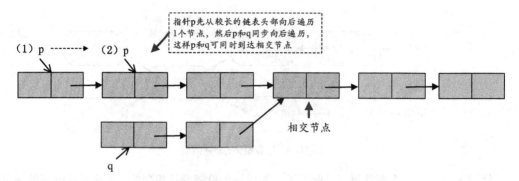

图 11-16　指针 p 先从较长链表头部向后遍历 1 个节点

下面给出该方法的代码描述。

```
public Node getFirstIntersectionNode() {
    if (head1 == null || head2 == null) {
        //只要链表 head1 或 head2 有一个为 nulll
        //则两链表不可能相交，返回 null 即可
        return null;
    }

    Node p1 = head1;
    Node p2 = head2;
    int len1 = 0;
    int len2 = 0;
    //通过 while 循环计算链表 head1 的长度
    while (p1.next != null) {
        p1 = p1.next;
        len1++;
    }
    //通过 while 循环计算链表 head2 的长度
    while (p2.next != null) {
        p2 = p2.next;
        len2++;
    }
    //如果最终 p1 和 p2 没有指向同一个节点，则说明两链表不相交，返回 null 即可
    if (p1 != p2) {
        return null;
    }

    if (len1 == len2) {
        //如果两链表长度相等，则 p1 和 p2 都从链表的头部开始向后遍历
        p1 = head1;
        p2 = head2;
```

```
    } else if(len1 > len2) {
        //如果 len1>len2，则 p1 先向后遍历 len1-len2 个节点
        p2 = head2;
        p1 = head1;
        for (int i=1; i<=len1-len2; i++) {
            p1 = p1.next;
        }
    } else {
        //如果 len1<len2，则 p2 先向后遍历 len2-len1 个节点
        p1 = head1;
        p2 = head2;
        for (int i=1; i<=len2-len1; i++) {
            p2 = p2.next;
        }
    }
    //p1 和 p2 同时向后遍历
    while (p1 != p2) {
        p1 = p1.next;
        p2 = p2.next;
    }
    return p1;
}
```

　　函数 getFirstIntersectionNode() 的作用是得到链表 head1 和 head2 的相交节点，并将该节点的指针返回，如果两个链表不相交，则返回 null。其中 head1 和 head2 是两个链表的头节点指针，它们都是类 MyLinkedLists 的成员变量。

　　首先将变量 p1 指向 head1 链表，将变量 p2 指向 head2 链表，然后将 p1 和 p2 分别向后遍历两个链表，同时用变量 len1 记录下链表 head1 的长度，用变量 len2 记录下链表 head2 的长度。

　　如果遍历结束后 p1 不等于 p2，则说明两个链表不相交，此时返回 null 即可。

　　如果遍历结束后 p1 等于 p2，则说明两个链表相交，接下来就要寻找这个相交节点。需要分三种情况讨论。

　　（1）如果 len1==len2，则说明两个链表等长，于是将 p1 重置为 head1，将 p2 重置为 head2，它们从两个链表的头部开始同时向后遍历。

　　（2）如果 len1>len2，则说明 len1 较长，于是先将 p1 重置为 head1，将 p2 重置为 head2，再将 p1 向后遍历 len1–len2 个节点，这样 p1 和 p2 距离相交节点的长度就相等了。

　　（3）如果 len1<len2，则说明 len2 较长，于是先将 p1 重置为 head1，将 p2 重置为 head2，再将 p2 向后遍历 len2–len1 个节点，这样 p1 和 p2 距离相交节点的长度就相等了。

　　最后通过 while 循环将 p1 和 p2 同时向后遍历，当 p1 等于 p2 时即为相交节点，返回 p1（或

p2）即可。

　　本题需要构造出两个相交的链表以验证函数 getFirstIntersectionNode()的正确性，所以这里给出完整的参考代码。

```java
public class MyLinkedLists {
    Node head1 = null;
    Node head2 = null;
    //创建两个相交的链表，它们的头节点分别是head1和head2
    public void createIntersectionLinkedLists() {
        Node cross = null;
        head1 = new Node(1);
        Node p = head1;
        for (int i=2;i<=10;i++) {
            p.next = new Node(i);
            p = p.next;
            if (i == 6) {
                cross = p;
            }
        }
        head2 = new Node(1);
        p = head2;
        for (int i=2;i<=5;i++) {
            p.next = new Node(i);
            p = p.next;
        }
        p.next = cross;
    }


    public Node getFirstIntersectionNode() {
        //前文已有介绍，这里省略

    }

    public static void main (String[] args) {
        MyLinkedList linkedLists = new MyLinkedLists();
        linkedLists.createIntersectionLinkedLists();
        Node node = linkedLists.getFirstIntersectionNode();
        if (node != null) {
            System.out.println("The intersection node is " + node.data);
        }
    }
}
```

在 main() 函数中，首先创建一个 MyLinkedLists 类的对象，然后调用 createIntersectionLinkedLists()函数创建两个相交的链表，如图 11-17 所示。

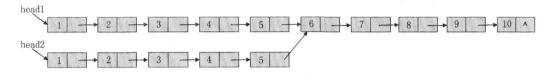

图 11-17　测试程序创建的相交链表

最后调用 getFirstIntersectionNode()函数获取相交节点的指针，并将该节点的数据输出。运行结果如图 11-18 所示。

```
The intersection node is 6
```

图 11-18　运行结果

本题完整的代码及测试程序可从"微信公众号@算法匠人→匠人作品→《算法大爆炸》全书源代码资源→11-4"中获取。

11.5　判断回文链表

题目描述：

编写一个程序，判断一个链表是否具有回文结构。回文结构指正向看和反向看数据的顺序都相同的结构，例如，链表 1→2→1 就是回文结构，链表 1→2→3→3→2→1 也是回文结构，而链表 1→2→3→4 不是回文结构。

本题难度：★★

题目分析：

如果将本题改为判断一个数组是否具有回文结构，则会容易很多。我们可以使用数组下标 low 和 high，其中 low 指向数组的头部，high 指向数组的尾部，然后比较 low 指向的元素和 high 指向的元素是否相等。如果不相等则该数组不具有回文结构，如果相等则执行 low++和 high--操作，使双指针向数组中间靠拢。循环执行上述操作，如果在 low<high 的条件下它们指向的元素都相等，则可判定该数组具有回文结构。

但是本题要求判断一个链表是否具有回文结构，而链表本身不支持随机访问，也就是说无法通过下标的方式直接访问到链表中指定位置的元素，所以不能采用上述方法求解本题。

　　细心的读者马上就能想到解决本题的方法：先将链表中的元素保存到一个数组中，利用双指针的方法判断它是否具有回文结构。这个方法可以很好地解决判断回文链表的问题，且思想简单、易于实现，有兴趣的读者可以尝试练习。

　　这里给出一个更为巧妙的方法——利用栈判定回文结构。栈结构的特点是数据的入栈顺序和出栈顺序相反，我们可以通过判断一个序列的正序和逆序是否相同，从而判断这个序列是否具有回文结构。举例来说，如果一个序列的入栈顺序为1、2、3、4、5，则它的出栈顺序是5、4、3、2、1，因为入栈序列不等于出栈序列，所以该序列不具有回文结构。如果一个序列的入栈顺序为1、2、3、2、1，则它的出栈顺序是1、2、3、2、1，因为入栈序列与出栈序列相同，所以该序列具有回文结构。

　　下面给出利用栈判定链表回文结构的代码。

```java
public class MyLinkedList {
    Node head = null;
    public boolean isPalindrome() {
        MyStack stack = new MyStack(5);
        Node p = head;
        while (p != null) {
            stack.push(p.data);  //将链表的内容顺序压入栈中
            p = p.next;
        }
        p = head;
        while (!stack.isEmpty()) {
            if (stack.pop() != p.data) {
                return false;  //如果出现不相等的情况则可判定链表不是回文结构
            }
            p = p.next;
        }
        return true;
    }
}
```

　　函数 isPalindrome() 的作用是判断以 head 为头节点的链表是否具有回文结构，如果具有回文结构则返回 true，否则返回 false。其中 head 是 MyLinkedList 类的成员变量，当生成一个单链表后，该单链表的头节点指针会被赋值给 head。

　　在 isPalindrome() 内部，首先创建一个 MyStack 类型的实例 stack（MyStack 是本书 1.2 节中定义过的栈类型），然后用 Node 类型的指针 p 指向链表的头节点 head，并用 p 从左到右顺序遍历整个单链表，同时将访问到的链表节点中的数据保存到 stack 中。

　　接下来再次将指针 p 指向链表的头节点 head，然后用 p 顺序遍历单链表，每访问到一个链

表元素的同时还要将栈顶元素取出（stack.pop()），并将 p.data 与栈顶元素进行比较，只要出现
不相等的情况，就判定该链表不是回文结构。当栈中的元素全部取出，而中途又没有因为
stack.pop()不等于 p.data 而返回 false 时，说明栈中的逆序序列与链表中的正序序列是完全相同
的，即可判定该链表是回文结构。

　　上述方法巧妙地利用了栈结构入栈顺序和出栈顺序相反的特性，实现了单链表回文结构的
判定。但是上述方法仍然存在优化的空间，如果一个序列是回文结构，那么该序列前半部分的
正序应该与后半部分的逆序相同，如图 11-19 所示。

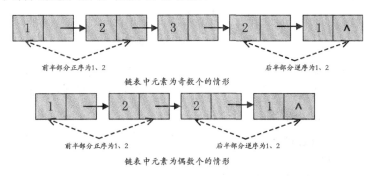

图 11-19　回文链表前半部分的正序与后半部分的逆序相同

　　所以我们在判定回文链表时，并不需要将完整的链表保存到栈中，只需要将链表的后半部
分压入栈中。这样从栈中取出的序列就是链表的后半部分序列的逆序列，再将其与链表前半部
分的序列进行比较，即可判定链表是否是回文结构。

　　接下来的问题是如何将链表的后半部分压入栈中。因为不知道链表的长度，所以通常的做
法是先遍历一遍链表，计算链表的长度 length，然后通过一个指针从前向后访问到链表的第
$\lfloor length/2 \rfloor + 1$ 个节点（链表的节点为偶数个）或第 $\lfloor length/2 \rfloor + 2$ 个节点（链表的节点为奇数个），
该节点即为链表后半部分的第 1 个节点。从这个节点开始向后遍历，将每个节点元素都压入栈
即可。

　　这里再为大家介绍一种更加巧妙的获取链表后半部分头指针的方法——快慢指针法。可以
设置指针变量 slow 和 fast，在初始状态下 slow 和 fast 都指向链表的头节点。然后将 slow 和 fast
顺序向链表后方移动，指针 slow 每次向后移动一个节点的位置（slow=slow.next），指针 fast
每次向后移动两个节点的位置（fast = fast.next.next），当指针 fast 指向链表的最后一个节点（链
表节点为奇数个）或倒数第 2 个节点（链表节点为偶数个）时，指针 slow 的位置如图 11-20
所示。

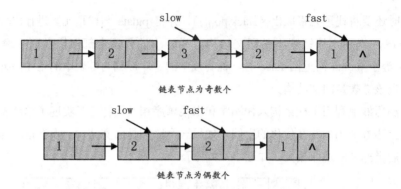

图 11-20　指针 slow 的位置

　　可见无论在哪种情况下，指针 slow 都指向后半部分链表的前一个节点。所以 slow.next 为链表后半部分的第 1 个节点，从该节点开始向后遍历，将每个节点元素都压入栈中即可。

　　下面给出上述优化算法的代码实现。

```java
public class MyLinkedList {
    Node head = null;
    public boolean isPalindrome2() {
        MyStack stack = new MyStack(5);
        Node fast = head;
        Node slow = head;
        while (fast != null && fast.next != null) {
            fast = fast.next.next;
            slow = slow.next;
        }
        Node p = slow.next;        //p 指向链表后半部分第 1 个节点
        while (p != null) {
            stack.push(p.data);    //将链表后半部分内容入栈
            p = p.next;
        }
        p = head;
        while (!stack.isEmpty()) {
            if (stack.pop() != p.data) {
                return false;    //如果出现不相等的情况，则可判定链表不是回文结构

            }
            p = p.next;
        }
        return true;
    }
}
```

下面给出测试程序。

```java
public static void main (String[] args) {
    MyLinkedList list = new MyLinkedList();
    list.insertNode(1,1);
    list.insertNode(2,2);
    list.insertNode(3,3);
    list.insertNode(3,4);
    list.insertNode(2,5);
    list.insertNode(1,6);
    list.printLinkedList();
    boolean isPalindrome = list.isPalindrome();
    if (isPalindrome) {
        System.out.println("This linkedlist is palindrome" );
    } else {
        System.out.println("This linkedlist is NOT palindrome" );
    }
    isPalindrome = list.isPalindrome2();
    if (isPalindrome) {
        System.out.println("This linkedlist is palindrome" );
    } else {
        System.out.println("This linkedlist is NOT palindrome" );
    }
}
```

在 main()函数中创建一个单链表，其内容为 1→2→3→3→2→1，然后分别调用函数 isPalindrome()和 isPalindrome2()判断该链表是否是回文链表，并将结果输出，运行结果如图 11-21 所示。

图 11-21　运行结果

本题完整的代码及测试程序可从"微信公众号@算法匠人→匠人作品→《算法大爆炸》全书源代码资源→11-5"中获取。

11.6　最小栈问题

题目描述：

设计一个支持 push()、pop()函数的栈，同时要支持 getMinValue()函数，该函数能在常数时间内检索到栈中的最小值。

本题难度: ★★

题目分析:

有的读者可能会不假思索地给出这样的解法:定义一个变量 minValue 用来记录栈中的最小值,当向栈中存放数据时,将该数据与 minValue 进行比较,并将较小值更新给 minValue,这样 minValue 保存的始终是栈中的最小值。乍一看似乎并无不妥,但是仔细思考题目的要求就不难发现这个解法是错误的。

题目要求的最小栈必须支持 push()、pop() 和 getMinValue() 函数,也就是说当对栈执行了一系列的 push()、pop() 函数后,通过 getMinValue() 函数得到的值必须始终是栈里面的最小值。而上面给出的这个方法只能保证在执行了 push() 函数后得到栈中的最小值,一旦执行了 pop() 函数,就不能保证 minValue 是栈中的最小值了,因为最小值可能在执行 pop() 函数的过程中被从栈中取出,而 minValue 并不会更新。所以对于最小栈来说,仅用一个变量 minValue 来记录最小值是不够的,还需要记录下每个阶段栈中的最小值。

一个比较经典的解法是再维护一个辅助栈(helperStack),用来保存当前数据栈(dataStack)中的最小值。如图 11-22 所示。

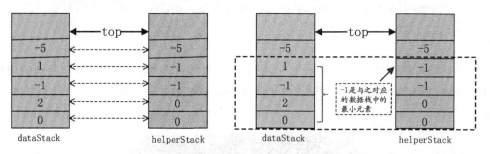

图 11-22 数据栈与辅助栈

如图 11-22 所示,helperStack 的大小与 dataStack 的大小完全一致,这两个栈共享一个 top 指针。helperStack 中的每个元素都是与之对应的(同等高度的)dataStack 中的最小值。

每当向 dataStack 中存放一个数据时,都要同步将当前栈中的最小值保存到 helperStack 的栈顶。这样 helperStack 中的每个元素都是同等高度的数据栈中的最小值。当从 dataStack 中取出一个元素时,也要同步将 helperStack 中的栈顶元素取出,这样就确保了 helperStack 的栈顶元素一定是当前 dataStack 中的最小值。以图 11-22 为例,helperStack 从上向下的第 2 个元素为−1,表示对应的 dataStack 中最下面的 4 个元素[0, 2, −1, 1]构成的子栈的最小元素为−1。同理,helperStack 的栈顶元素为−5,表示当前 dataStack 中最小的元素为−5。

下面给出上述解法的代码实现。

```java
public class MinStack {
    int[] dataStack;        //用数组实现一个数据栈
    int[] helperStack;      //辅助栈，用来存储栈中的最小值
    int top;                //栈顶索引，实际上就是栈顶位置的数组下标
    int capacity;           //栈的容量

    public MinStack(int capacity) {
        dataStack = new int[capacity];          //动态初始化栈，长度为 capacity
        helperStack = new int[capacity];
        top = 0;                                //栈顶索引为 0，说明此时是空栈
        this.capacity = capacity;               //初始化栈的容量
    }
    public void push(int elem) {
        if (top == capacity) {
            //达到栈容量上限，需要扩容
            increaseCapacity();
        }
        dataStack[top] = elem;  //将元素 elem 存放在 dataStack 中
        if (top == 0 || elem < helperStack[top-1]) {
            //如果 top 等于 0（第 1 个栈元素）或者
            //elem 小于 helperStack 的栈顶元素，则将 elem
            //压入 helperStack 的栈顶
            helperStack[top] = elem;
        } else {
            //否则复制 helperStack[top-1] 给 helperStack[top]
            //这样 helperStack[top] 中存放的始终是当前（同等高度）datastack 中的最小值
            helperStack[top] = helperStack[top-1];
        }
        top++;
    }

    public int pop() {
        if (top == 0) {
            //栈顶等于栈底，说明栈中没有数据
            System.out.println("There are no elements in stack");
            return -111;
        }
        top--;
        return dataStack[top];
    }

    public int getMinValue() {
```

```
    return helperStack[top-1]; //返回 helperStack 中的栈顶元素
}

public void increaseCapacity() {
    //将 dataStack 和 helperStack 扩容
    ......
}
}
```

在上述代码中，函数 push(int elem)的作用是将元素 elem 保存到 dataStack 中，将当前 dataStack 中的最小值存放到 helperStack 的栈顶。将 dataStack 中的新元素（栈顶元素）elem 与 helperStack 的栈顶元素进行比较，其中的较小值即为当前 dataStack 中的最小值，将这个值保存到 helperStack 的栈顶即可。

函数 pop()的作用是将 dataStack 中的栈顶元素取出并返回。因为 dataStack 和 helperStack 共用一个 top 指针，所以当执行 top--时，相当于 helperStack 的栈顶元素被移除了。

以上算法的完整代码及测试程序可从"微信公众号@算法匠人→匠人作品→《算法大爆炸》全书源代码资源→11-6"中获取。

深入思考不难发现，上述算法存在冗余，helperStack 中存在大量重复元素，如图 11-23 所示。

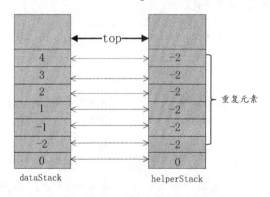

图 11-23　helperStack 中存在大量重复元素

如果栈中的元素较多，并且栈中的最小值改变很少，则 helperStack 中会存放大量的重复数据，我们可以想办法将这些重复数据合并，只保存一份，这样可以节省很多内存空间。

一个直观的解法是将 helperStack 中的元素类型定义为包含两个成员的类型，一个成员 value 保存当前栈中的最小值，另一个成员 count 保存该最小值的数量。这样当向数据栈中存放元素时，如果该元素大于 helperStack 中的栈顶元素，则说明存入该元素后数据栈中的最小值没有发生改变，则仅将 helperStack 栈顶元素的 count 值加 1；如果该元素小于 helperStack 中的栈顶元素，则将该元素同步存放到 helperStack 的栈顶，变量 count 的初始值为 1。当从 dataStack 中 pop 元素时，并不需要将 helperStack 的栈顶元素同步 pop 出来，而是先将 count 域的值减 1，如果减 1 后等于 0，则再将这个值从 helperStack 中取出。这样就可以节省 helperStack 中的重复元素所占据的内存空间。

上述方法本质上与前面使用等容量的 helperStack 的方法是一样的，只是减少存储当前栈最小值的数量，改用计数变量 count。有兴趣的读者可以尝试实现这个方法。

其实我们也可以换个思路，不使用计数变量 count 来统计最小值的数量，而是直接用 helperStack 保存 dataStack 的当前最小值。具体的做法是，当向 dataStack 中 push 元素时，如果该元素小于或等于 helperStack 的栈顶元素，就将该元素同步 push 到 helperStack 的栈顶，表示当前数据栈中的最小值已更新；如果该元素大于 helperStack 的栈顶元素，则不改变 helperStack 的内容，表示当前数据栈中的最小值没有发生改变。在 pop 数据时，如果从 dataStack 取出的元素不等于 helperStack 的栈顶元素，则不改变 helperStack 的内容，如果取出的元素等于 helperStack 的栈顶元素，则将 helperStack 的栈顶元素取出。这样就保证了 helperStack 的栈顶元素始终是当前 dataStack 中的最小元素。图 11-24 为使用这种优化方法实现的最小栈。

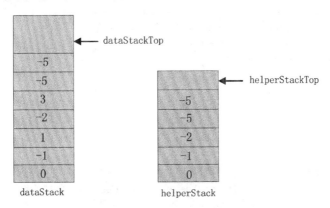

图 11-24　优化方法实现的最小栈

如图 11-24 所示，dataStack [0, −1, 1, −2, 3, −5, −5]对应的 helperStack 为[0, −1, −2, −5, −5]，helperStack 中保存的是不同阶段 dataStack 的最小值。请注意，如果 dataStack 中有重复元素并且该元素是当前栈中最小值（例如图中的−5），则 helperStack 中也要重复保存该元素，这样在 pop 出第 1 个最小元素（例如−5）后，helperStack 中的栈顶元素仍为−5，表示当前 dataStack 中的最小元素仍为−5。

下面给出改进算法的代码实现。

```
public class MinStack {
    int[] dataStack;                    //用数组实现一个数据栈
    int[] helperStack;                  //辅助栈，用来存储栈中的最小值
    int dataStackTop = 0;               //数据栈 top 指针
    int helperStackTop = 0;             //辅助栈 top 指针
    int capacity;                       //栈的容量
    public MinStack(int capacity) {
        dataStack = new int[capacity];      //动态初始化 dataStack，长度为 capacity
        helperStack = new int[capacity];    //动态初始化 helperStack，长度也为 capacity
        int dataStackTop = 0;               //数据栈 top 指针
        int helperStackTop = 0;             //辅助栈 top 指针
        this.capacity = capacity;           //初始化栈的容量
    }
    public void push(int elem) {
        if (dataStackTop == capacity) {
            //栈达到栈容量上限，需要扩容
            increaseCapacity();
        }
        dataStack[dataStackTop] = elem;     //将元素 elem 存放在 dataStack 中
        dataStackTop++;                     //dataStacktop 指针加 1
        if (helperStackTop == 0 || elem <= helperStack[helperStackTop-1]) {
            //如果 helperStackTop 等于 0（第 1 个栈元素）或者
            //elem 小于 helperStack 的栈顶元素，则将 elem
            //压入 helperStack 的栈顶
            helperStack[helperStackTop] = elem;
            helperStackTop++;
        }
    }
    public int pop() {
        if (dataStackTop == 0) {
            //栈顶等于栈底，说明栈中没有数据
            System.out.println("There are no elements in stack");
            return -111;
        }

        if (dataStack[dataStackTop-1] == helperStack[helperStackTop-1]) {
            //如果 dataStack 的栈顶元素等于 helperStack 的栈顶元素
            //则取出 helperStack 的栈顶元素
            helperStackTop--;
        }
        dataStackTop--;
        return dataStack[dataStackTop];
    }
    public int getMinValue() {
```

```
        return helperStack[helperStackTop-1]; //返回 helperStack 中的栈顶元素
    }

    public void increaseCapacity() {
        //将 dataStack 和 helperStack 扩容
        ......
    }
}
```

下面给出本题的测试程序。

```
public static void main(String[] args) {
    MinStack stack = new MinStack(13);
    stack.push(0);
    stack.push(-1);
    stack.push(-2);
    stack.push(3);
    stack.push(-5);
    System.out.println("The minmum value of the stack is "
                        + stack.getMinValue());
    stack.pop();
    System.out.println("The minmum value of the stack is "
                        + stack.getMinValue());
}
```

在测试程序中，向最小栈 stack 中压入数据[0, -1, -2, 3, -5]，然后输出该栈的最小值，将栈顶元素取出，再次输出该栈的最小值。本程序的运行结果如图 11-25 所示。

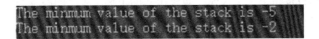

图 11-25　运行结果

以上算法的完整代码及测试程序可从"微信公众号@算法匠人→匠人作品→《算法大爆炸》全书源代码资源→11-7"中获取。

11.7　每日温度

题目描述：

请根据每日气温列表重新生成一个列表，新列表的内容是观测更高气温需要等待的天数。如果气温在某天之后不再升高，则在对应位置填 0。

举例说明：

给定的气温列表为{23，24，25，21，19，22，26，23}，输出的新列表应为{1，1，4，2，1，1，0，0}。

第1天是23度，第2天是24度，所以23对应的天数为1，表示等待1天温度会更高。

第3天是25度，但是温度更高需要等待4天（26度），所以对应的天数为4。

第7天是26度，此后没有比26度更高的气温了，所以对应的天数为0。

本题难度：★★★

题目分析：

本题最直观的解法是采用二重循环的方法暴力求解。用变量 i 指向第 i 天的温度，然后用变量 j 扫描列表中后面的温度，一旦出现大于第 i 天温度的值就立即停止，j–i 的值就是 i 对应的天数，也就是再等待 j–i 天就会出现比第 i 天更高的气温。

上述方法简单直观，但是时间复杂度较高。这里为大家推荐一种非常巧妙的解决方法——单调递减栈。

在单调递减栈中，从栈底到栈顶的元素必须保证单调递减。当向栈中压入元素时，如果要压入的元素比栈顶元素小，则直接将该元素 push 到栈顶；如果要压入的元素比栈顶元素大，则不压入该元素，而是将栈顶元素 pop 出来，然后用要压入的元素与栈顶元素比较，直到栈为空或者要压入的元素比栈顶元素小，才能压入该元素。

本题也可以利用单调递减栈来解决。将温度列表的下标 i 依次压入单调递减栈中，如果压入的下标 i 对应的温度 temperatures[i]比栈顶元素 stack.peek()对应的温度 temperatures[stack.peek()]低，或者栈为空，则直接将下标 i 入栈；如果压入的下标 i 对应的温度 temperatures[i]比栈顶元素 stack.peek()对应的温度 temperatures[stack.peek()]高，则将栈顶元素 pop 出来并赋值给变量 j，i–j 即为列表中 temperatures[j]对应的等待天数。

重复 temperatures[i]与 temperatures[stack.peek()]比较→出栈→将 i–j 作为 temperatures[j]对应的等待天数的操作，直到栈为空，或者 temperatures[i]小于 temperatures[stack.peek()]，才能将 i 再次加入栈。

最终栈中保存的下标对应的温度是单调递减的，在这个过程中也可以计算出每一天对应的下一个更高气温需要等待的天数。

下面通过一个具体的实例来理解单调递减栈的处理过程。

给定一个气温列表 temperatures = {18, 19, 10, 21, 27, 18, 26, 31}，现在要生成一个"标识着每一天对应的下一个更高气温需要等待的天数"的列表，可以按照下面的方法做。

初始状态如图 11-26 所示。

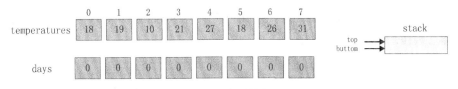

图 11-26　初始状态

如图 11-26 所示，数组 temperatures 中包含 8 个元素，表示 8 个温度。另外还有一个数组 days 用来存放每一天对应的下一个更高气温需要等待的天数。此时 stack 为空。

接下来将温度列表 temperatures 的下标逐一入栈。因为此时 stack 为空，所以直接将 0 入栈。如图 11-27 所示。

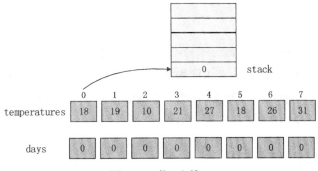

图 11-27　将 0 入栈

然后准备将 1 入栈，temperatures[1]=19 大于栈顶的 temperatures[0]=18，不能直接将 1 入栈，而是将栈顶元素 0 出栈，1–0=1 即为第 0 天对应的等待天数，所以将 days[0]赋值为 1。此时栈 stack 又变为空，可以将 1 入栈，如图 11-28 所示。

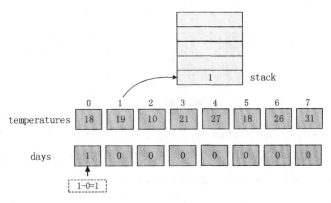

图 11-28　将 1 入栈

接下来准备将 2 入栈，temperatures[2]=10 小于栈顶的 temperatures[1]=19，作为单调递减栈，可直接将 2 入栈，如图 11-29 所示。

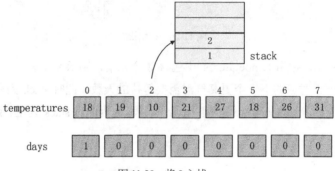

图 11-29　将 2 入栈

接下来准备将 3 入栈，temperatures[3]=21 大于栈顶的 temperatures[2]=10，不能直接将 3 入栈，需要先将栈顶元素 2 出栈，3-2=1 即为第 2 天对应的等待天数，所以将 days[2]赋值为 1。此时栈顶元素为 1，temperatures[3]=21 仍然大于栈顶的 temperatures[1]=19，所以还不能将 3 入栈，需要将栈顶元素 1 出栈，3-1=2 即为第 1 天对应的等待天数，所以将 days[1]赋值为 2。此时 stack 又变为空，可以将 3 入栈，如图 11-30 所示。

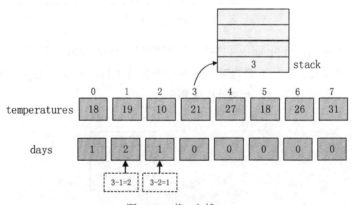

图 11-30　将 3 入栈

接下来准备将 4 入栈，temperatures[4]=27 大于栈顶的 temperatures[3]=21，不能直接将 4 入栈，需要先将栈顶元素 3 出栈，4-3=1 即为第 3 天对应的等待天数，所以将 days[3]赋值为 1。此时 stack 又变为空，可以将 4 入栈，如图 11-31 所示。

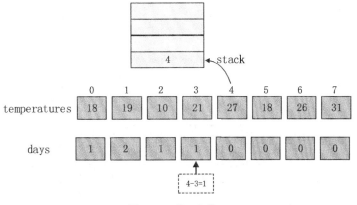

图 11-31　将 4 入栈

接下来准备将 5 入栈，因为 temperatures[5]=18 小于栈顶的 temperatures[4]=27，所以直接将 5 入栈，如图 11-32 所示。

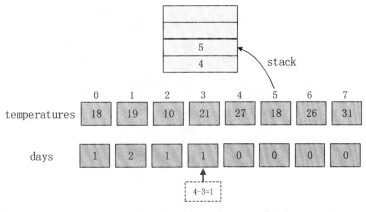

图 11-32　将 5 入栈

接下来准备将 6 入栈，temperatures[6]=26 大于栈顶的 temperatures[5]=18，不能直接将 6 入栈，需要先将栈顶元素 5 出栈，6–5=1 即为第 5 天对应的等待天数，所以将 days[5]赋值为 1。此时栈顶元素为 4，temperatures[6]=26 小于 temperatures[4]=27，可以将 6 入栈，如图 11-33 所示。

接下来准备将 7 入栈，temperatures[7]=31 大于栈顶的 temperatures[6]=26，不能直接将 7 入栈，需要先将栈顶元素 6 出栈，7–6=1 即为第 6 天对应的等待天数，所以将 days[6]赋值为 1。此时栈顶元素为 4，因为 temperatures[4]=27 小于 temperatures[7]=31，所以仍然不能将 7 入栈，需要将栈顶元素 4 出栈，7–4=3 即为第 4 天对应的等待天数，所以将 days[4]赋值为 3。此时 stack

又变为空，可以将 7 入栈，如图 11-34 所示。

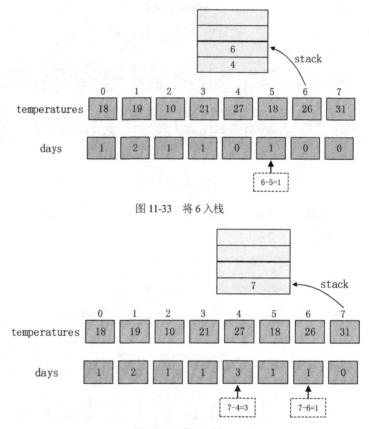

图 11-33　将 6 入栈

图 11-34　将 7 入栈

此时已到达数组 temperatures 的最后一个元素，不存在下一个更高气温需要等待的天数，所以将 days[7]赋值为 0 即可。

下面给出本题的代码实现。

```
int[] dailyTemperatures(int[] temperatures) {
    int[] days = new int[temperatures.length];
    Stack<Integer> stack = new Stack<Integer>();
    int i=0;
    while (i<temperatures.length) {
        if (stack.isEmpty() || temperatures[i]<temperatures[stack.peek()])
            stack.push(i);
            i++;
        } else {
```

```
            int j = stack.pop();
            days[j] = i - j;
        }
    }
    return days;
}
```

函数 int[] dailyTemperatures(int[] temperatures)的作用是计算并返回每一天对应的下一个更高气温需要等待的天数所构成的列表 days，用到了栈结构。为了方便，这里使用的是 Java 的容器类 Stack<E>，当然也可以使用我们之前定义的栈类 MyStack，不过需要增加一个成员函数 peek()来获取栈顶的元素值（但不取出栈顶元素），有兴趣的读者可以自己实现。

下面给出本题的测试程序。

```
public static void main(String[] args) {
    int[] temperatures = {18,19,10,21,27,18,26,31};
    int[] days = dailyTemperatures(temperatures);
    System.out.println("The daily temperatures are:");
    for (int i=0; i<temperatures.length; i++) {
        System.out.print(temperatures[i] + " ");
    }
    System.out.println("\nThe days of the next higher temperature");
    for (int i=0; i<days.length; i++) {
        System.out.print(days[i] + " ");
    }
}
```

程序的运行结果如图 11-35 所示。

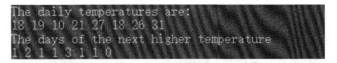

图 11-35 运行结果

本题完整的代码及测试程序可从"微信公众号@算法匠人→匠人作品→《算法大爆炸》全书源代码资源→11-8"中获取。

11.8 LRU 缓存的设计

题目描述：

设计一个 LRU 缓存（cache）结构。要求 LRU 缓存大小固定，同时要实现以下两个功能。

（1）set(key,value)：将记录(key,value)插入 LRU 缓存结构。

（2）get(key)：返回关键字 key 对应的值 value。

LRU 缓存要满足以下要求。

（1）set()函数和 get()函数的时间复杂度均为 $O(1)$。

（2）在执行 set()函数或 get()函数后，操作的记录将变成"最常使用记录"。

（3）当缓存的大小超过最大限度时，要移除"最不常使用记录"，也就是最久没有被执行 set()或 get()的记录。

举例来说，有一个 LRU 缓存的容量为 4，依次进行如下操作后 LRU 状态变化如表 11-1 所示。

表 11-1　LRU 状态变化

set()或 get()操作	LRU 的状态
set('A',1)	LRU 中只有 1 个记录，最常使用记录就是('A',1)
set('B',2)	LRU 中有 2 个记录，最常使用记录变为('B',2)，最不常使用记录为('A',1)
get('A')	LRU 中有 2 个记录，最常使用记录变为('A',1)，最不常使用记录变为('B',2)
set('C',3)	LRU 中有 3 个记录，最常使用记录变为('C',3)，最不常使用记录仍为('B',2)
set('D',4)	LRU 中有 4 个记录，最常使用记录变为('D',4)，最不常使用记录仍为('B',2)
get('B')	LRU 中有 4 个记录，最常使用记录变为('B',2)，最不常使用记录变为('A',1)
set('E',5)	超过 LRU 容量 4，移除最不常使用记录('A',1)，插入('E',5)，此时最常使用记录变为('E',5)，最不常使用记录变为('C',3)

本题难度：★★★★

题目分析：

所谓缓存（cache）就是内存中的一块空间，用来快速读取和写入数据。与普通的内存空间不同，缓存必须具备以下几个特点：（1）读取或写入数据的效率要高于一般存储空间；（2）大小固定，缓存中保存或淘汰的数据需要通过特定的算法指定。

本题要设计的 LRU 缓存是一种常见的缓存结构。它使用最少最近使用（Least Recently Used，LRU）缓存淘汰策略对数据进行淘汰，当缓存已满时优先删除最不常使用记录。同时，LRU 缓存要满足读取或写入数据的效率尽量高的要求，即题目中要求的 set()函数和 get()函数的时间复杂度均为 $O(1)$。

我们首先考虑如何实现缓存淘汰策略。因为缓存中插入和删除数据的操作比较频繁，所以通常使用双向链表作为数据的载体。对于 LRU 缓存，可规定双向链表的表头（head）保存最不常使用记录，表尾（tail）保存最常使用记录。

当执行 set()函数将一条记录插入 LRU 缓存时，可将该数据节点插入双向链表的表尾，此时该记录为最常使用记录。

当执行 get()函数从 LRU 缓存中读取一个记录时，除了找到包含该记录的链表节点并将其返回，还要将该节点调整到双向链表的尾部，使其成为最常使用记录。

当执行 set()函数将一条记录插入 LRU 缓存，而 LRU 缓存已达最大容量时，可将双向链表的表头节点移除，因为表头为最不常使用记录。

下面给出构成 LRU 缓存的双向链表类的定义。

```java
class Node<V> {
    public V data;
    public Node<V> prior;     //指向前驱节点的指针
    public Node<V> next;      //指向后继节点的指针
    public Node(V data) {
        this.data = data;     //节点中的数据
    }
}

class DoubleLinkedList<V> {
    private Node<V> head;  //双向链表的表头
    private Node<V> tail;  //双向链表的表尾

    public DoubleLinkedList() {
        this.head = null;
        this.tail = null;
    }

    //向链表的尾部插入节点，使其成为最常使用记录
    public void addNode(Node<V> node) {
        if (node == null) {
            return false;
        }

        if (head == null) {
            //双向队列为空
            head = node;
            tail = node;
        } else {
            tail.next = node;   //将 node 节点插入队列尾部
            node.prior = tail;  //建立相互连接
            tail = node;        //修改 tail 指针
        }
        return true;
```

```
}

//将 node 节点移到链表尾部，使其成为最常使用记录
public void moveNodeToTail(Node<V> node) {
    if (tail == node) {
        //要移动 tail 位置上的节点
        return;        //不需要任何操作
    }

    if(head == node) {
        //要移动 head 位置上的节点
        head = node.next;
        head.prior = null;    //将 node 节点删除
    }else {
        //要删除链表中间的某节点
        node.prior.next = node.next;
      node.next.prior = node.prior;    //将 node 节点删除
    }

        //将删除的 node 节点插入 tail 位置
        node.prior = tail;
        node.next = null;
        tail.next = node;
        tail = node;
}

//删除表头节点，即移除最不常使用记录
public Node<V> removeHead() {
    if (head == null) {
        //链表中没有节点
        return null;
    }

    Node<V> res = head;  //res 指向头节点
    if (head == tail) {
        //链表中仅有一个节点，将 head 和 tail 置为 null
        head = null;
        tail = null;
    } else {
        //删除 head 节点，head 指向原头节点的后继节点
        head = res.next;
        res.next = null;
        head.prior null;
```

```
    }
    return res;
  }
}
```

　　首先定义双向链表的节点类 Node。为了使其具有通用性，这里不指定节点数据的类型，而采用泛型定义 Node<V>，V 表示节点数据的类型（可以是任意引用类型，例如 Integer、Character 等）。双向链表节点与第 1 章中介绍的单链表节点不同，除了包含一个指向后继节点的指针 next，还包含一个指向前驱节点的指针 prior。这样链表节点在前后两个方向上都可以自由移动。

　　双向链表类 DoubleLinkedList<V> 也采用泛型定义，V 是链表节点数据的类型。在 DoubleLinkedList 类中定义了两个成员变量，Node<V> head 是指向双向链表的表头，即最不常使用记录，Node<V> tail 指向双向链表的表尾，即最常使用记录，LRU 缓存的双向链表结构如图 11-36 所示。

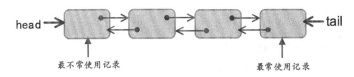

图 11-36　LRU 缓存的双向链表结构

　　此外定义了 3 个成员函数，分别执行以下 3 个不同的操作。

　　（1）void addNode(Node<V> node)：向链表的尾部插入节点，使其成为最常使用记录。

　　（2）void moveNodeToTail(Node<V> node)：将链表中的 node 节点移到链表尾部，使其成为最常使用记录。

　　（3）Node<V> removeHead()：删除表头节点，也就是移除最不常使用记录。

　　以上定义的双向链表类和基本操作构成了 LRU 缓存的数据结构。

　　要考虑的第 2 个问题是如何尽可能高效地在缓存中读取和写入数据，本题的要求是 set()函数和 get()函数的时间复杂度均为 $O(1)$。对于 set()函数，可通过调用 DoubleLinkedList 类的 addNode()函数将节点插入双向链表的尾部，时间复杂度是 $O(1)$。而对于 get()函数，则需要通过关键字 key 找到给定记录，然后将其移到双向链表的尾部，使其变为最常使用记录。如何在 $O(1)$ 的时间复杂度内完成这个相对复杂的操作呢？可以使用 HashMap 辅助实现 $O(1)$复杂度的查找功能。

　　使用两个 HaspMap 将关键字 key 和双向链表中的 node 节点一一对应。其中一个 HaspMap 以 key 为关键字，这样可以通过指定的 key 在 $O(1)$的时间内找到对应的 node 节点引用，也就是在双向链表上建立一个索引；另一个 HashMap 以 node 为关键字，这样可以通过给定的 node 在

$O(1)$的时间内找到该节点对应的 key，它的作用主要是在删除双向链表中的节点时找到对应的 key，从而删除 HashMap 中的索引。有了这两个 HashMap 的帮助，我们就可以在 $O(1)$的时间复杂度内定位到双向链表中的节点，从而进行插入、删除等操作。下面给出 LRUCache 的定义。

```java
public class LRUCache {
    private DoubleLinkedList<V> doubleLinkedList; //双向链表
    private HashMap<Node<V>,K> nodeKeyMap; //(node,key) map
    private HashMap<K,Node<V>> keyNodeMap; //(key,node) map
    private int capacity;

    public LRUCache(int capacity) {
        keyNodeMap = new HashMap<K,Node<V>>();
        nodeKeyMap = new HashMap<Node<V>,K> ();
        doubleLinkedList = new DoubleLinkedList<V>();
        this.capacity = capacity;
    }

    public V get(K key) {
        //通过 key 获取 LRU 中的数据，并返回
        if (keyNodeMap.containsKey(key)) {
            Node<V> res = keyNodeMap.get(key); //获取该节点在链表中的指针
            //把该节点移到队列尾部，变为最常访问节点
            doubleLinkedList.moveNodeToTail(res);
            return res.value;
        }
        return null;
    }

    public void set(K key, V value) {
        if (keyNodeMap.containsKey(key)) {
            //如果 set 的(key,value)已存在于 LRU 中，此时就相当于更新 value
            //通过 keyNodeMap 获取 key 对应的节点引用
            Node<V> node = keyNodeMap.get(key);
            node.data = value;                    //将 value 赋值给节点数据 node.data
            doubleLinkedList.moveNodeToTail(node); //将 node 节点移到链表尾部
        } else {
            //插入一个新的节点
            Node<V> node = new Node<V>(value);    //创建一个新的节点
            keyNodeMap.put(key,node);             //将(key,value)加入 keyNodeMap
            nodeKeyMap.put(node,key);             //将(node,key)加入 nodeKeyMap
            if (keyNodeMap.size() > capacity) {
                //若 LRUCache 移到最大容量 capacity，则删除最不常使用记录
                removeMostUnusedRecord();
```

```
        }
    }
}

private void removeMostUnusedRecord() {
    Node<V> node = doubleLinkedList.removeHead();      //删除链表头部节点
    K key = nodeKeyMap.get(node);                //获取该节点对应的 key
    nodeKeyMap.remove(node);               //删除 nodeKeyMap 中这条记录的信息
    keyNodeMap.remove(key);                //删除 keyNodeMap 中这条记录的信息
}
}
```

　　LRUCache 类可实现一个 LRU 缓存的功能。该类中的成员变量 doubleLinkedList 是一个 DoubleLinkedList<V>类型的双向链表，它是 LRU 缓存的主体，用来存放记录。成员变量 nodeKeyMap 是一个以 node 节点为关键字的 HashMap，成员变量 keyNodeMap 是一个以 key 为关键字的 HashMap，使用这两个 HashMap 可以对双向链表中的节点进行快速定位，从而提高在缓存中的查找效率。

　　在 LRUCache 类中还定义了题目要求的 set()函数和 get()函数。下面我们重点介绍这两个函数的实现。

1. V get(K key)函数

　　该函数的作用是通过指定的关键字 key 获取 LRU 缓存中的数据并返回。在 get()函数中，首先判断 Hash 表的 keyNodeMap 中是否包含关键字 key，如果包含则说明该记录已被保存在 LRU 缓存中（双向链表中存在该节点），此时调用 DoubleLinkedList<V>类的 moveNodeToTail()函数将该节点移到链表尾部（表明该记录最常使用），然后返回该节点中的数据，图 11-37 所示为 get('A')的执行过程。

2. void set(K key, V value)函数

　　该函数的作用是将记录(key,value)插入 LRU 缓存。这里有两种情况需要考虑，情况一是如果 Hash 表 keyNodeMap 中已包含关键字 key，则说明 LRU 缓存中已存在这条记录，此时相当于通过 set()操作实现更新记录 value 的功能。图 11-38 所示为 set('B',0)的执行过程。

　　情况二是如果 Hash 表 keyNodeMap 中没有包含关键字 key，则说明 LRU 缓存中还没有保存这条记录，此时先要创建以 value 为数据的链表节点 node，然后将(key,node)加入 keyNodeMap 建立索引，再将(node,key)加入 nodeKeyMap。最后调用 DoubleLinkedList<V>类的 addNode()函数将新创建的节点插入链表尾部表明该记录"最常使用"，图 11-39 所示为 set('E',5)的执行过程。

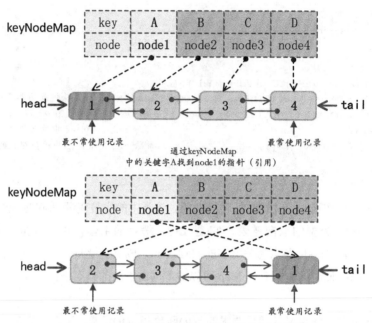

图 11-37 get('A')的执行过程

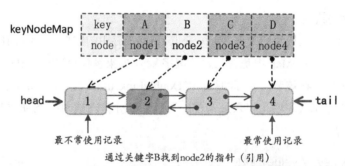

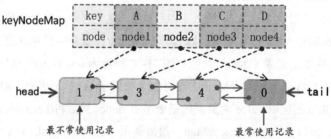

图 11-38 set('B',0)的执行过程

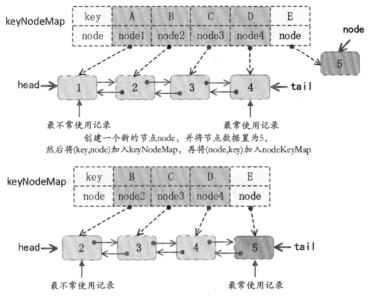

创建一个新的节点node，并将节点数据置为5，
然后将(key,node)加入keyNodeMap，再将(node,key)加入nodeKeyMap

调用addNode()函数将node节点插入双向链表尾部，因为此时LRU缓存超过容量上
限，所以将head节点移除，同时清除keyNodeMap和nodeKeyMap中相应的记录

图 11-39　set('E',5)的执行过程

需要注意的是，在执行 set()操作时需要判断当前 LRU 缓存是否已达到最大容量（capacity），如果将(key,node)加入 keyNodeMap 后 keyNodeMap 的 size 已大于 capacity，说明此时 LRU 缓存已到达上限，需要调用 removeMostUnusedRecord()函数将双向链表的表头节点 head 移除，也就是移除最不常使用记录。

这样就实现了一个 LRU 缓存，其中，通过一个双向链表将数据记录保存，链表的头部为最不常使用记录，链表的尾部为最常使用记录。通过 Hash 表 keyNodeMap 和 nodeKeyMap 实现索引功能，将关键字 key 与双向链表中的节点构成一一对应的映射关系，从而实现了 set()函数和 get()函数的时间复杂度均为 $O(1)$。

下面给出测试程序。

```
public static void main(String[] args) {
    LRUCache<Character,Integer> cache = new LRUCache<Character,Integer>(4);
    cache.set('A',1);
    cache.set('B',2);
    cache.get('A');
    cache.set('C',3);
    cache.set('D',4);
    cache.printCache();
    cache.get('B');
```

```
    cache.set('E',5);
    cache.printCache();
}
```

main()函数复现了表 11-1 的操作。为了将 LRU 缓存中的内容打印出来，在 LRUCache 类中增加了一个函数 printCache()，定义如下。

```
public void printCache() {
    doubleLinkedList.printDoubleLinkedList();
}
```

它会直接调用 DoubleLinkedList<V>类的 printDoubleLinkedList()函数打印双向链表中的内容，定义如下。

```
public void printDoubleLinkedList() {
    Node<V> list = head;
    while(list != null) {
        System.out.print(list.data + " " );
        list = list.next;
    }
    System.out.println();
}
```

测试程序的运行结果如图 11-40 所示。

图 11-40　运行结果

每执行一条语句后，LRU 缓存中的内容变化如下。

```
cache.set('A',1):        1
cache.set('B',2):        1->2
cache.get('A'):          2->1
cache.set('C',3):        2->1->3
cache.set('D',4):        2->1->3->4
cache.printCache():    2 1 3 4
cache.get('B'):          1->3->4->2
cache.set('E',5);        3->4->2->5   淘汰 1
cache.printCache();    3 4 2 5
```

本题完整的代码及测试程序可从"微信公众号@算法匠人→匠人作品→《算法大爆炸》全书源代码资源→11-9"中获取。

11.9 线性结构类面试题解题技巧

本章介绍了 8 道经典的线性结构类面试题。每一道题目都独具代表性，值得仔细阅读、深入研究。本节梳理这些面试题的要点和精髓，并总结一些解决此类面试题的技巧和方法。

1. 根据应用场景选择适合的数据结构

每一种数据结构都有其适合的应用场景，在选择数据结构时，应当充分考虑当前的应用场景，选择最适合的，只有这样才能更加方便、轻松地解决问题。

以"约瑟夫环"问题为例，需要构建一个环形的数据队列，然后根据手中的密码进行"报数"和"出列"等操作，所以使用循环链表是非常好的选择。我们可以用遍历循环链表的操作来模拟在约瑟夫环中报数的动作，用删除链表节点的操作来模拟从约瑟夫环中出列的动作，这样抽象的数据结构操作和具象的实际问题之间形成了一一对应的关系，问题也就迎刃而解了。

类似的还有"LRU 缓存的设计"问题。在 LRU 缓存中，需要经常调整数据节点的位置，用来标注哪些数据"最常使用"，哪些数据"最常不使用"，同时插入和删除数据的操作比较频繁，选择单链表作为 LRU 缓存的数据结构就不合适了，因为在单链表中无法自由地获取当前节点的前驱节点的指针，经常需要从头到尾地遍历单链表，从而实现插入节点和删除节点的操作。而双向链表可以轻松获取任何方向上节点的指针，所以插入节点和删除节点的效率较单链表要高很多。因此对于"LRU 缓存的设计"问题，双向链表是最优的选择。

2. 熟练掌握经典的数据结构算法

有些经典的数据结构算法比较复杂，在复习时，应当有意识地总结整理，做到烂熟于心，这样才能从容应对面试。

"单链表逆置"就是这类问题，该问题属于单链表的常规操作，但要用代码实现该算法还是有一定难度的，有些细节很容易被忽视。

类似的经典问题还有向有序链表中插入节点使链表仍然有序、构建双向链表结构、两个有序单链表的合并等。

3. 快慢指针

快慢指针是解决复杂链表问题的有效工具。快慢指针的本质是通过两个速度不相等的指针遍历链表，从而获取链表的某些特征。使用快慢指针可以避免冗余的遍历操作或不必要的内存开销。

对于"判断链表中是否存在循环结构"问题，传统的做法可能需要一个数组来记录每次访问到的节点的地址，从而判断链表中是否存在循环结构。但是这样做的空间复杂度很高，如果链表中的节点数量庞大，那么使用该方法判断链表中是否存在循环结构是非常低效的。如果使用快慢指针来解决本题就容易多了，其时间复杂度为 $O(n)$，同时不需要额外开辟内存空间来存储节点的地址。

4. 高级的数据结构实现

11.6 节和 11.7 节是经典的栈类问题，引入了两个高级的数据结构实现——最小栈和单调栈。高级的数据结构在传统数据结构的基础上加以延伸和扩展，因此具有某些特殊的属性，可以解决一些较为复杂的问题，我们在平时的学习中也应当多总结和整理。

第12章
二叉树类面试题

树结构中考查最多的是二叉树相关内容。二叉树本身具有递归特性，又可以采用链表结构实现，涉及知识点较多，是高频面试题。本章将深度分析一些经典的二叉树类面试题，并总结常见解题技巧。

12.1 完全二叉树的判定

题目描述：

给定一棵二叉树，写一个函数判断它是不是完全二叉树。

本题难度： ★★

题目分析：

本题主要考查大家对完全二叉树的理解，以及利用树的特性判断一棵二叉树是否是完全二叉树。首先我们要理解什么是完全二叉树，以及一棵完全二叉树应具备哪些属性。

在 2.2 节中已经介绍过完全二叉树的概念，图 12-1 所示即为一棵完全二叉树，而图 12-2 所示不是完全二叉树，因为叶子节点 4、5、6 没有从左到右依次排列在最下面一层，中间存在间隔。

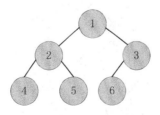

图 12-1　完全二叉树示意

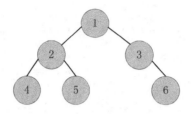

图 12-2　非完全二叉树示意

通过观察完全二叉树的结构特性，不难发现其充分必要条件包括以下两条。

（1）如果一棵完全二叉树的深度（从根节点到底层的叶子节点的层数）为 k，那么在第 $k-1$ 层节点中，当某节点的左孩子为空时，右孩子一定为空，如图 12-3 所示。另外在第 $k-1$ 层节点中，如果某节点的左孩子或右孩子为空，则同层中后继节点的左右孩子一定都为空，如图 12-4 所示。

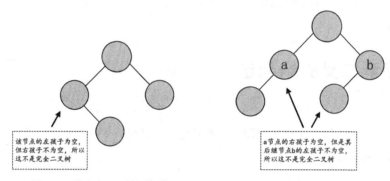

图 12-3　非完全二叉树的情形 1　　　　　图 12-4　非完全二叉树的情形 2

（2）如果一棵完全二叉树的深度为 k，那么第 1 层至第 $k-2$ 层中的全部节点都必须既有左孩子又有右孩子，也就是说第 1 层至第 $k-2$ 层中的全部节点一定构成一棵满二叉树，如图 12-5 所示。

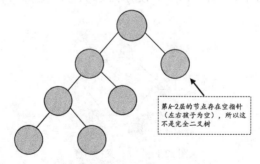

图 12-5　非完全二叉树的情形 3

　　可以将条件（1）、条件（2）转化为代码来判断一棵二叉树是否是完全二叉树。我们可以通过遍历二叉树的方法来判断第 $k-1$ 层的节点是否都满足条件（1），第 1 层至第 $k-2$ 层的节点是否都满足条件（2）。具体的代码实现如下。

```
boolean isCompleteBinaryTree(BinaryTreeNode node,
        int curLevel, int depth, boolean hasNullChild) {
    if (node == null) {
        //空树也是完全二叉树，因此返回 true
        return true;
    }

    if (curLevel == depth-1) {
        //当前访问到的节点位于二叉树的第 depth-1 层
        if (node.leftChild == null && node.rightChild != null) {
            //该节点左孩子为 null，但是右孩子不为 null
            //根据条件（1），该二叉树不是完全二叉树
            return false;
        }
        if (!hasNullChild) {
            if (node.leftChild == null || node.rightChild == null) {
                //出现左孩子或右孩子为 null 的节点，将 hasNullChild 置为 true
                hasNullChild = true;
            }
        } else {
            //在左孩子或右孩子为 null 的前提下，只要同层后续节点
            //存在左孩子或右孩子，根据条件（1）即可判定这棵树不是完全二叉树
            if (node.leftChild != null || node.rightChild != null) {
                return false;
            }
        }
    }

    if (curLevel != depth && curLevel != depth-1) {
        if (node.leftChild == null || node.rightChild == null) {
            //第 k-2 层及以上的节点必须既有左孩子又有右孩子
            //否则根据条件（2）可判定这棵树不是完全二叉树
            return false;
        }
    }
    //递归调用函数 isCompleteBinaryTree()遍历二叉树
    if (!isCompleteBinaryTree
            (node.leftChild,curLevel+1,depth,hasNullChild)) {
        return false;
```

```
    }
    if (!isCompleteBinaryTree
            (node.rightChild,curLevel+1,depth,hasNullChild)) {
        return false;
    }
    return true;
}
```

上述代码实际上是通过遍历二叉树来判断其是否为完全二叉树的。函数 isCompleteBinaryTree(BinaryTreeNode node, int curLevel, int depth, boolean hasNullChild)包含 4 个参数：node 为二叉树的节点对象，curLevel 表示当前访问到的节点位于二叉树中的层数，参数 depth 表示二叉树的深度，参数 hasNullChild 为一个标志变量，用来记录第 depth−1 层的节点中是否存在右孩子为 null 的情况。函数 isCompleteBinaryTree()的返回值为一个 boolean 型值，返回 true 表示该二叉树是完全二叉树，返回 false 表示该二叉树不是完全二叉树。

进入函数 isCompleteBinaryTree()，首先判断 node 是否为 null，如果 node 为 null 则表示当前的二叉树为空树，空树也是一种完全二叉树，所以返回 true。

接下来判断 curLevel 是否等于 depth−1，也就是判断当前访问的节点是否处于二叉树的第 k−1 层（设二叉树的深度为 k）。如果 curLevel 等于 depth−1，则对节点的左右孩子进行判断。

◎ 如果节点的左孩子为 null 但是右孩子不为 null，则该二叉树一定不是完全二叉树，返回 false，因为它违背了条件（1）。

◎ 在变量 hasNullChild 为 false 的前提下，如果当前访问的节点的左孩子或右孩子为 null，则将变量 hasNullChild 置为 true，表示在二叉树的第 k−1 层中存在包含空指针的节点。

◎ 在变量 hasNullChild 为 true 的条件下，如果当前访问的节点的左孩子或右孩子为 null，则可以判定该二叉树不是完全二叉树，返回 false，因为它违背了条件（1）。

如果 curLevel 不等于 depth−1，也不等于 depth，则说明当前访问的二叉树节点在第 1 层至第 k−2 层，根据条件（2），如果该节点的左孩子或右孩子有一个为 null，则可以判定该二叉树不是完全二叉树，返回 false。

接下来递归调用函数 isCompleteBinaryTree()继续遍历二叉树。如果在遍历过程中发现某个节点不满足前面的判定条件，则结束递归调用并返回 false，这样一层一层地返回到最外层调用函数。如果程序顺利地遍历完整棵二叉树，中途没有返回，则说明该二叉树是完全二叉树，最终返回 true。

在调用函数 isCompleteBinaryTree(BinaryTreeNode node, int curLevel, int depth, boolean hasNullChild)时，需要传入一个重要的参数 depth，它表示二叉树的深度。这个参数可通过 2.4

节中介绍的计算二叉树深度的函数 getBinaryTreeDepth(BinaryTreeNode root)来获取，该函数定义如下。

```
public int getBinaryTreeDepth(BinaryTreeNode root)    {
    int leftHeight, rightHeight, maxHeight;
    if (root != null) {
        //计算根节点左子树的深度并赋值给 leftHeight
        leftHeight = getBinaryTreeDepth(root.leftChild);
        //计算根节点右子树的深度并赋值给 rightHeight
        rightHeight = getBinaryTreeDepth(root.rightChild);
        //比较左右子树的深度
        maxHeight = leftHeight > rightHeight ? leftHeight : rightHeight;
        return maxHeight+1;            //返回二叉树的深度
    } else {
        return 0;                      //如果二叉树为 null, 则返回 0
    }
}
```

下面给出本题的测试程序。

```
public static void main(String[] args) {
    LinkedList<Character> nodes = new LinkedList<Character>
        (Arrays.asList(new Character[]{'1',null,'2',null,null}));
    JudgeCompleteBinaryTree tree = new JudgeCompleteBinaryTree();
    tree.CreateBinaryTree(nodes);
    if (tree.isCompleteBinaryTree ()) {
        System.out.println("It is a complete binary tree");
    } else {
        System.out.println("It is NOT a complete binary tree");
    }
}
```

在上面这段测试程序中，首先调用 JudgeCompleteBinaryTree 类的 CreateBinaryTree()函数创建了一棵二叉树，该二叉树的形态如图 12-6 所示。

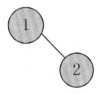

图 12-6　测试程序中创建的二叉树形态

然后调用 isCompleteBinaryTree()函数判断该二叉树是否是完全二叉树。程序的运行结果如

图 12-7 所示。

It is NOT a complete binary tree

图 12-7　运行结果

本题完整的代码及测试程序可从"微信公众号@算法匠人→匠人作品→《算法大爆炸》全书源代码资源→12-1"中获取。

12.2　二叉树节点的最大距离

题目描述：

二叉树节点的距离指两节点之间的边数。例如图 12-8 所示的二叉树，节点 a 和节点 b 之间的距离为 3。

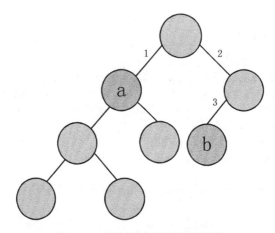

图 12-8　二叉树节点之间的距离示意

编写一个程序，计算一棵二叉树中距离最远的两个节点之间的距离。

本题难度：★★★

题目分析：

大家可能凭直觉会想到：如果分别计算二叉树根节点的左子树深度 h_1 和右子树深度 h_2，那么该二叉树的最大距离就应该是 h_1+h_2，如图 12-9 所示。

实际上，还可能存在图 12-10 所示的情况。二叉树的最大距离应为节点 5 到节点 8 之间的距离（6），而不是节点 5 到节点 9 之间的距离（5）。

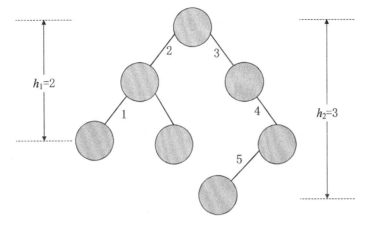

图 12-9　二叉树的最大距离为 h_1+h_2

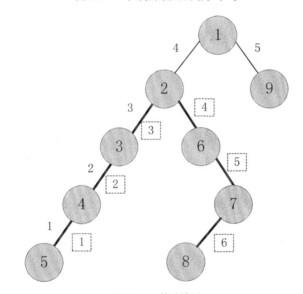

图 12-10　特殊情况

　　我们在计算二叉树的最大距离时，不但要考虑根节点的左子树和右子树的深度，还要考虑左子树和右子树中已得到的最大距离。具体来说，可以先计算根节点左子树的最大距离，记为 maxLeftDistance，再计算根节点右子树的最大距离，记为 maxRightDistance。请注意，这两个最大距离可能等于子树的深度，也可能不等于子树的深度，就像图 12-10 所示的那样，根节点左子树的深度是 4，但是左子树的最大距离是 6。

　　然后分别计算根节点左子树的深度和右子树的深度，并将两者之和记为 depthSum。比较 maxLeftDistance、maxRightDistance 和 depthSum 这 3 个值，最大者即为该二叉树的最大距离。

图 12-11 是利用上述方法计算图 12-10 所示二叉树的最大深度的过程。

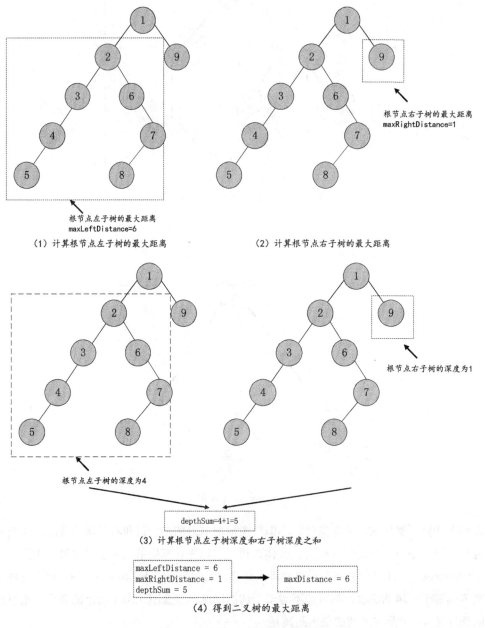

（1）计算根节点左子树的最大距离

（2）计算根节点右子树的最大距离

（3）计算根节点左子树深度和右子树深度之和

（4）得到二叉树的最大距离

图 12-11 计算二叉树最大距离的过程

下面给出上述算法的代码实现。

```java
public int getMaxDistance(BinaryTreeNode root) {
    if (root == null) {
        return 0;  //根节点为 null，其最大距离为 0（递归结束条件）
    }
    int maxLeftDistance = getMaxDistance(root.leftChild);    //左子树最大距离
    int maxRightDistance = getMaxDistance(root.rightChild);  //右子树最大距离

    int maxDistance = maxLeftDistance > maxRightDistance ?
                            maxLeftDistance : maxRightDistance;

    int leftDepth = getBinaryTreeDepth(root.leftChild);     //获取左子树深度
    int rightDepth = getBinaryTreeDepth(root.rightChild);   //获取右子树深度

    depthSum = leftDepth  + rightDepth ; //计算深度和

     //返回 maxLeftDistance、maxRightDistance 和 depthSum 的最大值
    if (depthSum > maxDistance) {
        maxDistance = depthSum ;
    }
    return maxDistance;
}
```

函数 getMaxDistance(root)的功能是计算二叉树的最大距离，参数 root 为二叉树的根节点指针。如果 root 为 null，则说明该二叉树为空树，此时它的最大距离是 0。如果 root 不为 null，则首先递归调用函数 getMaxDistance(root.leftChild)获取根节点左子树的最大距离，并赋值给变量 maxLeftDistance，然后递归调用函数 getMaxDistance(root.rightChild)获取根节点右子树的最大距离，并赋值给变量 maxRightDistance，将其中的较大值赋值给变量 maxDistance 。

接下来调用函数 getBinaryTreeDepth(root.leftChild)和 getBinaryTreeDepth(root.rightChild)分别得到根节点的左子树深度和右子树深度，并将两者之和保存到变量 depthSum 中。

最后比较 maxDistance 和 depthSum 的大小，较大者即为这棵二叉树的最大距离，并将其返回。

下面给出本题的测试程序。

```java
public static void main(String[] args) {
    LinkedList<Character> nodes = new LinkedList<Character>
            (Arrays.asList(new Character[]
            {'1','2','3','4','5',null,null,null,null,'6',
             '7',null,null,'8',null,'9','0',null,null,null,
             '1',null,'6','6','7',null,null,null,null}));
```

```
    MaxDistance tree = new MaxDistance();
    tree.CreateBinaryTree(nodes);
    System.out.println(tree.getMaxDistance());
}
```

在测试程序中，首先调用 CreateBinaryTree()函数创建一棵二叉树，该二叉树的形态如图 12-12 所示。

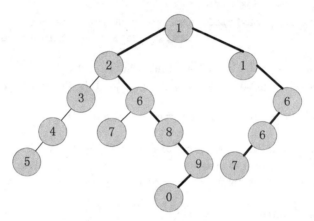

图 12-12　二叉树的形态

然后调用 MaxDistance 类的 getMaxDistance()函数获取该二叉树的最大距离，并将结果输出。程序的运行结果如图 12-13 所示。

The max distance of the binary tree is 9

图 12-13　运行结果

从程序的运行结果看，二叉树的最大距离为 9，也就是图 12-12 中黑色高亮标记的路径长度。

本题完整的代码及测试程序可从"微信公众号@算法匠人→匠人作品→《算法大爆炸》全书源代码资源→12-2"中获取。

12.3　打印二叉树中的重复子树

题目描述：

给定一棵二叉树，找出其中的重复子树，并将重复子树的先序序列打印出来。

给定的二叉树如图 12-14 所示。

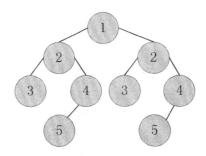

图 12-14　二叉树示意

在图 12-15 中，用不同的方框框出这棵二叉树中包含的重复子树。

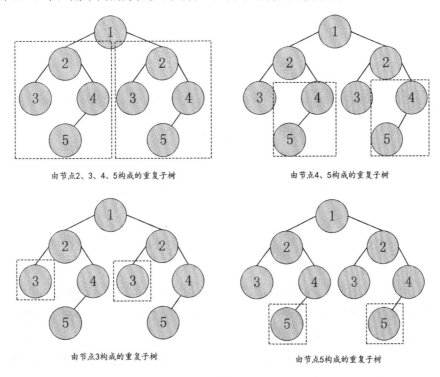

图 12-15　二叉树的重复子树

最终打印出重复子树的先序序列如下。

2 3 [] [] 4 5 [] [] []

4 5 [] [] []

3 [] []

5 [] []

本题难度：★★★

题目分析：

要想打印一棵二叉树的全部重复子树，首先要找到这棵二叉树的全部子树，在此基础之上，再判断子树是否重复。

如何找到一棵二叉树的全部子树呢？首先我们要弄清楚什么是二叉树的子树。二叉树的子树必须也是一棵完整的二叉树，也是由根节点、根节点的左子树、根节点的右子树这 3 部分组成。以图 12-16 所示的二叉树为例，该二叉树中的节点 2 和 3 就不构成一棵子树，因为它们并不是完整的二叉树，以节点 2 为根节点的二叉树包含了 2、3、4、5 这 4 个节点。而节点 4 和 5 就构成一棵子树，因为它们是完整的二叉树，以节点 4 为根节点的二叉树只包含 4 和 5 这两个节点。

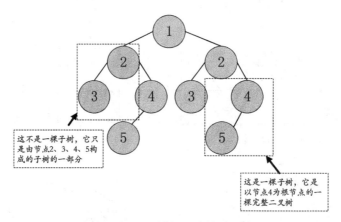

图 12-16　二叉树中的子树与非子树

厘清了二叉树子树的概念，我们就可以利用二叉树本身的递归特性找出二叉树的全部子树。因为本题要求打印重复子树的先序序列，所以我们可以将打印二叉树的全部子树的先序序列作为切入点，进而找到本题的解法。

二叉树由根节点、根节点的左子树、根节点的右子树 3 部分组成，同时二叉树本身具有递归结构，其左子树和右子树也都是二叉树。因此，要想打印二叉树的先序序列，只需要先打印根节点的数据，再打印其左子树的先序序列，最后打印其右子树的先序序列。而打印左子树的先序序列和右子树的先序序列采用的方法也是相同的：先打印根节点的数据，再打印其左子树的先序序列，最后打印其右子树的先序序列。采用这种递归的方式一层一层调用下去，最终可以打印这棵二叉树全部子树的先序序列。

下面给出该算法的代码实现。

```
public String printAllSubTree(BinaryTreeNode node) {
    if (node.rightChild == null && node.leftChild == null) {
        //叶子节点，打印先序序列的形式为{node.data [] []}
        System.out.println(node.data + "[]" + "[]");
        return node.data + "[]" + "[]";
    }
    String leftSubtreeSeq = "[]";
    String rightSubtreeSeq = "[]";
    if (node.leftChild != null) {
        //如果 node 的左子树不为 null，则调用 printAllSubTree(node.leftChild)
        //打印其左子树的先序序列，返回这个先序序列并将其赋值给 leftSubtreeSeq
        leftSubtreeSeq = printAllSubTree(node.leftChild);
    }
    if (node.rightChild != null) {
        //如果 node 的右子树不为 null，则调用 printAllSubTree(node.rightChild)
        //打印其右子树的先序序列，返回这个先序序列并将其赋值给 rightSubtreeSeq
        rightSubtreeSeq = printAllSubTree(node.rightChild);
    }
    //打印整棵二叉树的先序序列{node.data leftSubtreeSeq  rightSubtreeSeq}
    System.out.println(node.data + leftSubtreeSeq + rightSubtreeSeq);
    return node.data + leftSubtreeSeq + rightSubtreeSeq;
}
```

　　函数 printAllSubTree(BinaryTreeNode node)的作用是打印并返回以 node 为根节点的二叉树的先序序列。在函数 printAllSubTree()中首先判断 node 的左孩子和右孩子是否为 null，如果都是 null 则说明该节点是叶子节点，那么它的先序序列就应该是{node.data [] []}的形式。其中，node.data 表示根节点 node 的数据，[]表示空指针，两个连续的[]表示左右孩子都是空指针。

　　如果 node.leftChild 不为 null，则递归调用函数 printAllSubTree(node.leftChild)打印并获取 node 的左子树的先序序列；如果 node.rightChild 不为 null，则递归调用函数 printAllSubTree(node.rightChild)打印并获取 node 右子树的先序序列。最后打印序列{node.data leftSubtreeSeq rightSubtreeSeq}，这就是以 node 为根节点的二叉树的先序序列。

　　执行递归函数 printAllSubTree(node)可将以 node 为根节点的二叉树的先序序列打印出来，而在函数内部递归地调用 printAllSubTree(node.leftChild)和 printAllSubTree(node.rightChild)又可以将 node 的左子树和右子树的先序序列打印出来，这样一层一层地递归下去，直到访问到二叉树的叶子节点递归调用才会结束。这样就可以将整棵二叉树的全部子树打印出来。

　　使用 printAllSubTree()函数打印如图 12-14 所示的二叉树的全部子树，得到的结果如图 12-17 所示。

图 12-17　图 12-14 所示的二叉树的全部子树

如图 12-17 所示，该二叉树共有 9 棵子树（包括该二叉树本身），这里打印了每棵子树的先序序列（最后一个先序序列即为该二叉树本身的先序序列）。

接下来考虑如何只打印出重复子树的先序序列。既然可以打印二叉树的全部子树的先序序列，就不难从中筛选出重复子树的先序序列。最常用的方法就是利用 HashSet 中不能存放重复元素这一特性，将每次得到的先序序列以字符串的形式保存到一个 HashSet 中。如果先序序列不能被放到这个 HashSet 中，则说明它与 HashSet 中已保存的某个先序序列重复，只有在这种情况下我们才打印这个先序序列。该算法的代码实现如下。

```java
public String printAllDupicateSubTree(BinaryTreeNode node, HashSet<String> set) {
    if (node.rightChild == null && node.leftChild == null) {
        if (!set.add(node.data+ "[]" + "[]")) {
            // 不能加入 HashSet, 说明该子树有重复, 将其打印出来
            System.out.println(node.data + "[]" + "[]");
        }
        return node.data + "[]" + "[]";
    }
    String leftSubtreeSeq = "[]";
    String rightSubtreeSeq = "[]";
    if (node.leftChild != null) {
        leftSubtreeSeq = printAllDupicateSubTree(node.leftChild,set);
    }
    if (node.rightChild != null) {
        rightSubtreeSeq = printAllDupicateSubTree(node.rightChild,set);
    }
    if (!set.add(node.data + leftSubtreeSeq + rightSubtreeSeq)) {
        // 不能加入 HashSet, 说明该子树有重复, 将其打印出来
        System.out.println(node.data + leftSubtreeSeq + rightSubtreeSeq);
    }
    return node.data + leftSubtreeSeq + rightSubtreeSeq;
}
```

上述算法的实现在 printAllSubTree(BinaryTreeNode node)的基础上增加了一个 HashSet<String>

类型的参数 set，用 HashSet 容器来保存得到的每一棵子树的先序序列。当 set.add(seq)返回 false 时，表示先序序列 seq 与 HashSet 中已有的某个先序序列是重复的，说明该先序序列对应的子树也是重复的，此时才需要将这个先序序列打印出来。

下面给出本题的测试程序。

```
public static void main(String[] args) {
    LinkedList<Character> nodes = new LinkedList<Character>
            (Arrays.asList(new Character[]
            {'1','2','3',null,null,'4','5',null,null,null'2','3',null,
            null,'4','5',null,null,null}));
    DuplicateSubtree tree = new DuplicateSubtree();
    tree.CreateBinaryTree(nodes);
    tree.printAllDupicateSubTree();
}
```

在测试程序中，首先创建了一棵图 12-14 所示的二叉树，然后调用 printAllDupicateSubTree() 函数打印二叉树中的重复子树。程序的运行结果如图 12-18 所示，打印出的重复子树的先序序列与图 12-15 所示的重复子树完全一致。

图 12-18 运行结果

本题完整的代码及测试程序可从"微信公众号@算法匠人→匠人作品→《算法大爆炸》全书源代码资源→12-3"中获取。

12.4 还原二叉树

题目描述：

给定一棵二叉树的先序序列和中序序列，编写一个程序还原该二叉树。

本题难度：★★★★

题目分析：

根据二叉树的先序序列和中序序列还原二叉树是一个经典问题，要解决这个问题，不仅要掌握二叉树的递归特性，还要深刻理解二叉树的先序遍历和中序遍历。

二叉树由根节点、根节点的左子树、根节点的右子树 3 部分组成。只要得到这 3 部分，便可以组成一棵二叉树。现在题目中给出了二叉树的先序序列和中序序列，如何得到这 3 部分呢？我们先要对二叉树的先序序列和中序序列有深刻的理解。

二叉树的先序序列按照根节点、左子树、右子树的顺序遍历二叉树，例如，图 12-19 所示的二叉树的先序序列为 ABCDEF。二叉树的中序序列则按照左子树、根节点、右子树的顺序遍历二叉树，例如，图 12-19 所示的二叉树的中序序列为 CBDAFE。

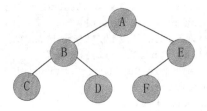

图 12-19　二叉树示例

仔细观察不难发现，在二叉树的先序序列中，第 1 个节点一定是该二叉树的根节点，这是因为先序遍历一定是从根节点开始的，根节点的后面是左子树的先序序列，再后面是右子树的先序序列。在二叉树的中序序列中，根节点可将左子树和右子树分隔开，左边是左子树的中序序列，右边是右子树的中序序列，这是因为中序序列一定遵循左子树、根节点、右子树的访问顺序。以图 12-19 所示的二叉树为例，其先序序列为 ABCDEF，所以它的根节点是 A；其中序序列为 CBDAFE，所以根节点 A 的左子树包含节点 CBD，右子树包含节点 EF，如图 12-20 所示。

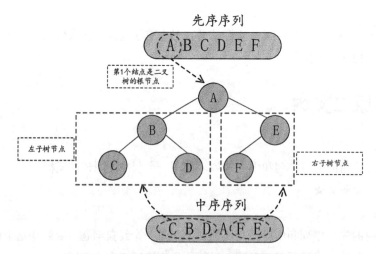

图 12-20　先序序列和中序序列与二叉树节点的对应关系

　　给定一棵二叉树的先序序列和中序序列，我们可以找到该二叉树的根节点，并且可以确定根节点的左子树和右子树中包含的节点。

　　只知道这些还是远远不够的，我们还必须知道左子树和右子树的具体形态，这样才能得到构成二叉树的 3 部分，从而还原整棵二叉树。那么如何得到根节点的左子树和右子树呢？我们知道二叉树本身具备递归结构，也就是说二叉树根节点的左子树和右子树本身也是二叉树，所以构建根节点左子树和右子树的方法与构建整棵二叉树的方法是完全相同的，只是问题的规模缩小了而已。

　　以左子树为例，我们只需要知道左子树的根节点，以及这个根节点的左、右子树，就可以通过左子树的先序序列和中序序列还原左子树。

　　如何得到左子树的先序序列和中序序列呢？前面已经讲到，二叉树的根节点将二叉树的中序序列分隔成左子树和右子树两部分，所以中序序列中根节点的左半部分即为根节点左子树的中序序列，而与之对应的先序序列就是先序序列中紧跟在根节点后面的一段序列（节点数量要与中序序列中的节点数量一致）。同理，中序序列中根节点的右半部分为根节点右子树的中序序列，而与之对应的先序序列就是先序序列中紧跟在左子树先序序列后面的一段序列（节点数量要与中序序列中的节点数量一致）。通过这个方法就可以找到二叉树中每一棵左子树和右子树的先序序列和中序序列。

　　构建右子树的方法与构建左子树的方法是相同的，图 12-21 可以形象地说明如何得到左、右子树的先序序列和中序序列。

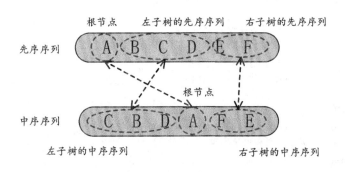

图 12-21　如何得到左、右子树的先序序列和中序序列

　　有了左子树的先序序列和中序序列，就可以得到左子树的根节点，进而通过递归的方法得到其左子树和右子树；同理，有了右子树的先序序列和中序序列，就可以得到右子树的根节点，进而通过递归的方法得到其左子树和右子树。如此一层一层递归调用，最终构成一棵完整的二叉树。

下面给出应用递归算法还原二叉树的算法描述，适用于每一层递归调用。

（1）首先通过二叉树的先序序列得到当前子树的根节点。

（2）按照图 12-21 所示的方法得到根节点左子树的先序序列和中序序列，再通过递归调用还原出根节点的左子树。

（3）按照图 12-21 所示的方法得到根节点右子树的先序序列和中序序列，再通过递归调用还原出根节点的右子树。

（4）建立根节点与其左、右子树的关联（给 root.leftChild、root.rightChild 赋值），并将根节点 root 返回。

下面给出还原二叉树的代码描述。

```java
public static BinaryTreeNode createBinaryTree
            (String preOrderList, String inOrderList) {

    //如果当前先序序列 preOrderList 和中序序列 inOrderList 都为 null
    //则说明不存在二叉树，因此返回 null 即可
    if (preOrderList == null && inOrderList == null) {
        return null;
    }

    //从先序序列中取出第 1 个元素，该元素为二叉树的根节点
    char e = preOrderList.charAt(0);
    //创建根节点
    BinaryTreeNode root = new BinaryTreeNode(e);

    //leftInOrderList 为左子树的中序序列
    //leftPreOrderList 为左子树的先序序列，初始化为 null
    String leftInOrderList = null;
    String leftPreOrderList = null;

    //找到根节点元素在中序序列中的位置(index)
    int index = inOrderList.indexOf(e);
    //获取左子树的先序序列和中序序列
    if (index > 0) {
        leftInOrderList = inOrderList.substring(0,index);
        leftPreOrderList = preOrderList.substring(1,index+1);
    }

    //rightInOrderList 为右子树的中序序列
    //rightPreOrderList 为右子树的先序序列，初始化为 null
    String rightInOrderList = null;
```

```
    String rightPreOrderList = null;

    //获取左子树的先序序列和中序序列
    if (index + 1 < inOrderList.length()) {
        rightInOrderList
            = inOrderList.substring(index+1,inOrderList.length());
        rightPreOrderList
            = preOrderList.substring(index+1,preOrderList.length());
    }

    //通过左子树的先序序列和中序序列递归地还原左子树，并与根节点建立关联
    root.leftChild
        = createBinaryTree(leftPreOrderList,leftInOrderList);
    //通过右子树的先序序列和中序序列递归地还原右子树，并与根节点建立关联
    root.rightChild
        = createBinaryTree(rightPreOrderList,rightInOrderList);
    //返回二叉树的根节点
    return root;
}
```

在上述代码中，函数 BinaryTreeNode createBinaryTree(String preOrderList, String inOrderList) 的作用是通过二叉树的先序序列和中序序列还原二叉树。参数 preOrderList 为二叉树的先序序列，参数 inOrderList 为二叉树的中序序列，函数的返回值为 BinaryTreeNode 类型的二叉树根节点。

在函数 createBinaryTree()中，首先要判断 preOrderList 和 inOrderList 是否为 null，如果都为 null 则说明当前的递归调用中不需要创建二叉树，递归执行到这里就可以结束了，返回 null 即可。

接下来要生成根节点、通过左子树的先序序列和中序序列还原左子树、通过右子树的先序序列和中序序列还原右子树、建立左子树和右子树与根节点的关联，并返回根节点。最终可将二叉树完整地恢复出来。

下面给出本题的测试程序，以验证该算法的正确性。

```
public static void main(String[] args) {
    String preOrderList = "ABCDE";
    String inOrderList = "ACBDE";
    BinaryTreeNode root = createBinaryTree(preOrderList,inOrderList);
    PostOrderTraverse(root);
}
```

测试程序中要还原的二叉树比较特殊，它的根节点只有右子树，没有左子树，其形态如图 12-22 所示。

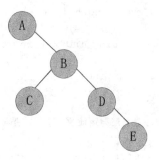

图 12-22　二叉树示例

通过 createBinaryTree() 函数还原二叉树，调用 PostOrderTraverse() 函数后遍历该二叉树，得到的结果如图 12-23 所示。

CEDBA

图 12-23　运行结果

遍历该二叉树得到的后序序列是正确的，这说明我们还原出的二叉树也是正确的。

本题完整的代码及测试程序可从"微信公众号@算法匠人→匠人作品→《算法大爆炸》全书源代码资源→12-4"中获取。

12.5　二叉树类面试题解题技巧

二叉树类问题是树结构相关面试题中出现最频繁的问题。要解决这类问题，首先要对二叉树的定义、性质以及相关的概念和术语有全面的认识。在此基础上，还要对二叉树的遍历方法和递归特性有充分的理解。

1. 理解二叉树的定义、性质和相关概念

二叉树是一种经典的树型结构，它不但在存储方式上比线性结构复杂许多，而且概念、性质和术语较多。例如在 12.1 节中，要求我们编写程序判定完全二叉树，如果我们不知道什么是完全二叉树，或者不清楚完全二叉树有哪些性质，就会无从下手。再例如 2.6 节中计算二叉树的深度和二叉树叶子节点的数量，如果我们不知道什么是二叉树的深度、什么是二叉树的叶子节点，就无法给出正确答案。

2. 利用二叉树遍历解决问题

在二叉树类面试题中，有一部分可以通过遍历来解决。因此对于二叉树的 4 种遍历方法（先序遍历、中序遍历、后序遍历、按层次遍历），大家应当充分掌握、深刻理解，以至于烂熟于心。

寻找具有某些特殊性质的节点的问题就是典型的通过遍历二叉树可以解决的问题。例如对于计算二叉树叶子节点的数量的问题，只需遍历二叉树，就可以访问到二叉树的每个节点。如果访问到的节点恰好是叶子节点，则将累加器变量加 1，这样遍历完整棵二叉树后，全部叶子节点都将被加到累加器变量中，这个变量的值就是该二叉树中叶子节点的数量。

12.1 节中的判定完全二叉树的问题也是通过遍历二叉树来解决的。在遍历二叉树的过程中，每访问到一个节点都判断该节点是否满足完全二叉树的性质。如果不满足（例如第 $k-1$ 层节点的左孩子为空，但右孩子不为空），就可以判定这棵二叉树不是完全二叉树。如果遍历完整棵二叉树都没有访问到不满足完全二叉树性质的节点，则可以判定这棵二叉树是完全二叉树。

遍历二叉树除了可以访问到二叉树中每个节点，还可以从中获取二叉树自身的一些信息。例如对于计算二叉树的深度的问题，2.6 节中给出的解法是利用二叉树的递归特性分别得到根节点左子树的深度和根节点右子树的深度，从中选择较大值加 1 作为整棵二叉树的深度。其实本题也可以使用遍历二叉树的方法解决。通过深度优先遍历算法（先序、中序、后序遍历皆可）遍历二叉树的每一个节点，每执行一次递归调用，访问的节点的层数就会加 1，我们可以利用这个特性记录下二叉树中底层节点的层数，这个值就是二叉树的深度。

3. 利用二叉树的递归特性解决问题

二叉树具有递归特性，这一特性常被用于解决二叉树类问题。一个典型的案例就是 12.4 节中的利用先序序列和中序序列还原二叉树。二叉树由根节点、根节点的左子树、根节点的右子树 3 部分组成，而根节点的左子树和右子树本身也是二叉树，它们同样由根节点、根节点的左子树、根节点的右子树 3 部分组成。我们在还原二叉树时就利用了这种递归特性，首先通过先序序列获取根节点，然后利用先序序列和中序序列还原它的左子树和右子树，最后建立根节点与其左、右子树的关联。其中还原左子树和右子树的过程与还原整棵二叉树的过程是完全相同的，只是问题的规模缩小了一些。

另外，许多通过遍历二叉树解决的问题也可以利用二叉树的递归特性解决，例如计算二叉树叶子节点的数量这个问题。计算二叉树叶子节点的数量，其实就是计算二叉树根节点左子树和右子树的叶子节点的数量之和，而左子树和右子树本身也是二叉树，所以计算它们的叶子节点数量的方法与计算整棵二叉树的叶子节点数量的方法是相同的，这样就找到了该问题的递归结构。

无论是遍历二叉树，还是利用二叉树自身的递归特性，其本质都是使用递归方法解决问题。不同之处在于，遍历二叉树的方法本身更加简单直观、易于理解，只需在遍历算法的基础上稍加改造就可以实现，但是这种方法并没有很好地利用二叉树的递归特性，具有局限性。而利用二叉树的递归特性解决问题虽然抽象，但可以处理的问题更多。

第13章
递归和动态规划系列面试题

之所以把递归和动态规划放在一起讲，是因为二者之间既有相同点，又存在本质的差别。递归和动态规划的相似之处在于，它们都是将一个规模较大的问题分解为相同类型的规模较小的问题，然后逐一求解再汇聚成一个大的问题；不同之处是动态规划算法以自底向上的方式计算最优解，递归算法则采用自顶向下的方式。本章我们就来通过一些经典的面试题目，进一步加深对递归和动态规划算法的理解。

13.1　分解质因数

题目描述：

众所周知，任何一个合数都可以写成几个质数相乘的形式，这几个质数叫作这个合数的质因数，例如 24=2×2×2×3。把一个合数写成几个质数相乘的形式叫作分解质因数。一个质数的质因数是它本身。编写一个程序实现分解质因数。

本题难度：　★

题目分析：

要解决此题，首先要理解什么是质数、什么是合数，以及它们之间的关系。

质数是除了 1 和它本身再没有其他因数的数字，例如 3、5、7 等。合数是除了 1 和它本身还存在其他因数的数字，例如 24 的因数除了 1 和 24 还有 2，将 24 分解质因数为 24= 2×2×2×3，其中每个因数（2、2、2、3）都是质数。

对整数 n 分解质因数时，如果 n 本身是质数，则直接返回 n，不需要分解。如果 n 是合数，则从 2 到 n–1 顺序地查找 n 的因数，第 1 个找到的因数 i 一定是质因数。例如 24 = 2×12，2 是找到的第 1 个 24 的因数，也是质因数。

上述结论可用反证法证明：假设 i 不是质因数，则 i 除了 1 和 i 还有其他因数，即存在 p、q $\in[2,n-1]$ 使得 $pq=i$。因此 $pq(n/i)=n$，p 和 q 也是 n 的因数。因为我们从 2 开始递增求 n 的因数，又因为 i 是第 1 个找到的因数，所以在 i 之前不会有其他的因数，结论与题设矛盾。因此假设错误，i 一定是质因数。

接下来继续对 n/i 分解质因数，很显然，这是一个递归调用过程，对 n/i 分解质因数的过程与对 n 分解质因数的过程是一样的，只是问题的规模缩小了。可用下面这段代码描述分解质因数的过程。

```java
public static void getPrimeFactor(int n) {
    int i;
    if(isPrime(n)) {
        System.out.print(n + " ");              //参数 n 是质数，输出之，并返回
    } else {
        for(i = 2; i <= n-1; i++) {
            if(n % i == 0){
                System.out.print(i + " ");       //第 1 个因数一定是质因数
                getPrimeFactor(n/i);             //递归地调用 PrimeFactor 分解 n/i
                break;
            }
        }
    }
}
```

在上面这段代码中调用了函数 isPrime(n) 来判断参数 n 是否是质数，该函数的实现如下。

```java
private static boolean isPrime(int n) {
    if (n == 1 || n == 2) {
        return true;
    }
    for (int i=2; i<n; i++) {
        if (n % i == 0) {
            return false;
        }
    }
    return true;
}
```

下面给出本题的测试程序。

```java
public static void main(String[] args) {
    getPrimeFactor(1155);
    System.out.println();
```

```
getPrimeFactor(1024);
System.out.println();
getPrimeFactor(210);
}
```

在测试程序中，分别对 1155、1024、210 三个正整数分解质因数，得到的结果如图 13-1 所示。

图 13-1　运行结果

本题完整的代码及测试程序可从"微信公众号@算法匠人→匠人作品→《算法大爆炸》全书源代码资源→13-1"中获取。

13.2　拨号盘字母组合

题目描述：

在手机的拨号盘中，每一个数字按键（除 1 外）都对应一组英文字母，如图 13-2 所示。

图 13-2　拨号盘示意

现给定一个数字字串，要求返回所有可能的字符串组合。

例如：给定数字字串 23，输出[ad, ae, af, bd, be, bf, cd, ce, cf]。

题目难度：★★

题目分析：

按照题目的要求，如果给定一串包含 n 个数字的电话号码字串，要求得到该号码对应英文字母的全部组合，那么得到的组合数量应为 $x_1 \times x_2 \times \cdots \times x_n$，其中 x_i 表示第 i 个数字所对应的英文字母的数量。举例来说，给定数字字符串 23，数字 2 对应 A、B、C 这 3 个字母，数字 3 对应 D、E、F 这 3 个字母，最终得到的组合数量为 3×3=9，即[ad,ae,af,bd,be,bf,cd,ce,cf]。所以本题的实质是从 n 个数字对应的 n 组字母序列的每一组中任意选取一个字母，然后做任意组合，找出所有可能的组合。

如何找出所有的组合呢？直观的方法是利用一个多重循环将每一组字母序列中的字母进行组合，最终可穷举出全部的组合。这个方法的问题是过于刻板，如果给定一串包含 n 个数字的电话号码，则需要对应一个 n 重循环来完成穷举操作，这样的代码缺乏灵活性，不推荐使用。

其实我们可以自顶向下从宏观角度思考这个问题。假设给定的数字字串长度为 3，那么可以以数字字串中第 1 个数字 2 对应的一组英文字母对组合进行分类，如图 13-3 所示。

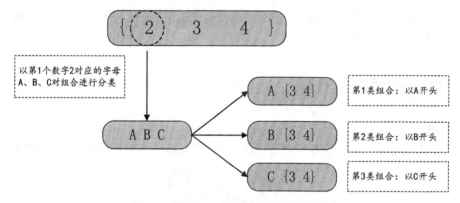

图 13-3   以数字 2 对应的字母对组合进行分类

如图 13-3 所示，给定的电话号码为 234，在拨号键中，数字 2 对应的字母是 A、B、C，数字 3 对应的字母是 D、E、F，数字 4 对应的字母是 G、H、I，现在要计算电话号码 234 对应的字母组合数量。我们可以以第 1 个数字 2 对应的字母对组合的结果进行分类：以字母 A 开头的组合分为一类，以字母 B 开头的组合分为一类，以字母 C 开头的组合分为一类。最终的结果一定包含在这三类组合之中，不存在字母组合的开头既不是 A 也不是 B 或 C 的情况。

显然，在每一类组合中又包含规模更小的组合。继续以数字 3 对应的字母对组合进行分类，如图 13-4 所示。

上述方法构成了解决该问题的递归结构。

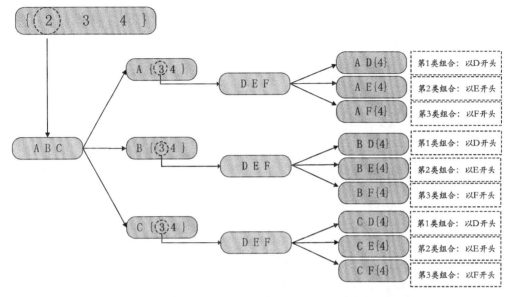

图 13-4　继续以数字 3 对应的字母对组合进行分类

下面给出本题的 Java 代码描述，然后结合代码进一步讲解递归算法的实现。

```java
public class LetterCombinations {
    //phoneNumbers 存放拨号盘上数字和字母列表的对应关系
    public static HashMap<Integer,String> phoneNumbers =
                            new HashMap<Integer,String>();

    static {
        phoneNumbers.put(2, "ABC");
        phoneNumbers.put(3, "DEF");
        phoneNumbers.put(4, "GHI");
        phoneNumbers.put(5, "JKL");
        phoneNumbers.put(6, "MNO");
        phoneNumbers.put(7, "PQRS");
        phoneNumbers.put(8, "TUV");
        phoneNumbers.put(9, "WXYZ");
    }

    public static void getLetterCombinations(int[] numbers) {
        Stack<Character> stack = new Stack<Character>();
        getLetterCombinations(numbers, stack);
    }

    public static void getLetterCombinations
```

```
                        (int[] numbers, Stack<Character> stack) {
    if (numbers.length == 1) {
        String characters = phoneNumbers.get(numbers[0]);
        for (int i=0; i<characters.length(); i++) {
            //输出一个结果（字母组合）
            stack.push(characters.charAt(i));
            System.out.println(stack);
            stack.pop();
        }
        return;
    }

    String characters = phoneNumbers.get(numbers[0]);
    int[] tmp = new int[numbers.length-1];
    System.arraycopy(numbers,1,tmp,0,numbers.length - 1);
    for (int i=0; i<characters.length(); i++) {
        //以字母 characters.charAt(i)作为组合的开头
        stack.push(characters.charAt(i));
        //递归调用 getLetterCombinations(tmp,stack)继续寻找 tmp 对应的字母组合
        getLetterCombinations(tmp,stack);
        stack.pop();
    }
  }
}
```

在上述代码中，首先定义了一个 HashMap 容器 phoneNumbers，该容器的作用是存放拨号盘上数字和字母列表的对应关系。例如数字 2 对应的字母是 A、B、C，在 HashMap 中就体现为当 key=2 时对应的 value 为字符串"ABC"。

函数 getLetterCombinations(int[] numbers)的参数 numbers 是一个整型数组，用来存放给定的电话号码。该函数的作用是获取 numbers 中每个数字对应字母的所有组合，并将这些字母组合输出到屏幕上。在函数 getLetterCombinations(int[] numbers)中定义了一个 stack 对象，它的作用是存放字母组合的结果，所以 stack 中最多可存放与数组 numbers 中元素数量相同的字母。然后 getLetterCombinations(int[] numbers) 会调用递归函数 getLetterCombinations(int[] numbers, Stack<Character> stack) 完成查找字母组合的操作。

在递归函数 getLetterCombinations(int[] numbers, Stack<Character> stack)中，首先判断数组 numbers 的长度是否为 1，如果为 1 就表示本层递归调用中给定的电话号码仅包含 1 个数字，此时该数字对应的字母组合是 phoneNumbers.get(number[0])得到的字符串中每个字母构成的组合，如图 13-5 所示。

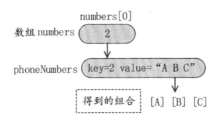

图 13-5　单个数字对应的字母组合（每个字母都构成一个组合）

通过 for 循环并利用 stack 输出所有组合，然后返回。numbers 的长度等于 1 也是递归结束的条件。

如果数组 numbers 的长度不为 1，就需要按照前面讲到的方法以 numbers 中第 1 个数字 numbers[0]对应的字母作为开头对组合进行分类。在这个过程中需要将数字 numbers[0]对应的字母压入 stack 中，并调用递归函数 getLetterCombinations(tmp,stack)在子串 tmp（子串 tmp 由 numbers 中除去 numbers[0]的其他数字构成）中继续寻找组合。

每执行一层递归调用，传入的子数组 tmp 的长度就会减 1。当数组的长度为 1 时满足 numbers.length == 1 的判断条件，此时可利用 stack 将得到的组合逐一输出，然后通过 return 语句结束本次递归调用。

通过上述代码可输出给定的数字字串 numbers 中所有可能的字母组合。我们可通过如下测试程序验证上述代码的正确性。

```java
public static void main(String[] args) {
    int[] numbers = {2,3};
    getLetterCombinations(numbers);
}
```

在测试程序中，首先初始化了数组 numbers={2,3}，然后调用函数 getLetterCombinations (numbers)输出"23"对应的所有可能的字符串组合。程序的运行结果如图 13-6 所示。

图 13-6　运行结果

本题完整的代码及测试程序可从"微信公众号@算法匠人→匠人作品→《算法大爆炸》全书源代码资源→13-2"中获取。

13.3 组合的总和

题目描述：

给定一个无重复元素的数组 candidates 和一个目标数 target，找出 candidates 中所有可以使数字之和为 target 的组合。candidates 中的数字可以无限次被选取。

举例说明。

输入：candidates={2,3,6,7}，target=7

输出：{7}，{2,2,3}

输入：candidates={2,3,5}，target=8

输出：{2,2,2,2}，{2,3,3}，{3,5}

题目难度：★★★

题目分析：

大家可能会想到使用穷举法解决此题，也就是利用一个 0/1 数组 $X=\{x_1,x_2,x_3,\cdots,x_n\}$ 表示数组 candidates 中 n 个元素的取舍，当 x_i=1 时表示选取该元素，当 x_i=0 时表示不选取该元素，通过这种方式穷举出所有可能的组合，然后从中筛选出符合题目要求的答案。但是题目中要求 candidates 中的数字可以无限次被选取，所以使用这种方法其实并不容易解决该问题。

本题还可以使用递归方法求解，因为该问题本身具备递归结构。我们要得到数组 candidates 中某些元素的组合，并使每个组合中的元素之和等于给定的 target，所以可以将这个问题拆分成两个小问题。

（1）组合中包含元素 candidates[0]，从而可以得到一系列组合。

（2）组合中不包含元素 candidates[0]，从而又可以得到一系列组合。

这两类组合就构成了该问题的完整解空间。

如果定义函数 getCombine(int[] candidates, int target)的作用是获取数组 candidates 中的全部组合，使其组合中元素之和等于 target，那么 getCombine(int[] candidates, int target)可表示为如图 13-7 所示的形式。

图 13-7　通过函数 getCombine()获取数组元素的组合

很显然，上面的表达式中递归地调用了函数 getCombine()，将一个规模较大的问题拆分成两个规模较小的问题。第 1 个组合中包含 candidates[0]，递归调用 getCombine(candidates[1...n], target-candidates[0])，在子数组 candidates[1...n]中寻找组合，该组合中的元素之和等于 target-candidates[0]，这样完整的组合中的元素之和就是 target。第 2 个组合中不包含 candidates[0]，而是直接递归调用 getCombine(candidates[1...n],target)，在子数组 candidates[1...n] 中寻找组合，组合中元素之和等于 target。

需要注意的是，上述递归表达式并没有满足题目中给出的"candidates 中的数字可以无限次被选取"的要求，因为组合中最多包含 1 个 candidates[0]。所以我们还要对上述表达式做如图 13-8 所示的修改。

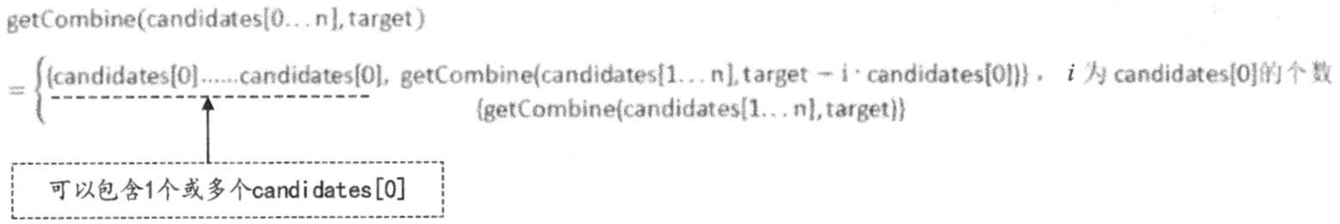

$$getCombine(candidates[0...n], target)$$
$$= \begin{cases} \{candidates[0]......candidates[0], \ getCombine(candidates[1...n], target - i \cdot candidates[0])\}, \quad i \ 为 \ candidates[0]的个数 \\ \{getCombine(candidates[1...n], target)\} \end{cases}$$

可以包含1个或多个candidates[0]

图 13-8　函数 getCombine()更完备的表达

在上面这个表达式中，第 1 个组合中的 candidates[0]可以有多个。至于选取多少个要根据实际情况而定，但是必须满足(candidates[0]×数量)≤target。

通过上述递归表达式，可以得到符合题目要求的全部组合。

下面先给出本算法的代码实现，然后结合代码深入讲解。

```java
public static void getCombine(int[] candidates, int target, Stack<Integer> stack) {
    int[] tmp;
    if (candidates[0] == target) {
        //如果 candidates[0]恰好等于 target，则找到一个答案
        //将 candidates[0]压入栈，然后输出这个组合
        stack.push(candidates[0]);
```

```
        System.out.println(stack);
        stack.pop();

        if (candidates.length > 1) {
            //如果数组 candidates 的长度大于 1，则还要在
            //candidates[0]后面的子数组 candidates[1...n]中继续寻找组合
            tmp = new int[candidates.length - 1];
            System.arraycopy(candidates,1,tmp,0,candidates.length - 1);
            getCombine(tmp,target,stack);
        }
    } else if (candidates[0] > target) {
        //如果 candidates[0]>target，则不能选取 candidates[0]
        //于是在子数组 candidates[1...n]中继续寻找组合

        if (candidates.length > 1) {
            tmp = new int[candidates.length - 1];
            System.arraycopy(candidates,1,tmp,0,candidates.length - 1);
            getCombine(tmp,target,stack);
        }
    } else {
        //如果 candidates[0]<target，则分两种情况考虑

        // (1) 选取 candidates[0]，并循环试探选取多个 candidates[0]
        //然后递归调用 getCombine()在子数组 candidates[1...n]中继续寻找组合
        if (candidates.length > 1) {
            int i,j;
            for (i=1; i*candidates[0]<=target; i++) {
                stack.push(candidates[0]);    //将 candidates[0]压入栈
                if (i*candidates[0] == target) {
                    //如果 i 个 candidates[0]之和恰好等于 target，则找到一个答案
                    //于是将 stack 中保存的组合输出
                    System.out.println(stack);
                } else {
                    //递归调用 getCombine()在子数组 candidates[1...n]中继续寻找组合
                    tmp = new int[candidates.length - 1];
                    System.arraycopy(candidates,1,tmp,0,
                                        candidates.length - 1);
                    getCombine(tmp,target-i*candidates[0],stack);
                }
            }

            for (j=0; j<i-1; j++) {
                stack.pop();   //清空本层递归调用压入 stack 的数组元素
            }
```

```
        // (2) 不选取 candidates[0]，然后递归调用 getCombine()
        // 在子数组 candidates[1...n]中继续寻找组合
        tmp = new int[candidates.length - 1];
        System.arraycopy(candidates,1,tmp,0,candidates.length - 1);
        getCombine(tmp,target,stack);
    }
  }
}
```

与前面讲到的表达式类似，函数 getCombine(int[] candidates, int target, Stack<Integer> stack) 的作用是获取数组 candidates 中元素之和等于 target 的全部组合。这里还多出了一个参数 Stack<Integer> stack，它的作用是暂存得到的组合，并将其输出到屏幕上。

函数 getCombine()内部的操作与前面讲到的表达式稍有不同，主要是多了一些细节上的判断。

首先判断 candidates[0]是否等于参数 target，如果 candidates[0]等于 target，则可以直接得到一个答案，于是将 candidates[0]压入 stack，并在屏幕上输出该组合。如果此时数组 candidates 的长度大于 1，则还需要递归调用函数 getCombine()，在 candidates[0]后面的子数组 candidates[1...n]中继续寻找元素之和为 target 的组合，图 13-9 为这种情形的示意。

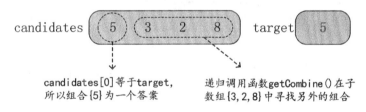

图 13-9 第 1 种情形

如果 candidates[0]大于 target，则最终的组合中一定不会存在数组元素 candidates[0]，所以仅需要递归调用函数 getCombine()在子数组 candidates[1...n]中继续寻找元素之和为 target 的组合（如果此时 candidates 的长度大于 1），图 13-10 为这种情形的示意。

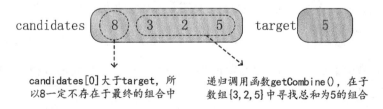

图 13-10 第 2 种情形

candidates[0]小于 target 就是前面表达式中讨论的情形，此时需要分两种情况考虑。

（1）选取 candidates[0]，并循环试探选取多个 candidates[0]，然后递归调用 getCombine()在子数组 candidates[1...n]中继续寻找元素之和为 target-i·candidates[0]（其中 i 为选取的 candidates[0] 的数量）的组合，图 13-11 为这种情况的示意。

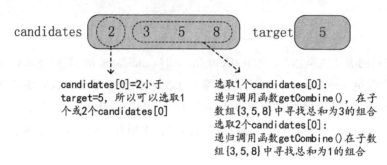

图 13-11　选取 candidates[0]的情况

（2）不选取 candidates[0]，然后递归调用 getCombine()，在子数组 candidates[1...n]中继续寻找元素之和为 target 的组合，图 13-12 为这种情况的示意。

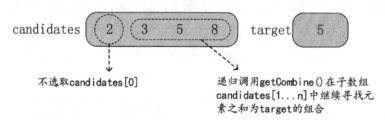

图 13-12　不选取 candidates[0]的情况

经过上述操作，就可以在数组 candidates 中找出符合题目要求的全部组合，并将其输出。本算法的测试程序如下。

```
public static void main(String[] args) {
    int[] array = {2,3,5};
    Stack <Integer> stack = new Stack<Integer> ();
    getCombine(array, 8, stack);
}
```

在 main()函数中给定一个无重复元素的数组{2,3,5}和一个目标数 8，要找出数组{2,3,5}中所有可以使数字之和为 8 的组合。程序的运行结果如图 13-13 所示。

图 13-13　运行结果

本题完整的代码及测试程序可从"微信公众号@算法匠人→匠人作品→《算法大爆炸》全书源代码资源→13-3"中获取。

13.4　在大矩阵中找 *k*

题目描述：

有一个 $m×n$ 阶的整数矩阵，m 和 n 可以是任意值。矩阵的每一行都按值严格递增，矩阵的每一列也按值严格递增，矩阵中没有重复数字。现在输入一个整数 k，要求在该矩阵中查找是否存在 k，如果存在则指出 k 在矩阵中的位置，否则显示提示信息。要求使用复杂度尽可能小的算法实现。

题目难度：★★★

题目分析：

因为矩阵的每一行都按值严格递增，矩阵的每一列也按值严格递增，如图 13-14 所示，所以可以充分利用这个条件设计出高效的算法。

$$\begin{bmatrix} 1 & 2 & 3 & 4 \\ 5 & 6 & 7 & 8 \\ 9 & 10 & 11 & 12 \\ 13 & 14 & 15 & 16 \end{bmatrix}$$

图 13-14　每一行和每一列都严格按值递增的矩阵

不难发现，图 13-14 所示矩阵的任何子矩阵都是左上角的元素最小，右下角的元素最大。如图 13-15 所示。

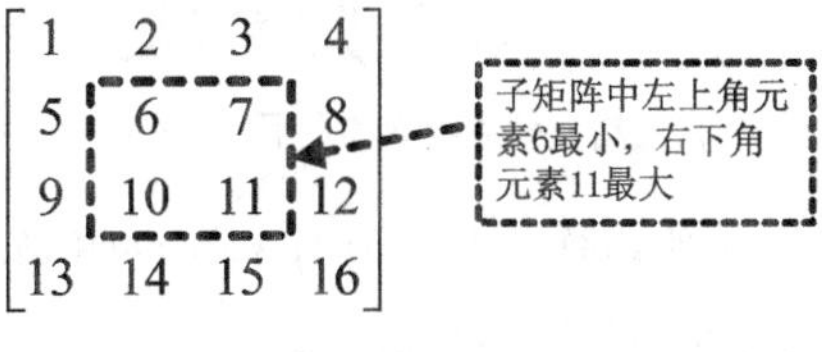

$$\begin{bmatrix} 1 & 2 & 3 & 4 \\ 5 & 6 & 7 & 8 \\ 9 & 10 & 11 & 12 \\ 13 & 14 & 15 & 16 \end{bmatrix}$$

子矩阵中左上角元素6最小，右下角元素11最大

图 13-15　任何子矩阵都是左上角的元素最小，右下角的元素最大

所以在查找元素 k 时，如果 k 小于某一个子矩阵左上角的元素，那么该子矩阵中的任何元

素都大于 k，没有必要逐一与 k 进行比较；同理，如果 k 大于某一个子矩阵右下角的元素，那么该子矩阵中的任何元素都小于 k，该矩阵中的元素也没有必要再与 k 进行比较。这样会减少很多次比较。

按照上述思路，可以设计出如下查找元素 k 的算法。

给定一个值 k，将 k 与该矩阵的对角线上的元素进行比较。如果 k 小于矩阵第 1 行第 1 列上的元素，则该矩阵中的元素都大于 k；如果 k 大于矩阵最后一行最后一列上的元素，则该矩阵中的元素都小于 k。

否则沿着对角线元素进行逐一比较。如果恰好找到一个对角线上的元素等于 k，则程序返回成功，否则 k 在某两个对角线元素之间。例如在图 13-14 所示的矩阵中查找元素 8，将 8 与矩阵的对角线元素进行比较，由于 8 小于 11，同时 8 大于 6，因此左上角的矩阵与右下角的矩阵可以排除在查找的范围之外，如图 13-16 所示。

$$\begin{bmatrix} 1 & 2 & 3 & 4 \\ 5 & 6 & 7 & 8 \\ 9 & 10 & 11 & 12 \\ 13 & 14 & 15 & 16 \end{bmatrix}$$

图 13-16　左上角的矩阵与右下角的矩阵可以排除在查找的范围之外

接下来仅需查找右上角的矩阵和左下角的矩阵。在这两个子矩阵中查找 k 值的方法与在整个大矩阵中查找 k 值的方法相同，依然是从对角线开始。

但是问题并非这样简单，因为上面只考虑了方阵的情况，即矩阵中存在对角线。而题目中并没有指出矩阵是方阵，假设我们查找的元素 k 是 4 而不是 8，下一次查找的右上角矩阵和左下角矩阵也不是方阵，如图 13-17 所示。

$$\begin{bmatrix} 1 & 2 & 3 & 4 \\ 5 & 6 & 7 & 8 \\ 9 & 10 & 11 & 12 \\ 13 & 14 & 15 & 16 \end{bmatrix}$$

图 13-17　右上角的矩阵和左下角的矩阵都不是方阵的情况

可以看到右上角为 1×3 的矩阵，左下角为 3×1 的矩阵。因此算法中还要考虑列数大于行数的矩阵以及行数大于列数的矩阵这两种情况。

对于列数大于行数的矩阵，如果 k 大于矩阵 $p[i][j]$（$i=j=0,1,2,3,\cdots$）中的任何元素，那么下一步的查找范围就限定在图 13-18 中阴影覆盖的矩阵块中，因为矩阵中其他部分的元素一定小于 k。

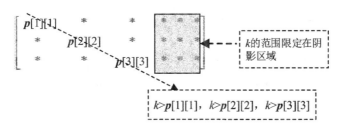

图 13-18　列数大于行数的矩阵

对于行数大于列数的矩阵，如果 k 大于矩阵 $p[i][j]$（$i=j=0,1,2,3,\cdots$）中的任何一个元素，那么下一步的查找范围就限定在图 13-19 中阴影覆盖的矩阵块中，因为矩阵中其他部分的元素一定小于 k。

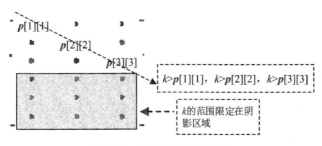

图 13-19　行数大于列数的矩阵

对于行数和列数不等的矩阵，如果 k 位于两个 $p[i][j]$（$i=j=0,1,2,3,\cdots$）之间，那么接下来的搜索过程与在方阵中的做法是一样的，仅在右上角的矩阵和左下角的矩阵中查找，如图 13-20 所示。

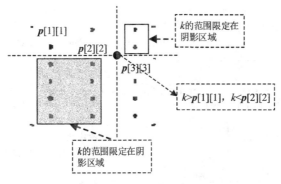

图 13-20　行数和列数不等的矩阵

综上所述，在将 k 与 $p[i][j]$（$i=j=0,1,2,3,\cdots$）进行比较时，需要分以下几种情况考虑。

◎ 如果 k 小于矩阵左上角的元素，则表明该矩阵中不含有元素 k，返回。

◎ 如果在 $p[i][j]$ 上查找到 k，则返回成功。

◎ 如果 k 位于两个 $p[i][j]$ 之间，则在右上角和左下角两个矩阵中继续查找。

◎ 如果 k 大于 $p[i][j]$ 上的任何元素，则分两种情况考虑：如果 p 是一个方阵，则元素 k 不在该矩阵中；如果 p 不是一个方阵，则在图 13-18 或图 13-19 所示的阴影区域中继续查找。

该算法运用递归分治的思想，具体的代码描述如下。

```java
class Location {
    int row;
    int column;
    public Location(int row, int column) {
        this.row = row;
        this.column = column;
    }
}


public class FindK {
    int[][] p;
    Location searchK(int i,int j,int s,int t,int k) {
        Location position;
        int i_tmp = i, j_tmp = j;
        for(i_tmp=i, j_tmp=j; i_tmp<=s && j_tmp<=t; i_tmp++, j_tmp++) {
            //沿着对角线搜索
            if(p[i_tmp][j_tmp] == k) {                      //在对角线上找到了 k
                return new Location(i_tmp,j_tmp);           //返回 k 在 p 中的位置
            } else if(k < p[i_tmp][j_tmp]) {
                if(i_tmp>i && j_tmp>j && i_tmp<=s && j_tmp<=t) {
                    //k 位于两个 p[i][j]之间
                    if((position = searchK(i,j_tmp,i_tmp-1,t,k))!=null) {
                        return position;                    //在右上方矩阵中找到 k 并返回
                    }
                    if((position = searchK(i_tmp,j,s,j_tmp-1,k)) != null) {
                        return position;                    //在左下方矩阵中找到 k 并返回
                    }
                    return null;                            //没有找到 k，返回 null
                } else {                                    //k 小于对角线的任何值，返回 null
                    return null;
                }
            }
        }
    }
```

```
    //k 大于对角线上的任何值，分两种情况讨论
    //（1）不是方阵的情况
    if(j_tmp>t && i_tmp<=s) {              //行大于列的矩阵
        if((position = searchK(i_tmp,j,s,t,k)) != null) {
            return position;
        }
    } else if(i_tmp>s && j_tmp<=t)     { //行小于列的矩阵
        if((position = searchK(i,j_tmp,s,t,k)) != null) {
            return position;
        }
    }
    //（2）如果是方阵则说明 k 大于矩阵中的任何值，返回 null
    return null;
    }
}
```

函数 searchK(int i,int j,int s,int t,int k)的作用是在二维数组 p 中查找元素 k。如果存在则返回 k 在 p 中的位置（Location 对象），否则返回 null。参数 i 和 j 为当前搜索的矩阵的左上角元素的行号和列号（行号列号从 0 开始），参数 s 和 t 为当前搜索的矩阵的右下角元素的行号和列号，这两对行列号确定了当前的查找范围。参数 k 为查找的元素值。

接下来通过一个 for 循环在矩阵的(i, j)~(s, t)范围内查找 k，这里将 p[i_tmp][j_tmp]与 k 逐一比较。作为数组 p 的下标，变量 i_tmp 和 j_tmp 的初始值都是 0（在第 1 次调用函数时传递进来），每执行完一次循环都执行 i_tmp++和 j_tmp++操作，因此搜索 k 的操作始终在矩阵的对角线（p[i][j]，i=j）上进行。

如果 p[i_tmp][j_tmp] == k，则说明在矩阵的对角线上找到了元素 k，于是将 k 在 p 中的位置(i_tmp, j_tmp)返回。

如果 k < p[i_tmp][j_tmp]并且满足条件(i_tmp>i && j_tmp>j && i_tmp<=s && j_tmp<=t)，则说明 k 位于对角线上两个元素之间，此时要递归调用函数 searchK()在矩阵的右上角和左下角子矩阵中继续寻找 k。只要在任意一个子矩阵中找到了 k，函数就返回。

如果 k 小于任何 p[i_tmp][j_tmp]，也就是说 k 小于矩阵对角线上的所有元素，则说明矩阵中没有 k，此时返回 null。

如果 for 循环结束后，j_tmp>t 并且 i_tmp<=s，则表明当前搜索的矩阵是行数大于列数的矩阵。因此下一步的查找范围限定在图 13-19 的阴影区域，也就是递归调用函数 search_K(i_tmp,j,s,t,k)的过程。阴影区域左上角的坐标为(i_tmp, j)，右下角的坐标为(s, t)。

如果循环后 i_tmp>s 并且 j_tmp<=t，则表明当前搜索的矩阵的列数大于行数，则下一步的查找范围就限定在图 13-18 的阴影区域，递归搜索的范围变为 search_K(i,j_tmp,s,t,k)。

如果循环后 i_tmp>s 并且 j_tmp>t，则说明当前搜索的矩阵是方阵，之所以在循环过程中没有得到任何结果，是因为 k 大于该矩阵中的任何值，所以返回 null。

下面给出本题的测试程序。

```
public static void main(String[] args) {
    FindK fk = new FindK();
    int[][] p = {{1, 2, 3,16,20},
                 {5, 8, 9,17,21},
                 {6,11,12,18,22},
                 {7,14,15,19,23}};
    fk.p = p;
    Location position = fk.searchK(0,0,3,4,19);
    System.out.println("location = " + position.row + " , " + position.column);
    position = fk.searchK(0,0,3,4,55);
    if (position != null) {
        System.out.println("location = " + position.row +" , " + position.column);
    } else {
        System.out.println("There is no k = 55 in this matrix");
    }
}
```

在测试程序中，首先初始化一个二维数组并赋值给 p，然后调用递归函数 searchK() 在矩阵 p 中查找 k=19 和 k=55。程序的运行结果如图 13-21 所示。

图 13-21　运行结果

如图 13-21 所示，k=19 在矩阵中的位置是(3,3)，而在矩阵中没有找到 k=55。

本题完整的代码及测试程序可从"微信公众号@算法匠人→匠人作品→《算法大爆炸》全书源代码资源→13-4"中获取。

13.5　跳跃游戏

题目描述：

给定一个非负整数数组，你位于数组的第 1 个位置。数组中的每个元素代表你在该位置可以跳跃的最大长度。你的目标是使用最少的跳跃次数到达数组的最后一个位置，计算最少的跳跃次数。以下举例说明。

给定数组{2,3,1,1,4}，输出：2。

解释：第 1 次从下标为 0 的位置跳到下标为 1 的位置（最大跳跃长度为 2，这里的跳跃长度仅为 1），第 2 次跳跃从下标为 1 的位置跳到下标为 4 的位置（最大跳跃长度为 3，这里的跳跃长度为 3），共跳跃 2 次。

题目难度： ★★

题目分析：

给定一个数组 array，起点在数组的第 1 个位置，也就是 array[0] 的位置。假设 array[0] 的值为 n，可以按照以下方法计算跳跃到数组尾部的最少次数。

先跳跃 1 步的情况：从 array[0] 跳跃 1 步到达 array[1]，然后以 array[1] 为新起点计算到数组尾部最少的跳跃次数，记作 k_1，最终得到的最少跳跃次数为 k_1+1。

先跳跃 2 步的情况：从 array[0] 跳跃 2 步到达 array[2]，然后以 array[2] 为新起点计算到数组尾部最少的跳跃次数，记作 k_2，最终得到的最少跳跃次数为 k_2+1。

……

先跳跃 n 步的情况：从 array[0] 跳跃 n 步到达 array[n]，然后以 array[n] 为新起点计算到数组尾部最少的跳跃次数，记作 k_n，最终得到的最少跳跃次数为 k_n+1。

从 $k_1+1, k_2+1, \cdots, k_n+1$ 中选取最小值，即为本题答案。

在上述描述中，各子问题与整个跳跃游戏问题的类型是相同的，不同之处在于起点发生了变化，同时问题的规模缩小了，具有明显的递归特性，可以使用递归算法求解。

设 $F(i)$ 表示以数组元素 array[i] 为起点，到数组尾部的最少跳跃次数，n 为 array[i] 的值，t 为数组 array 最后一个元素的下标，则 $F(i)$ 可以表示为下面的递归函数。

$$F(i) = \begin{cases} min(1+F(i+1), 1+F(i+2)+\cdots+1+F(i+n)) & i < t \\ 0 & i \geq t \end{cases}$$

下面给出本题递归算法 Java 代码实现。

```java
public class JumpGameTest {
    public static int jumpGame(int[] array) {
        return jump(0,array);
    }

    private static int jump(int index, int[] array) {
        int min = 10000;
        if (index >= array.length-1) {
            //当 index 大于或等于数组 array 最后一个元素的下标时，从 index 位置到
            //数组尾部的最少跳跃次数显然为 0（因为已经处于数组尾部了），因此返回 0
            //这也是该递归调用的出口
            return 0;
```

```
    }

    for (int i=1; i<=array[index]; i++) {
        int steps = 1 + jump(index+i, array);  //计算1+F(i+1)
        if (min > steps) {
            min = steps;        //记录下1+F(i+1),1+F(i+2),...,1+F(i+n)的最小值
        }
    }
    return min;
}

public static void main (String[] args) {
    int[] array = {2,3,1,1,4};
    System.out.println("Minimum jump " + jumpGame(array) + " steps");
}
}
```

本程序的运行结果如图 13-22 所示。

```
Minimum jump 2 steps
```

图 13-22 运行结果

递归算法的代码及测试程序可从"微信公众号@算法匠人→匠人作品→《算法大爆炸》全书源代码资源→13-5"中获取。

递归算法固然容易理解，但其缺点也很明显，就是存在大量的冗余计算。以本题为例，我们在计算 $F(0)$ 时，因为 array[0]=2，所以 $F(0)=\min(1+F(1),1+F(2))$；而因为 array[1]=3，所以 $F(1)=\min(1+F(2),1+F(3),1+F(4))$，$F(2)$ 将被计算两次。

本题还可以使用动态规划的方法求解。动态规划法的策略是自底向上，从 $F(k)$（k 表示数组尾部元素的下标）开始逐步向前计算，最终求出 $F(0)$。在计算过程中，得到的中间结果要保存到一个表格中，需要时可直接从表格中取出，从而避免冗余计算。

下面我们用题目中给出的示例来演示动态规划算法求解本题的过程。

给定的数组为 array[5]={2,3,1,1,4}，该数组包含 5 个元素，对应的下标从 0 到 4。

计算 $F(4)$ 的值，也就是以数组的最后一个元素为起点到数组尾部的最少跳跃次数，这个值显然是 0，也就是不需要跳跃。我们将它保存在表格中，如表 13-1 所示。

表 13-1 将 $F(4)$ 的值保存在表格中

$F(0)$	$F(1)$	$F(2)$	$F(3)$	$F(4)$
				0

计算 $F(3)$ 的值。因为 array[3]=1，所以从 array[3] 开始最多可以跳跃 1 步。而从 array[3] 开始，跳跃 1 步就能到达数组尾部，所以 $F(3)$ 等于 1。我们将它保存在表格中，如表 13-2 所示。

表 13-2　将 $F(3)$ 的值保存在表格中

$F(0)$	$F(1)$	$F(2)$	$F(3)$	$F(4)$
			1	0

计算 $F(2)$ 的值。因为 array[2]=1，所以从 array[2] 开始最多可以跳跃 1 步。从 array[2] 跳跃 1 步到达 array[3]，加上 $F(3)$ 的值就是从 array[2] 到数组尾部的最少跳跃次数，这个值等于 $1+F(3)=1+1=2$。我们将它保存在表格中，如表 13-3 所示。

表 13-3　将 $F(2)$ 的值保存在表格中

$F(0)$	$F(1)$	$F(2)$	$F(3)$	$F(4)$
		2	1	0

计算 $F(1)$ 的值。因为 array[1]=3，所以从 array[1] 开始最多可以跳跃 3 步。

跳跃 1 步：从 array[1] 到达 array[2]，得到的最少跳跃次数为 $1+F(2)=1+2=3$。

跳跃 2 步：从 array[1] 到达 array[3]，得到的最少跳跃次数为 $1+F(3)=1+1=2$。

跳跃 3 步：从 array[1] 到达 array[4]，得到的最少跳跃次数为 $1+F(4)=1+0=1$。

所以 $F(1)=\min\{3,2,1\}=1$。我们将它保存在表格中，如表 13-4 所示。

表 13-4　将 $F(1)$ 的值保存在表格中

$F(0)$	$F(1)$	$F(2)$	$F(3)$	$F(4)$
	1	2	1	0

接下来计算 $F(0)$ 的值。因为 array[0]=2，所以从 array[0] 开始最多可以跳跃 2 步。

跳跃 1 步：从 array[0] 到达 array[1]，得到的最少跳跃次数为 $1+F(1)=2$。

跳跃 2 步：从 array[0] 到达 array[2]，得到的最少跳跃次数为 $1+F(2)=3$。

所以 $F(0)=\min\{2,3\}=2$。我们将其继续保存在表格中。如表 13-5 所示。

表 13-5　将 $F(1)$ 的值保存在表格中

$F(0)$	$F(1)$	$F(2)$	$F(3)$	$F(4)$
2	1	2	1	0

所以从 array[0] 到数组尾部的最少跳跃次数为 $F(0)=2$。

以上就是使用动态规划算法求解跳跃游戏的过程。在求解过程中，自底向上地计算出 $F(4)$、

F(3)、*F*(2)、*F*(1)，并最终计算出 *F*(0)。因为后面计算的结果依赖于前面计算的结果，所以在计算过程中利用表格记录下中间的结果，从而避免了冗余计算，提高了算法的性能。

下面给出本题的动态规划算法的 Java 代码实现。

```java
public static int jumpGame(int[] array) {
    int len = array.length;
    int[] tmp = new int[len];  //数组tmp用来记录F(4),F(3),…,F(0)
    int min = 1000;
    tmp[len-1] = 0;     //tmp[len-1]中记录F[4]的值，该值为0
    for (int i=len-2; i>=0; i--) { //外层循环用来控制计算F(3),F(2),…,F(0)
        for (int j=1; j<=array[i]; j++) {
            //内层循环分别计算先跳跃1步，2步，…，array[i]步时最少的跳跃次数
            //并用min记录下其中的最小值
            if (i+j<=len-1 && min>tmp[i+j]+1) {
                min = tmp[i+j]+1;
            }
        }
        tmp[i] = min;       //将min赋值给tmp[i]，得到F(i)的结果
        min = 1000;         //重置min
    }
    return tmp[0];
}
```

这里只给出了函数 jumpGame() 的动态规划算法实现，可将其定义在类 JumpGameTest 中作为一个成员函数。

程序的运行结果如图 13-23 所示。

Minimum jump 2 steps

图 13-23　运行结果

动态规划算法的代码及测试程序可从"微信公众号@算法匠人→匠人作品→《算法大爆炸》全书源代码资源→13-6"中获取。

13.6　机器人的最小路径长度

题目描述：

给定一个包含非负整数的 *m*×*n* 的网格，机器人位于该网格的左上角，已知机器人每次只能向右走一步或者向下走一步，请问该机器人从网格的左上角走到网格的右下角，最小路径长度为多少。

举例说明：假设给定的网格如图 13-24 所示，从左上角走到右下角的最小路径长度为 10，这条路径为 1→0→2→5→2。

1	0	3
4	2	5
3	7	2

图 13-24　给定的网格

题目难度：★★★

题目分析：

本题与第 8 章中的机器人的不同路径问题十分相似，但也存在一些区别。我们仍然通过自顶向下和自底向上两种思考方式解决问题。

要计算最小路径长度，可将问题划分成两个规模较小的问题：（1）计算从 (starti+1,startj) 到(endi,endj)的最小路径长度；（2）计算从(starti,startj+1)到 (endi,endj)的最小路径长度。找出两者中的较小值，再加上(starti,startj)位置上的值，就是从(starti,startj)到(endi,endj)的最小路径长度，如图 13-25 所示。

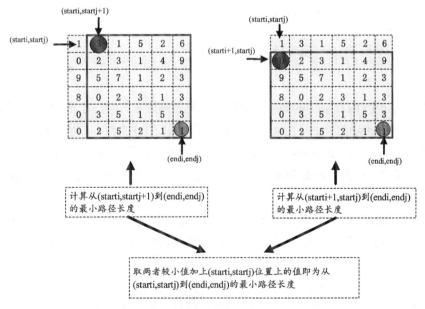

图 13-25　利用自顶向下递归方法计算最小路径长度

上述方法是典型的递归算法，该算法的优点是易于理解，且实现简单。代码如下。

```java
public static int getMinPathsSum(int net[][],int starti, int startj,
                                          int endi, int endj) {
    if (starti == endi-1 && startj == endj) {
        return net[starti][startj] + net[endi][endj];
    }

    if (starti == endi &&startj == endj-1) {
        return net[starti][startj] + net[endi][endj];
    }

    if (starti > endi || startj > endj) {
        return -1;
    }

    int path1 = getMinPathsSum(net,starti+1,startj,endi,endj);
    int path2 = getMinPathsSum(net,starti,startj+1,endi,endj);

    if (path1 < 0) {
        return net[starti][startj] + path2;
    } else if (path2 < 0) {
        return net[starti][startj] + path1;
    } else if (path1 < path2) {
        return net[starti][startj] + path1;
    } else {
        return net[starti][startj] + path2;
    }
}
```

在上述代码中，函数getMinPathsSum()的作用是根据给定的网格计算从网格起点(strati,startj)到网格终点(endi,endj)的最小路径长度，并将结果返回。其中参数net为一个二维数组引用，表示给定的网格；参数starti和startj为网格的起点坐标（网格的行和列），这两个参数会随着递归的调用而不断改变；参数endi和endj表示网格的终点坐标（网格的行和列），这两个参数在递归调用过程中保持不变。

在函数getMinPathsSum()中，首先判断起点位置与终点位置的关系，如果starti==endi-1 &&startj==endj，则说明在本次递归调用中，起点恰好位于终点正上方，如图13-26所示。

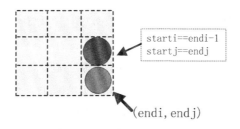

图 13-26　starti==endi-1 && startj==endj 的情形

此时从起点到达终点的路径只有 1 条（从上到下），因此其最小路径长度为
net[starti][startj]+net[endi][endj]。

同理，如果 starti==endi && startj == endj-1，则说明在本次递归调用中，起点恰好位于终点
的左边，如图 13-27 所示。

此时从起点到达终点的路径只有 1 条（从左到右），因此其最小路径长度也是
net[starti][startj]+net[endi][endj]。

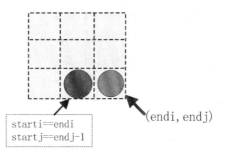

图 13-27　starti==endi && startj == endj-1 的情形

另外还有一种在递归过程中可能遇到的情况，就是 starti>endi 或者 startj>endj。出现这两种
情况意味着起点位于网格之外，所以本次递归调用无效，需要返回-1 以示说明。例如计算从(0,0)
到达(2,0)的最小路径长度，按照递归方法，需要先分别计算从(0,1)到达(2,0)和从(1,0)到达(2,0)
的最小路径长度，然而，(0,1)位于网格之外，也就是 startj>endj，所以此时递归方法要返回-1，
标志着本次递归调用无效。

我们将以上 3 种情况作为递归结束的标志，也就是递归调用的出口。如果不属于上述 3 种
情况，则分别递归调用 getMinPathsSum(net,starti+1,startj,endi,endj) 和 getMinPathsSum
(net,starti,startj+1,endi,endj)得到两个规模较小的问题的最优解，然后将 net[starti][startj]与两者（得
到的 path1 和 path2）中的最小值相加，即为本题的答案。

需要注意的是，如果通过 getMinPathsSum()计算得到的值（path1 或 path2）小于 0（也就是

–1)，则说明在本次递归调用中遇到了前面提到的起点超出网格边界的问题，但是一定不会出现 path1 和 path2 同时小于 0 的情况，因为这里给定的递归结束条件限制了递归调用的深度。

接下来我们再用自底向上的方法考虑最小路径长度问题。

递归算法虽然易于理解和实现，但是要多次调用递归函数，会产生大量的重复运算。如何避免这些重复的运算呢？我们可以参考网格路径一题的思路，自底向上地思考这个问题。

因为从(starti,startj)到(endi,endj)的最小路径长度 getMinPathsSum(net,starti,startj,endi,endj)等于 min(getMinPathsSum(net,starti+1,startj,endi,endj),getMinPathsSum(net,starti,startj+1,endi,endj))+ net[starti][startj]，所以我们可以利用一个与原网格同样大小的矩阵 matrix，规定该矩阵的每个位置上的值都等于网格中对应位置上的点到达终点(endi,endj)的最小路径长度，这样就可以把上述递归关系转换为 matrix[i][j]=net[i][j]+min(matrix[i-1][j],matrix[i][j-1])，这就是最小路径长度问题的状态转移方程。接下来我们要做的就是根据状态转移方程填写矩阵（matrix），最终矩阵中的 matrix[0][0]即为所求。

另外，在网格中，最后一行上的任何一点 net[endi][j]到达终点 net[endi][endj]的最小路径长度都等于从 net[endi][j]到 net[endi][endj]的每个网格中的数值之和（因为在网格的最后一行中只能一直向右走），可以利用这个特点初始化矩阵的最后一行。同理，在网格中，最后一列上的任何一点 net[i][endj]到达终点 net[endi][endj]的最小路径长度都等于从 net[i][endj]到 net[endi][endj]的每个网格中的数值之和（因为在网格的最后一列中只能一直向下走），可以利用这个特点初始化矩阵的最后一列，如图 13-28 所示。

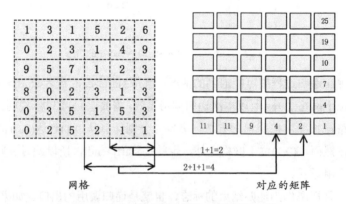

图 13-28　初始化矩阵的最后一行和最后一列

接下来我们要做的就是以矩阵最后一行和最后一列的初始值为基础，填写整个矩阵。

这个矩阵可以逐行或逐列填写，只需满足 matrix[i][j]=net[i][j]+ min(matrix[i-1][j],matrix[i][j-1])即可，最终得到的 matrix[0][0]即为本题的答案。以图 13-28 中所示的网格为例，得到的矩阵如图 13-29 所示。

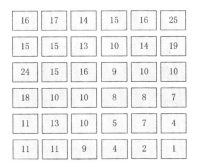

图 13-29　得到的矩阵

下面给出动态规划算法的代码实现。

```
public static int getMinPathsSum(int net[][], int endi, int endj) {
    int[][] matrix = new int[endi+1][endj+1];
    int i,j;

    //初始化矩阵 matrix 的右下角元素
    matrix[endi][endj] = net[endi][endj];

    for (i = endi,j = endj-1; j>=0; j--) {
        //初始化矩阵的最后一行
        matrix[i][j] = net[i][j] + matrix[i][j+1];
    }

    for (i = endi-1, j = endj; i>=0; i--) {
        //初始化矩阵的最后一列
        matrix[i][j] = net[i][j] + matrix[i+1][j];
    }

    //通过矩阵的最后一行和最后一列生成矩阵
    for (j = endj-1; j>=0; j--) {
        for (i = endi - 1; i>=0; i--) {
            matrix[i][j] = net[i][j] + min(matrix[i+1][j],matrix[i][j+1]);
        }
    }
    return matrix[0][0];
}
```

在函数 getMinPathsSum() 中，首先定义了一个二维数组 matrix，其大小与 net 相同；然后分别初始化 matrix 的右下角元素以及最后一行和最后一列中的元素；接下来通过一个二重循环逐列填写 matrix 中的值；最后将 matrix[0][0]返回。

下面给出本题的测试程序。

```
public static void main (String[] args) {
    int[][] net = {{1,3,1,5,2,6},
                   {0,2,3,1,4,9},
                   {9,5,7,1,2,3},
                   {8,0,2,3,1,3},
                   {0,3,5,1,5,3},
                   {0,2,5,2,1,1}};
    System.out.println("The minimum paths sum is "
                       + getMinPathsSum(net,0,0,5,5));
    System.out.println("The minimum paths sum is "
                       + getMinPathsSum(net,5,5));
}
```

在 main()函数中，首先定义了一个网格 net，里面的内容与图 13-28 所示的内容相同。然后分别调用递归函数 getMinPathsSum(net,0,0,5,5)和非递归函数 getMinPathsSum(net,5,5)计算从网格的左上角到右下角的最小路径长度并输出结果。本程序的运行结果如图 13-30 所示。

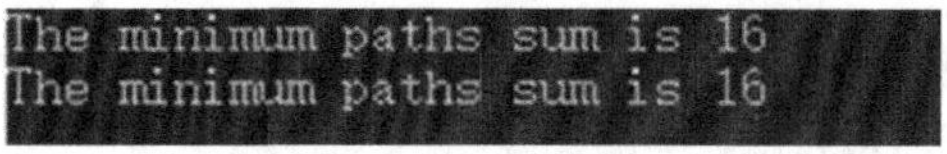

The minimum paths sum is 16
The minimum paths sum is 16

图 13-30 运行结果

从图 13-29 中的矩阵来看，matrix[0][0]的值为 16，与测试程序的运行结果相同。

本题完整的代码及测试程序可从"微信公众号@算法匠人→匠人作品→《算法大爆炸》全书源代码资源→13-7"中获取。

13.7 聪明的侦探

一个职业小偷计划盗窃沿街的房屋。小偷提前摸清了每个房屋中现金的数额，如图 13-31 所示。相邻的房屋装有连通的报警装置，如果盗窃了相邻的房屋，报警装置就会发出警报。所以小偷不能盗窃相邻的房屋，同时要尽可能多的盗窃现金。狡猾的小偷研究许久终于找到一个盗窃的方案，并实施了盗窃。

现在警察要侦破这起盗窃案，首先要确定盗窃的金额，于是请来本地著名的侦探协助侦破案件。聪明的侦探根据上述条件巧妙地计算出了盗窃的金额。你知道聪明的侦探是怎样知道的吗？请编程解决这个问题。

图 13-31　每个房屋中现金的数额

本题难度：★★★

题目分析：

我们不知道小偷的盗窃方案，所以没有办法直接知道小偷最终能盗窃多少现金。当房屋的数量较多时，要想得到这个盗窃金额的最大值也并不容易，所以可以将这个问题拆分为更小的问题进行讨论。

从宏观上划分，小偷的盗窃方案无外乎以下两种。

方案（1）：小偷一定会盗窃 6 号房屋，如果这样，小偷就不会盗窃 5 号房屋了（因为它与 6 号房屋相邻），此时小偷只可能从 1~4 号的某几个房屋中盗窃。

方案（2）：小偷一定不会盗窃 6 号房屋，如果这样，小偷可以从 1~5 号的某几个房屋中盗窃。

现在想要知道小偷最终能盗窃多少钱，只需计算出方案（1）可以盗窃的最大金额以及方案（2）可以盗窃的最大金额，然后将其中的较大值作为本题的结果即可，图 13-32 形象地描述了计算过程。

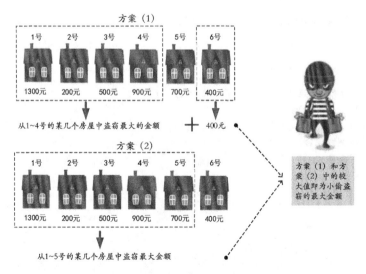

图 13-32　计算过程

这样一来，该问题就转化为如何计算"方案（1）可以盗窃的最大金额"以及如何计算"方案（2）可以盗窃的最大金额"这两个小问题。

如图 13-32 所示，计算方案（1）可以盗窃的最大金额需要计算从 1~4 号房屋中能够盗窃的最大金额，加上 6 号房屋中的金额。同理，计算方案（2）可以盗窃的最大金额就是计算从 1~5 号房屋中能够盗窃的最大金额。很显然，这两个小问题与整体问题的性质完全相同，只是规模变小了。因此该问题具有明显的递归特性，可以使用递归的方法求解。

在计算本题时，可以用一个数组 house[] 保存每个房屋中藏有的现金数量，为了使数组下标与房屋编号一一对应，我们规定数组的第 0 个位置 house[0] 等于 0，表示不存在 0 号房屋。对于本题而言，数组 house[] 会被初始化为 int house[]={0, 1300, 200, 500, 900, 700, 400}，其中 house[1] 等于 1300，表示 1 号房屋中保存了 1300 元现金；house[6] 等于 400 表示 6 号房屋中保存了 400 元现金，以此类推。

设函数 $F(n)$ 表示小偷从前 n 个房屋中可以盗窃的最多金额，例如 $F(3)$ 表示从 1~3 号房屋中可以盗窃的最多金额。根据本题的递归特性，可以得到如下计算 $F(n)$ 的公式。

$$F(n) = \begin{cases} house[0] & n = 0 \\ house[1] & n = 1 \\ \max(F(n-2)+house[n], F(n-1)) & n \geqslant 2 \end{cases}$$

当 n 等于 0 时，由于不存在 0 号房屋，所以返回 house[0]，也就是 0；当 n 等于 1 时表示计算从 1 号房屋中可以盗窃的最大金额，很显然这个值就等于 house[1]；当 n 大于或等于 2 时表示要计算从 1~n 号房屋中可以盗窃的最大金额，此时 $F(n)$ 等于 $F(n-2)+house[n]$ 和 $F(n-1)$ 中的较大值，也就是方案（1）可以盗窃的最大金额和方案（2）可以盗窃的最大金额中的较大值。

下面给出该递归算法的 Java 代码实现。

```java
public static int StealMoney(int[] house, int n) {
    if (n == 0) {
        return house[0];
    } else if (n == 1) {
        return house[1];
    }else if (n >= 2) {
        return max(StealMoney(house,n-2)
                  +house[n],StealMoney(house,n-1));
    }
    return 0;
}
```

使用上述递归算法可以很方便地解决该问题，但存在大量的冗余计算。例如在调用

StealMoney(house,4) 时， 会 先 计 算 StealMoney(house,3) 和 StealMoney(house,2)， 但 是 与 StealMoney(house,4)同一层的调用中还会计算 StealMoney(house,3)+house[5]，StealMoney(house,3) 被计算两次，必然影响整体的计算效率。

　　本题可以使用动态规划算法将每一步运算结果都记录在一个表格中，然后利用表格中的数据计算下一个结果，这样自底向上求出小偷盗窃的最大金额。使用动态规划算法求解此题可以避免重复的递归调用对性能的影响。

　　首先构造表 13-6，用来记录每一步的运算结果。该表的第 n 列表示可以从前 n 个房间中盗窃的最大金额。在初始状态下，可以填写出 F(1)对应的值，即 house[1]=1300。

表 13-6　利用动态规划法计算盗窃的最大金额（初始状态）

n	1	2	3	4	5	6
F(n)	1300					

　　然后根据递归函数 F(n)和 F(1)的值计算出 F(2)的值。因为 F(2)=max(F(0)+ house[2], F(1))，而 F(0)=0，house[2]=200，F(1)=1300，所以 F(2)=max(200,1300)= 1300。得到表 13-7。

表 13-7　利用动态规划法计算盗窃的最大金额（填写 F(2)后）

n	1	2	3	4	5	6
F(n)	1300	1300				

　　按照上述方法，通过递归函数 F(n)以及表格中已有的内容就可以将表格逐列填写完整，该表中最后一列（F(6)）即为本题答案，如表 13-8 所示。

F(3)=max(F(1)+house[3],F(2))=max(1300+500,1300)=1800

F(4)=max(F(2)+house[4],F(3))=max(1300+900,1800)=2200

F(5)=max(F(3)+house[5],F(4))=max(1800+700,2200)=2500

F(6)=max(F(4)+house[6],F(5))=max(2200+400,2500)=2600

表 13-8　利用动态规划法计算盗窃的最大金额（逐列填写完整）

n	1	2	3	4	5	6
F(n)	1300	1300	1800	2200	2500	2600

　　在整个填表过程中采用了自底向上的方式逐步求出结果，在计算 F(n)时利用了表格中记录的 F(n-1)和 F(n-2)的值，从而省掉了重复的递归调用，因此该算法的时间复杂度为 O(n)，整个表格填写完毕后即可得出本题的答案。

　　下面给出使用动态规划算法求解本题的 Java 代码实现。

```
public static int StealMoney(int[] house) {
    int n = house.length-1;
    int result[] = new int[house.length];
    result[0] = 0;
    result[1] = house[1];
    for (int i=2; i<=n; i++) {
        result[i] = max(result[i-1], result[i-2]+house[i]);
    }
    return result[n];
}
```

上述代码使用了一个整型数组 result[]来记录中间结果（相当于上面所讲的表格的功能）。与数组 house[]类似，数组 result[]的第 0 个位置（result[0]）保存 0，这样 result[i]与 house[i]就一一对应起来。result[i]中保存的是从前 i 个房屋中盗窃的最大金额。

首先将 result[1]赋值为 house[1]，表示从第 1 个房屋中盗窃的最大金额为 house[1]；然后通过一个循环操作逐一填写 result[2]~result[n]；最后返回 result[n]，即从前 n 个房间中盗窃的最大金额。

下面给出本题的测试程序。

```
public static void main(String[] args) {
    int[] house = {0,1300,200,500,900,700,400};
    System.out.println("The maximum amount of money the
                        thief can steal " + StealMoney(house));
    System.out.println("The maximum amount of money the
                        thief can steal " + StealMoney(house,6));
    }
}
```

在 main()函数中定义并初始化了一个整型数组 house[]，其中 house[0]等于 0，表示不存在 0 号房屋，house[1]~house[6]保存了 1~6 号房屋中藏有的现金数量。然后分别调用 StealMoney(house)函数和 StealMoney(house,6)，使用动态规划算法和递归算法计算盗窃的最大金额并输出。本题的运行结果如图 13-33 所示。

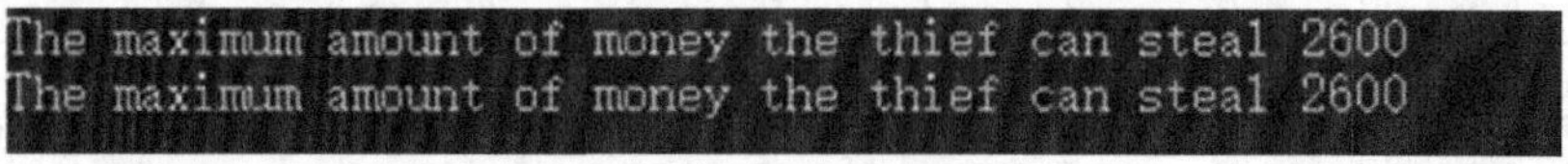

图 13-33　运行结果

本题完整的代码及测试程序可从"微信公众号@算法匠人→匠人作品→《算法大爆炸》全书源代码资源→13-8"中获取。

第14章
穷举法和回溯法系列面试题

穷举法和回溯法是两类重要的算法思想，它们之间既有关联又有区别。二者的相似之处在于解决问题时，都要首先建立该问题的解空间（树），再在解空间（树）中进行搜索，直至找到问题的答案。不同之处在于它们对解空间（树）的搜索方式：穷举法"简单粗暴"，回溯法则采用深度优先搜索的策略，以递归的形式对解空间树进行系统的搜索，而且在搜索过程中可动态地进行"剪枝"操作，从而减少冗余计算。本章为大家整理了一些经典的穷举法和回溯法面试题，希望大家通过练习加深对这两种算法思想的认识。

14.1 数组元素之差的最小值

题目描述：

有一个整数数组，请求出该数组中不同元素两两之差绝对值的最小值。只要计算出最小值即可，不需要给出具体的元素。

本题难度： ★★

题目分析：

本题可用穷举法求解，步骤如下。

（1）首先设定一个最小值初值 minVal，这个值最好等于一个较大的数，要确保它比计算出来的最小值大。

（2）计算出数组中每两个元素之差的绝对值 difference，并将 difference 与 minVal 进行比较，如果 difference 更小，则将 difference 赋值给 minVal，使得 minVal 成为新的最小值。

（3）重复步骤（2），直到比较完数组中两两元素之差的绝对值。

（4）返回结果 minVal。

我们通过一个实例来说明上述过程。给定数组 a={2, 4, 6}，计算元素两两之差绝对值最小值的步骤如下。

首先设定 minVal 等于 100，因为本例中的最小值不可能大于 100。计算|2-4|=2，2 小于 minVal，将 minVal 更新为 2；计算|4-6|=2，2 等于 minVal，不需要更新 minVal；计算|2-6|=4，4 大于 minVal，不需要更新 minVal；因为|2-4|=|4-2|，|4-6|=|6-4|，|2-6|=|6-2|，所以不用比较|4-2|、|6-4|、|6-2| 这 3 组差值；最终返回 minVal=2，即为所求最小值。

本题最大的难点在于如何穷举出数组中元素的两两组合，并计算这两个元素之差的绝对值。上面这个数组只包含 3 个元素，所以很容易找到每两个元素之差的绝对值，但在实际应用中，数组可能包含很多元素，因此必须按照一定的规则遍历解空间，穷举出所有数组元素的两两组合。这里给大家介绍一种简单易懂且比较高效的方法。

假设数组 a 中包含 n 个元素，分别为 $a_1, a_2, \cdots, a_i, a_{i+1}, \cdots, a_n$，那么这个数组中元素的两两组合可以与图 14-1 矩阵中的元素一一对应。

$$\begin{bmatrix} (a_1,a_1) & (a_1,a_2) & \cdots & (a_1,a_n) \\ (a_2,a_1) & (a_2,a_2) & \cdots & (a_2,a_n) \\ \vdots & \vdots & \cdots & \vdots \\ (a_n,a_1) & (a_n,a_2) & \cdots & (a_n,a_n) \end{bmatrix}$$

> 矩阵的每一个元素对应一种数组元素的组合

图 14-1　矩阵对应数组中元素的两两组合

在这个 $n \times n$ 的矩阵中，每个元素都对应数组 a 中两个元素的一种组合，例如(a_1,a_2)、(a_2,a_n)，共包含 $n \times n$ 种组合。但是矩阵对角线上的元素组合为数组元素自身的重复，例如(a_1,a_1)、(a_2,a_2)，所以不需要考虑在内。只要利用该矩阵穷举出这 n^2-n 种组合（除去对角线上元素的组合），并计算每一种组合中元素之差的绝对值，就可以找到其中的最小值。

仔细观察不难发现，在该矩阵的上三角区域和下三角区域中，对称的数组元素的两两之差互为相反数，即 $a_i-a_j=-(a_j-a_i)$，其中数组元素对(a_i,a_j)和(a_j,a_i)沿矩阵的对角线对称。又因为取绝对值后$|a_i-a_j|=|a_j-a_i|$，所以其实我们并不需要穷举出 n^2-n 种组合，而只需穷举出矩阵的上三角区域（或下三角区域）对应的$(n^2-n)/2$ 种组合，就可以覆盖该数组中任意两个元素之差的绝对值。如图 14-2 所示，优化后解空间变为了原来的 1/2，可以节省一半的计算量。

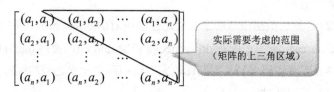

> 实际需要考虑的范围（矩阵的上三角区域）

图 14-2　矩阵中上三角区域对应的数组元素组合

在设计算法时，并不需要真的创建这样一个矩阵，而是可以通过一个二重循环模拟访问矩阵上三角区域中元素的过程，每得到一个数组中两两元素的组合，就计算它们差值的绝对值，并与 minVal 比较，将较小值更新到变量 minVal 中，最终的 minVal 即为所求。该算法的代码描述如下。

```java
public static int getMinDifference(int[] array) {
    int minVal = 32767;
    int row = 0;
    int column = 0;
    for (row = 0; row < array.length; row++) {
      for (column = row+1; column < array.length; column++) {
          //(array[column],array[row])构成一个组合
          //相当于矩阵上三角区域中的一个元素
          if (Math.abs(array[column] - array[row]) < minVal) {
              minVal = Math.abs(array[column] - array[row]);  //更新最小值
          }
      }
    }
    return minVal;
}
```

函数 getMinDifference(int[] array) 的作用是返回数组 array 中元素两两之差绝对值的最小值。

该算法通过一个二重循环构建数组元素的两两组合。外层循环通过变量 row 模拟矩阵的行，内层循环通过变量 column 模拟矩阵的列，每一次循环得到的组合 (array[column],array[row]) 都相当于矩阵上三角区域中的一个元素。计算出元素之差的绝对值 Math.abs(array[column]–array[row])，并将它与 minVal 比较，当该值小于 minVal 时，将 minVal 替换为该值。

值得关注的一点是，内层循环控制矩阵列号的变量 column 是从 row+1 开始向后递增的，这相当于只访问矩阵上三角区域中的元素，从而避免了冗余计算。

需要指出的是，虽然借助上三角区域矩阵减少了计算次数，但该算法的时间复杂度仍为 $O(n^2)$。如果不介意改变数组中元素的位置，那么可以先将数组元素排序（递增或递减皆可），然后扫描一遍数组并计算相邻两数之差绝对值的最小值。排序算法的时间复杂度可控制在 $O(n\log n)$，而扫描数组元素的时间复杂度为 $O(n)$，所以该算法总体时间复杂度为 $O(n)+O(n\log n)$，优于穷举法，代价是改变了原数组中元素的位置。如果先用一个额外的数组拷贝原数组中的数据再进行操作，固然可以在不破坏原数组元素顺序的前提下提高算法效率，但是空间复杂度太大。所以在选择算法时，要根据实际的应用场景选择最为适合的。

下面给出本题的测试程序。

```
public static void main(String[] args) {
    int[] array = {1,12,23,4,25,20,122};
    int minValue = getMinDifference(array);
    System.out.println("The minimum value of difference between two
                                    elems in array is " + minValue);
}
```

在测试程序中，首先初始化了一个整型数组 array[7] ={1, 12, 23, 4, 25, 20, 122}，然后调用 getMinDifference()函数计算该数组中元素两两之差的最小值，并输出计算结果。程序的运行结果如图 14-3 所示。

The minimum value of difference between two elems in array is 2

图 14-3　运行结果

本题完整的代码及测试程序可从"微信公众号@算法匠人→匠人作品→《算法大爆炸》全书源代码资源→14-1"中获取。

14.2　数的分组问题

题目描述：

有 10 个任意的正整数，将其分为组 A 和组 B，要求组 A 中每个数据的和与组 B 中每个数据的和之差的绝对值最小。请设计算法实现这样的分组（找出一种分组方案即可）。

举例：给定一个包含 10 个正整数的数组 array[10]={2, 3, 6, 8, 9, 10, 0, 23, 16, 65}，输出的结果应为 GroupA：{65, 6}，GroupB：{16, 23, 0, 10, 9, 8, 3, 2}。因为组 A 中每个数据的和等于 65+6=71，组 B 中每个数据的和等于 16+23+0+10+9+8+3+2=71，两者之差为 0。

本题难度：★★

题目分析：

解决本题最直观的方法是穷举法。我们可以将这 10 个数任意分为组 A 和组 B，然后计算组 A 中每个数字的和 S_1，再计算组 B 中每个数字的和 S_2，$|S_1-S_2|$最小的分组方法即为所求。

首先确定解空间的大小。将 10 个任意的整数分为两组有多少种方案呢？我们可以借助二进制位码来分析这个问题。设一个包含 10 位的二进制位码串 $x_1x_2x_3\cdots x_{10}$，要求该位码串的每一位与这 10 个整数一一对应。当 x_i 等于 1 时表示第 i 个整数属于组 A，当 x_i 等于 0 时表示第 i 个整数属于组 B，这样该二进制位码串的每一个取值都对应一种分组方案。因为每一位上的二进制位都有 0/1 两种取值，同时该二进制位码不可能为全 0（0000000000）或者全 1（1111111111），所以该问题的解空间大小应为 $2^{10}-2=1022$。

确定了解空间的大小及范围，接下来就要在解空间中寻找答案。我们同样可以借助位码来遍历解空间中的每一种分组方案，并计算出 S_1 和 S_2，然后记录下 $|S_1-S_2|$ 最小的分组方案。不同的分组方案所得到的 $|S_1-S_2|$ 可能出现相等的情况，也就是说虽然分组方案不同，但是组 A 元素之和与组 B 元素之和的差却相等。因为本题只要求找出一种分组方案，所以在这种情况下我们只要选取一个分组方案即可。具体的代码实现如下。

```
public static int getBestGrouping(int[] array) {
    int scheme, bitmask, index;
    int difference = 0;
    int sumA = 0, sumB = 0;
    int res = 0;
    for(int i=0; i<10; i++) {
        difference = difference + array[i];       //初始化差值 difference
    }
    for(scheme=0x0001; scheme<=0x03fe; scheme++) {      //在 2^10-2 范围内搜索
        for(bitmask=0x0001, index=9; bitmask<=0x0200;
                          bitmask=bitmask*2, index--) {
            if((bitmask & scheme)!=0) {
                sumA = sumA + array[index];          //组 A 中的元素和
            } else {
                sumB = sumB + array[index];          //组 B 中的元素和
            }
        }
        //分组结束后判断 sumA 与 sumB 之差的绝对值是否小于 difference
        if(Math.abs(sumA-sumB) < difference) {
            res = scheme;                //res 中保存差值最小的分组方案位码
            difference = Math.abs(sumA-sumB);    //重置差值 difference
        }
        sumA = 0;
        sumB = 0;
    }
    return res;
}
```

函数 getBestGrouping(int[] array) 的作用是返回数组中最佳的分组方案，该函数的返回值为一个 int 类型的变量，表示一个十位的二进制位码，每一位都对应着数组中的元素。当某一位为 1 时，表示与之对应的数组元素归为组 A；当某一位为 0 时，表示与之对应的数组元素归为组 B。

在函数 getBestGrouping() 内部，遍历解空间并寻找答案的过程通过一个二重循环来实现。其中外层循环 for(scheme=0x0001; scheme<=0x03fe; scheme++) 的作用是遍历 $2^{10}-2$ 种分组方案。

在这里 0x0001 为十进制的 1，0x03fe 为十进制的 1022，其搜索范围是(0000000001)$_2$~(1111111110)$_2$。

内层循环用来计算在每一种分组方案 scheme 下，组 A 中的元素和 sumA 以及组 B 中的元素和 sumB。这里通过一个循环操作 for(bitmask=0x0001, index=9; bitmask<=0x0200; bitmask=bitmask*2, index--)来判断数组中的每个元素 array[index]应当归入哪一组。变量 bitmask 的初始值为 0x0001 =(0000000001)$_2$，循环上限为 0x0200 =(1000000000)$_2$，每循环一次都要执行 bitmask=bitmask*2，相应的二进制位的 1 就左移一位，一共循环 10 次，如图 14-4 所示。

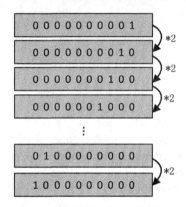

图 14-4 bitmask*2 相当于对应的二进制位的 1 左移一位

然后通过(bitmask&scheme)是否等于 0 来判断 scheme 中的某一位是否等于 1，从而将 array 中的 10 个元素进行分组。举例说明，如果当前的分组方案 scheme 为(1001001101)$_2$，就说明数组中的 array[0]、array[3]、array[6]、array[7]、array[9]被划分到组 A，其余元素被划分到组 B。当 bitmask 为(0000000001)$_2$时，(bitmask&scheme)!=0，说明数组中的第 10 个元素 array[9]被划分到 A 组。当 bitmask 为(0000000010)$_2$时，(bitmask&scheme)==0，说明数组中的第 9 个元素 array[8]被划分到 B 组。如图 14-5 所示。

分组后，再用变量 sumA 记录组 A 元素之和，变量 sumB 记录组 B 元素之和。每一种分组结束后都要判断 abs(sumA-sumB)是否小于 difference，如果小于 difference 则记录下分组方案位码 scheme。表示在当前的分组方式下，组 A 的元素和与组 B 的元素和之差的绝对值最小。变量 difference 被初始化为输入的 10 个正整数之和，这样就能保证 A、B 两个分组数据之和的差的绝对值一定小于 difference。

其实在搜索的过程中可能遇到当前的 abs(sumA−sumB)与 difference 相等的情况，也就是说当前的分组方案 scheme 与原先记录下来的分组方案 res 可以得到同样的差值绝对值。由于本题只要求输出一种分组方案，因此可以不考虑这种情形。

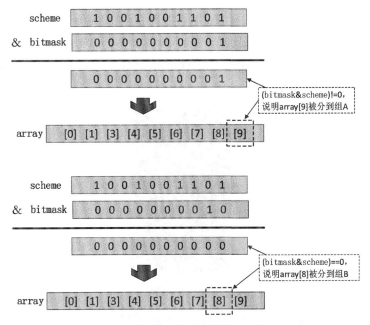

图 14-5 将数组中的元素分组的过程

下面给出本题的测试程序。

```java
public static void main(String[] args) {
    int array[] = {2,3,6,8,9,10,0,23,16,65};
    int bitmask, index;
    int res = getBestGrouping(array);

    System.out.println("Group A:");                    //输出组 A 中的数据
    for(bitmask=0x0001, index=9; bitmask<=0x0200; bitmask=bitmask*2, index--) {
        if((bitmask & res) != 0) {
            System.out.println(array[index]);
        }
    }
    System.out.println("Group B:");                    //输出组 B 中的数据
    for(bitmask=0x0001,index=9; bitmask<=0x0200; bitmask=bitmask*2,index--) {
        if((bitmask & res) == 0) {
            System.out.println(array[index]);
        }
    }
}
```

在 main() 函数中，首先初始化一个数组 array[] = {2, 3, 6, 8, 9, 10, 0, 23, 16, 65}。然后调用函

数 getBestGrouping(array)获取最佳的分组方案，将其保存在变量 res 中。最后通过变量 bitmask 与 res 的循环按位与操作实现将数组元素分组，当结果不等于 0 时，说明 array[index]被分配到了组 A；当结果为 0 时，说明 array[index]被分配到了组 B。最后将分组结果输出到屏幕上，程序的运行结果如图 14-6 所示。

图 14-6　运行结果

本题完整的代码及测试程序可从"微信公众号@算法匠人→匠人作品→《算法大爆炸》全书源代码资源→14-2"中获取。

14.3　最佳的碰面地点

题目描述：

有一队人（两人或以上）要在一个地方碰面，他们希望最小化总行走距离。给定一个二维的网格，格子内的值要么是 0，要么是 1，其中 1 表示某人所处的位置，规定这些人每次只能横向走一格或纵向走一格。编写一个程序，计算这一队人在网格中的最佳碰面地点。

举例：给定一个如图 14-7 所示的网格。

1	0	0	0	1
0	0	0	0	0
0	0	1	0	0

图 14-7　给定的网格（1 表示某人所处的位置）

最终得到的结果是：(0,2)为最佳碰面地点。3 人的总行走距离为 2+2+2=6，小于其他碰面地点的总行走距离。

本题难度：★★★

题目分析：

本题可用穷举法求解，方法就是计算网格中的每个"1 点"（可能有多个，记作 p）到达网格中的某个点（记作 q_i）的距离之和（记作 d_i），q_i 要穷举到 $m×n$ 的网格中的每一个格子，这样便可得到一组距离之和 $d_1,d_2,\cdots,d_{m×n}$，其中最小的距离和即为所求，对应的点 q_i 就是这些人的最佳碰面地点。

因为每次只能横向走一格或纵向走一格，所以在计算网格中两个点 $p_1(x_1,y_1)$ 和 $p_2(x_2,y_2)$ 的距离时，可采用曼哈顿距离公式，即

$$S = |x_2 - x_1| + |y_2 - y_1|$$

它表示网格中两点的横向距离与纵向距离之和，其几何含义如图 14-8 所示。图中黑色实线即为从点 $A(x_1,y_1)$ 到点 $B(x_2,y_2)$ 的曼哈顿距离。如果在网格中只能有横向走和纵向走两种方式，那么两点之间的曼哈顿距离就是最短距离。另外，图 14-8 中虚线的路径长度与实线的路径长度是相等的，也就是说只要不刻意"绕路行走"，无论路径怎样，两点之间的长度都等于曼哈顿距离。

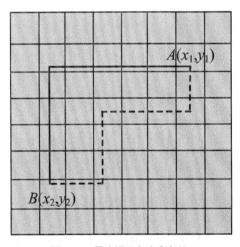

图 14-8　曼哈顿距离公式含义

下面给出上述解法的代码实现。

```
class position {
    int row;
    int col;
    public position(int row, int col) {
```

```
            this.row = row;
            this.col = col;
        }
}
public class BestMeetingPlace {
    //二维穷举法
    public static position getBestMeetingPlace(ArrayList<position> p,
                                    int gridRows, int gridColumns){
        int distance = 0;
        int minDistance = 10000;
        position pr = new position(0,0);
        for (int row = 0; row < gridRows; row++) {
            for (int col = 0; col < gridColumns; col++) {
                //计算 p 中每个 "1" 点到达（row,col）的距离之和 distance
                for (int i=0; i<p.size(); i++) {
                    distance = distance + Math.abs(p.get(i).row-row)
                                    +Math.abs(p.get(i).col-col);
                }
                if (minDistance > distance) {
                    minDistance = distance;
                    pr.row = row;
                    pr.col = col;
                }
                distance =0;
            }
        }
        return pr;
    }
    public static position getBestMeetingPlace(int[][] grid) {
        //将二维数组 grid 中的 "1点" 坐标提取出来，保存到 ArrayList<position>中
        //调用 getBestMeetingPlace(p,grid.length,grid[0].length)
        //获取最佳碰面地点
        ArrayList<position> p = new ArrayList<position>();
        for (int i = 0; i < grid.length; i++) {
            for (int j = 0; j < grid[0].length; j++) {
                if (grid[i][j] == 1) {
                    p.add(new position(i,j));
                }
            }
        }
        return getBestMeetingPlace(p,grid.length,grid[0].length);
    }
}
```

函数 position getBestMeetingPlace(ArrayList<position> p, int row, int column)的作用是在行数为 row，列数为 column 的网格中计算参数 p 所指定的一组"1 点"的最佳碰面地点，并将这个最佳碰面地点的坐标（在网格中的行号和列号）以 position 对象的形式返回。

在该函数中，通过一个二重循环遍历这个网格的每一个格子（程序中并没有定义网格实体，只是通过一个二重循环来模拟访问每个格子），每访问一个格子，就计算该点到达参数 p 所指定的每个"1 点"的曼哈顿距离之和，并用变量 distance 记录下来，这就是一队人的总行走距离。如果这个距离小于之前记录下的最短距离 minDistance，就将 distance 赋值给 mindistance。当网格中的每个格子都被访问一遍后，最终得到的 minDistance 就是碰面的最短距离，对应的坐标 (row,column)就是所求。最后将这个 point 类型的对象返回。

上述解法存在优化空间。从曼哈顿距离公式可知，在计算网格中两点的曼哈顿距离时是横向距离和纵向距离分别计算的，二者相互独立。我们可以将这个二维平面问题转换为一维线性问题，也就是分别计算横向的最短距离和纵向的最短距离，对应坐标的交叉点就是所求的最佳碰面地点。

以计算横向最短距离为例，我们可先将网格中每行的"1 点"投影到一个与该网格等长的一维数组中，这样该一维数组就保存了网格中每个"1 点"的横坐标（column）信息，如图 14-9 所示。

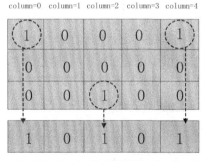

图 14-9　将网格中每行的"1 点"投影到一个数组中

按照这个方法，在计算横向的最短距离时，只需要在一维数组中计算每个"1 点"到达数组中各个点的距离之和，最小的就是横向上的最短距离，对应的坐标就是所求的横坐标。

需要特别注意的是，如果网格中有两个或多个"1 点"处于同一列，那么在计算横向上的最短距离和时，要将这些"1 点"重复计算，累加到距离和之中，否则得到的结果可能不正确，如图 14-10 所示。

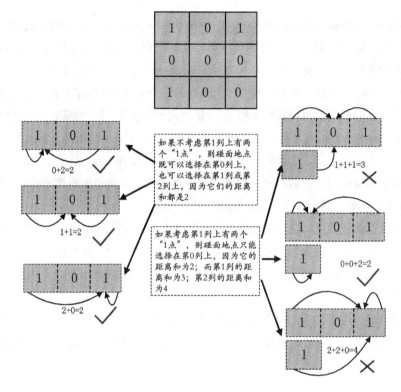

图 14-10　有两个"1 点"在同一列的情形

　　计算纵向最短距离的方法与计算横向最短距离的方法相同，可先将网格中每一列的"1 点"投影到一个与该网格等高的一维数组中再进行计算，具体方法可参考横向最短距离的计算方法，这里不再赘述。

　　下面给出改进后的一维穷举法的代码实现。

```
public class BestMeetingPlace {
    //一维穷举法
    public static int getBestMeetingPlace(ArrayList<Integer> p, int length){
        int distance = 0;
        int minDistance = 10000;
        int res = 0;
        for (int i = 0; i < length; i++) {
            for (int j=0; j<p.size(); j++) {
            //计算每个"1 点"到达 i 的距离和
                distance = distance + Math.abs(p.get(j)-i);
            }
            //记录下最小的距离和以及对应的坐标（行号或列号）
```

```
        if (minDistance > distance) {
            minDistance = distance;
            res = i;
        }
        distance =0;
    }
    return res;
}


public static position getBestMeetingPlace(int[][] grid) {
    ArrayList<Integer> prow = new ArrayList<Integer>();
    ArrayList<Integer> pcolumn = new ArrayList<Integer>();

    for (int i = 0; i < grid.length; i++) {
        for (int j = 0; j < grid[0].length; j++) {
            if (grid[i][j] == 1) {
                prow.add(i);     //用一个一维数组记录"1点"的行号
                pcolumn.add(j);//用一个一维数组记录"1点"的列号
            }
        }
    }
    //计算纵向最佳碰面地点的行号
    int row = getBestMeetingPlace(prow,grid.length);
    //计算横向最佳碰面地点的列号
    int column = getBestMeetingPlace(pcolumn,grid[0].length);
    return new position(row,column);
}
}
```

　　上述算法与二维穷举法的最大不同就是需要分别计算横向上最佳碰面地点的列号（column）和纵向上最佳碰面地点的行号（row），然后用 row 和 column 组成一个 position 的对象。在代码中，首先通过一个二重循环扫描网格中的"1点"，然后将这些"1点"的行号保存在数组 prow 中，列号保存在数组 pcolumn 中，再分别调用 getBestMeetingPlace(ArrayList<Integer> p, int length)来计算最佳碰面地点的行号和列号。请注意，prow 和 pcolumn 中可能存在重复的行号和列号，就像图 14-10 所示的情形，只有将重复的行号和列号都保存在 prow 和 pcolumn 中并分别传递给函数 getBestMeetingPlace(ArrayList<Integer> p, int length)来计算最佳的碰面地点，才能保证得到正确的结果。

　　函数 getBestMeetingPlace(ArrayList<Integer> p, int length)的作用是在长度为 length 的一维数组中寻找参数 p 所指定的一组"1点"的最佳碰面地点（行号或列号），并将计算得到的行号或列号返回。所以该函数的返回值类型为 int，参数 p 的类型也变为 ArrayList<Integer>。另外参数

length 的大小要根据网格的长度和高度来指定，如果计算纵向的最佳碰面地点（网格的行号），则 length 为网格的行数（即 grid.length）；如果计算横向的最佳碰面地点（网格的列号），则 length 为网格的列数（即 grid[0].length）。

在函数 getBestMeetingPlace(ArrayList<Integer> p, int length)中，通过一个 for 循环来遍历这个投影了"1 点"的一维数组（其实程序中并没有定义这个一维数组，只是通过一个 for 循环来模拟访问该数组），计算出这些"1 点"到达一维数组中每个位置的距离和，其中最小的距离和即为所求。

对于一个 $m×n$ 的网格，采用二维数组穷举法需要计算 $k(m×n)$个曼哈顿距离，其中 k 表示网格中"1 点"的数量，所以其时间复杂度为 $O(m×n)$；而采用一维数组穷举法仅需要计算 $km+kn$ 个曼哈顿距离，所以其时间复杂度为 $O(m)+O(n)$，在性能上要远优于二维数组穷举法。

下面给出本题的测试程序。

```
public static void main(String[] args) {
    int[][] grid = {
        {1,0,0,0,1},
        {0,0,0,0,0},
        {0,0,1,0,0}
    };
    position r = getBestMeetingPlace(grid);
    System.out.println("row = " + r.row + " column = " + r.col);
}
```

在测试程序中，定义了一个形如图 14-7 的二维数组 grid，然后调用函数 getBestMeetingPlace(grid)计算 grid 中"1 点"的最佳碰面地点，并将该点在网格中的行号和列号输出。该程序的运行结果如图 14-11 所示。

The Best meeting place: row = 0 column = 2

图 14-11　运行结果

本题完整的代码及测试程序可从"微信公众号@算法匠人→匠人作品→《算法大爆炸》全书源代码资源→14-3"中获取。

14.4　多点共线问题

题目描述：

给定 n（$n>2$）个位于同一平面上的点，求最多有多少个点位于同一条直线上。

举例说明：给定点(1,1)、点(2,2)、点(3,3)，它们在平面上的位置如图 14-12 所示。
输出结果应为 3，因为这 3 个点恰好位于同一条直线上。

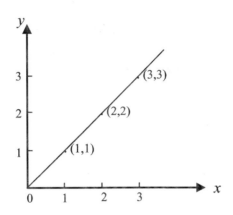

图 14-12　点(1,1)、点(2,2)、点(3,3)

再比如给定点(1,1)、点(3,2)、点(5,3)、点(4,1)、点(2,3)、点(1,4)，它们在平面上的位置如图 14-13 所示。输出结果应为 4，因为最多有 4 个点位于同一条直线上（实线），它们是点(1,4)、点(2,3)、点(3,2)、点(4,1)。

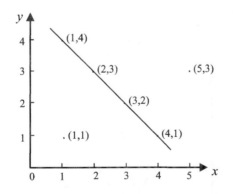

图 14-13　点(1,4)、点(2,3)、点(3,2)、点(4,1)共线

本题难度：★★★★

题目分析：

因为给定的 n 个点相互独立，彼此不关联，所以要想找出最多能有多少个点位于同一条直线上，只能通过穷举法求解。问题的关键是如何确定解空间以及如何搜索解空间。

这里介绍一种以平面中的直线集合作为解空间的方法。具体来说，就是穷举出平面中的直线，然后计算每条直线上最多有多少个点。这里所说的"穷举"并不是要将平面中的所有直线一一列举出来，因为平面中存在无数条直线，是不可能一一列举出来的。我们只需穷举出那些经过了平面中两个点的直线，然后判断其他点是否位于该直线上。

例如，平面上有 A、B、C、D 4 个点，它们在平面上的位置如图 14-14 所示。因为图中任意两个点都可以确定一条直线，所以 A、B、C、D 4 个点最多可以确定 $C_4^2 = 6$ 条直线，我们只需计算出每条直线上点的数量，最多的即为所求。

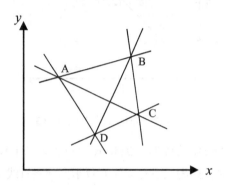

图 14-14　平面上的 4 个点确定的 6 条直线

细心的读者可能已经发现，图 14-14 中的每条直线上都只有 2 个点，所以通过点的两两组合得到的 6 条直线不会重合。但现实中可能有图 14-15 所示的情况出现。

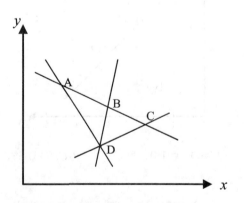

图 14-15　A、B、C 共线的情况

如图 14-15 所示，A、B、C 是共线的，所以由它们确定的 3 条直线其实是一条直线。如果我们将这 3 条直线枚举出来，再判断其他点是否也位于该直线上，则必将产生冗余计算。因此我们只需计算在图中的 4 条直线上最多能有多少个点共线即可，这样可以最大限度地减少冗余计算。

按照上述方法计算多点共线问题的步骤如下。

（1）通过平面中的两点确定一条直线。

（2）如果该直线被访问过，则直接返回步骤（1）枚举下一条直线；否则判断平面上的其他点是否也位于该直线上，并记录下该直线上点的数量，然后返回步骤（1）继续枚举下一条直线。

当平面上由两点确定的直线全部被访问后，记录中每条直线上对应的点的数量最大的即为所求。

以上就是"以平面中的直线集合作为解空间"解法的基本流程。接下来我们还要考虑解题过程中的一些细节，总结起来有以下 3 个问题。

（1）如何通过平面上的两点确定一条直线？

（2）如何判断其他点是否位于该直线上？

（3）如何判断两条直线是否重合？

下面我们逐一讨论以上问题。

1. 如何通过平面上的两点确定一条直线

已知平面上有两个点(x_1, y_1)和(x_2, y_2)，通过这两个点得到的直线解析式为

$$\begin{cases} y = \dfrac{a}{b}x + c \\ a = y_2 - y_1 \\ b = x_2 - x_1 \\ c = y_1 - \dfrac{a}{b}x_1 \end{cases}$$

只要得到参数 a、b、c 就可以确定一条直线，而参数 a、b、c 可以通过两点的坐标得到。

但是我们会发现，在计算参数 c 时用到了除法，这可能产生舍入误差，从而影响直线解析式的精准度，所以在实际操作中可将上述公式稍加修改，将计算参数 c 的公式两边同时乘以 b，变为以下形式。

$$\begin{cases} by = ax + cb \\ a = y_2 - y_1 \\ b = x_2 - x_1 \\ cb = by_1 - ax_1 \end{cases}$$

这样要计算的参数就从原来的 a、b、c 变成了 a、b、cb。它们同样可以确定一条直线，又

避免了因为除法运算导致的参数精度损失问题。

2. 如何判断其他点是否位于该直线上

只要通过平面上的点(x_1, y_1)和点(x_2, y_2)得到参数 a、b、cb，就可以确定这条直线的解析式。如果要判断点(x_k, y_k)是否位于该直线上，只要将点(x_k, y_k)代入解析式 $by = ax + cb$ 即可，如果 $by_k = ax_k + cb$ 就可以判定点(x_k, y_k)位于该直线上。

3. 如何判断两条直线是否重合

假设有两条直线分别为 $b_1 y = a_1 x + (cb)_1$ 和 $b_2 y = a_2 x + (cb)_2$，如果这两条直线重合，则至少要满足以下三个条件中的一个。

（1） $b_1 = b_2$，$a_1 = a_2$，$(cb)_1 = (cb)_2$

（2） $b_1 = -b_2$，$a_1 = -a_2$，$(cb)_1 = -(cb)_2$

（3） $\dfrac{b_1}{b_2} = \dfrac{a_1}{a_2} = \dfrac{(cb)_1}{(cb)_2}$

对于条件（3），可以稍加改造变为乘法的形式，以避免精度损失。改造后条件（3）变为 $b_1 a_2 = a_1 b_2$，$a_1(cb)_2 = a_2(cb)_1$，$b_1(cb)_2 = b_2(cb)_1$。

下面给出本题完整的代码实现。

```
class point {
    int x;
    int y;
}
class line {
    int a;
    int b;
    int cb;
    public line(int a, int b, int cb) {
        this.a = a;
        this.b = b;
        this.cb = cb;
    }
    public int hashCode() {
        return 0;
    }
    public boolean equals(Object anObject) {
        if (anObject instanceof line) {
            line anLine = (line)anObject;
            //判断两条直线是否重合的条件（1）
            if (anLine.a == this.a && anLine.b == this.b
                        && anLine.cb == this.cb) {
```

```
            return true;
        }
        //判断两条直线是否重合的条件（2）
        if (anLine.a == -this.a && anLine.b == -this.b
                        && anLine.cb == -this.cb) {
            return true;
        }
        //判断两条直线是否重合的条件（3）
        if ((double)anLine.a * (double)this.b
                    == (double)this.a * (double)anLine.b &&
            (double)anLine.b * (double)this.cb
                    == (double)this.b * (double)anLine.cb &&
            (double)anLine.a * (double)this.cb
                    == (double)this.a * (double)anLine.cb){
            return true;
        }
        return false;
    }
    return false;
    }
}

public class MaxPointsInALine {
    public static HashMap<line,Integer> map = new HashMap<line,Integer>();
    public static boolean hasThisLine(line l) {
        if (map.containsKey(l)) {
        return true;
        }
        map.put(l,2);
        return false;
    }
    public static int getMaxSameLinePoints(point[] points) {
        for (int i=0; i<points.length; i++) {
            for (int j=i+1; j<points.length; j++) {
            //根据点 point[i]和点 point[j]确定一条直线
                int a = points[i].y - points[j].y;
                int b = points[i].x - points[j].x;
                int cb = b*points[i].y - a*points[i].x;
                line l = new line(a,b,cb);
                // 如果没有访问过这条直线,则开始计算这条直线上点的数量
                // 并用 pointsNum 记录
                if (!hasThisLine(l)) {
                    for (int k=0; k<points.length; k++) {
                        if (k!=i && k!=j) {
```

```
                        if (b*points[k].y == a*points[k].x+cb) {
                            //k点在直线l上
                            int pointsNum = map.get(l); //获取l上点的数量
                            //将pointsNum加1后更新l对应的value
                            map.put(l,++pointsNum);
                        }
                    }
                }
            }
        }
        //遍历Hashmap中保存的直线l对应的点的数量，找出其中最大值即为所求
        int maxPoints = 0;
        for (Integer numbers: map.values()) {
            if (numbers > maxPoints) {
                maxPoints = numbers;
            }
        }
        return maxPoints;
    }
}
```

在上面的代码中，定义了一个point类，它描述了平面上点的横纵坐标信息。line类是直线类，该类中包含a、b、cb 3个成员变量，它们分别表示直线解析式中的3个参数，通过这3个参数可以确定唯一一条直线。line类中还定义了hashCode()函数和equals(Object anObject)函数，这两个函数的作用是比较两条直线是否重合，稍后会详细介绍这两个函数。MaxPointsInALine是一个工具类，在该类中定义了int getMaxSameLinePoints(point[] points)函数，用来计算平面上的一组点最多能有多少个位于同一条直线上，并将共线的点的数量返回。

在getMaxSameLinePoints()函数中，通过一个二重循环将points指定的一组点进行两两组合，然后通过point[i]和point[j]确定一条直线，也就是计算出描述直线的3个参数a、b、cb，并使用这3个参数构造一个line类型的对象l。

然后通过调用函数hasThisLine(l)判断直线l是否被访问过，如果l被访问过则直接返回，继续下一次循环（枚举下一条直线）；如果l尚未被访问过，则计算这条直线上点的数量，并用pointsNum记录。

其中，函数hasThisLine(line l)的定义如下。

```
public static boolean hasThisLine(line l) {
    if (map.containsKey(l)) {
        return true;
```

```
    }
    map.put(1,2);
    return false;
}
```

在该函数中首先通过 map.containsKey(l) 判断直线 1 是否已作为 key 保存到了 HashMap 中。如果 HashMap 中存在该直线 1，则返回 true，表示该直线已被访问过；否则将直线 1 作为 key 加入 HashMap，并返回 false，表示该直线还没有被访问过。需要注意的是，当把 l 作为 key 加入 HashMap 时，对应的 value 值初始化为 2，它表示当前直线上至少有两个点共线，这两个点就是确定了该直线的 point[i] 和 point[j]。

这个 HashMap 是定义在 MaxPointsInALine 类中的 HashMap<line,Integer> 类型的成员变量，它的 key 值是平面上由两点确定的直线对象，与之对应的 value 是该直线上点的数量。为什么可以通过 map.containsKey(l) 来判断直线 1 是否已被保存到 HashMap 中呢？这就涉及前面讲到的 line 类中的成员函数 hashCode() 和 equals(Object) 了。

在 HashMap 中，判断两个 key 值是否相等的过程是这样的：先求出两个 key 的 hashcode()，比较其值是否相等，若不等，则可判定两个 key 值不相等；若相等，则再通过 equals(Object) 进行比较，如果返回值为 true 则认为它们相等，否则认为它们不相等。

当调用函数 map.containsKey(l) 时，首先判断参数 l 的 hashCode() 是否与 map 中已有 key 的 hashCode() 相等，因为 line 类中的 hashCode() 函数直接返回了 0，所以每个 key 的 hashCode() 都是相等的。然后通过 equals(Object) 函数比较参数 l 与 map 中已有的 key 是否相等。equals(Object) 函数与前面讲到的判断两条直线是否重合的原理是一致的，如果两条直线重合，则 equals(Object) 函数返回 true，否则返回 false。正是因为在 line 类中定义了 hashCode() 和 equals(Object) 函数，我们才能通过 map.containsKey(l) 判断 l 是否已被访问过。

当 hasThisLine(l) 返回 false 时，表示直线 1 未被访问过，此时要通过一个 for 循环判断其他的点（k!=i && k!=j）是否位于该直线上，如果这个点位于直线 1 上（b*points[k].y == a*points[k].x+cb），则将 pointsNum 加 1 后更新到 l 对应的 value 上。

最后，遍历 HashMap 中保存点数的 value 值，其中的最大值即为所求。

下面给出本题的测试程序。

```
public static void main(String[] args) {
    point[] points = new point[4];
    //第 1 个点的坐标为(1,0)
    points[0] = new point();
    points[0].x = 1;
    points[0].y = 0;
```

```
    //第2个点的坐标为(1,2)
    points[1] = new point();
    points[1].x = 1;
    points[1].y = 2;
    //第3个点的坐标为(3,0)
    points[2] = new point();
    points[2].x = 3;
    points[2].y = 0;
    //第4个点的坐标为(0,3)
    points[3] = new point();
    points[3].x = 0;
    points[3].y = 3;
    System.out.println("The max points number in a line is "
            + MaxPointsInALine.getMaxSameLinePoints(points));
}
```

在 main()函数中创建了 4 个点，分别是点(1,0)、点(1,2)、点(3,0)、点(0,3)，在平面中的位置如图 14-16 所示。

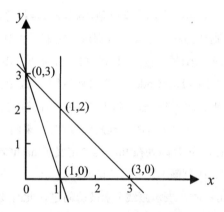

图 14-16　4 个点在平面中的位置

程序的运行结果如图 14-17 所示。

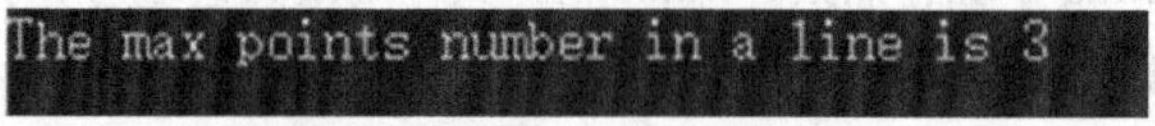

The max points number in a line is 3

图 14-17　运行结果

从图 14-16 也可以看出(1,2)、(3,0)、(0,3) 3 个点是共线的，所以最多有 3 个点位于同一条直线上。

本题完整的代码及测试程序可从"微信公众号@算法匠人→匠人作品→《算法大爆炸》全

书源代码资源→14-4"中获取。

14.5　复原 IP 地址

题目描述：

给定一个只包含数字的字符串，打印出由该字符串构成的所有可能的 IP 地址。

例如，如果给定的字符串为"25525511135"，则应打印出"255.255.11.135"和"255.255.111.35"；如果给定的字符串为"1111"，则应打印出"1.1.1.1"。当然，也有可能无法构成 IP 地址，例如"1234567890"。

注：IP 地址由十进制数和点构成，每个地址包含 4 个十进制数，每个十进制数的范围为 0~255，用点（.）来分割，例如 172.16.254.1；同时，IP 地址内的数不会以 0 开头，例如，172.16.254.01 是不合法的。

本题难度：★★★

题目分析：

本题最简单直观的解法是穷举法，在一串由数字构成的字符串中间添加 3 个点（.)，使其构成一个合法的 IP 地址。每两个数字之间的间隙都可以尝试放置一个点，假设有 n 个这样的间隙，将这 3 个点随意放置到这 n 个间隙中，共有 C_n^3 种放置的方法，也就是说本题的解空间大小为 C_n^3。例如，给定一个数字字符串为"3333333"，使用穷举法寻找所有可能的 IP 地址的过程如图 14-18 所示。

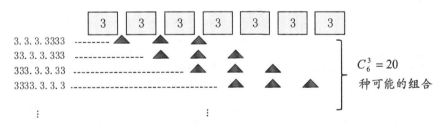

图 14-18　使用穷举法寻找所有可能的 IP 地址

上述方法简单直观但是效率不高，因为其中存在冗余计算。例如我们可以判定"333.33.3.3"这个字符串不可能是 IP 地址，因为 333 大于 255。同时，按照穷举法的判断步骤，还可以判定"333.3.33.3"也不可能是 IP 地址，但是这个判断是冗余的。这是因为"333.33.3.3"已不可能是 IP 地址，那么"333.3.33.3"必然也不可能是 IP 地址，后者的第 1 个字段仍是 333，没有发生改变。

为了避免冗余计算，提升算法效率，这里更推荐使用回溯法。回溯法与穷举法的本质区别在于回溯法会在遍历解空间树的同时判断当前节点以及该节点派生出的子树是否满足条件，一旦出现不满足条件的情况就会启动"剪枝"操作，回溯到解空间树的上一层，从而避免冗余判断。

为了使用回溯法解答本题，首先构建出该问题的解空间树。可以构建一棵形如图 14-19 的解空间树，某每一层都对应一个分割点的摆放方法。因为一共在字符串中摆放 3 个分割点，所以该解空间树共有 3 层（除根节点外）。

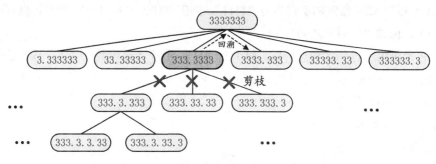

图 14-19　复原 IP 地址问题的解空间树

如图 14-19 所示，当访问到"333.3333"这个节点时，发现该节点不可能是 IP 地址，所以该节点以及它派生出来的子树中的节点就都不需要访问了，回溯到解空间树的上一层（根节点 3333333），然后沿着下一个分支（3333.333）继续探索，从而避免了冗余判断。

下面给出回溯法的代码实现。

```java
public static void printValidIPAddress(StringBuffer s, int index,
                                        int pointNumber) {
    if (pointNumber == 3) {
        if (isValid(s.substring(index,s.length()))) {
            System.out.println(s);  //得到一个结果，将其打印出来
        }
        return;
    }

    for (int i=index+1; i<s.length(); i++) {
        if (isValid(s.substring(index,i))) {
            //如果从 index 到 i-1 的子串符合 IP 地址格式要求
            //则在第 i-1 个数字后面加分割点，然后 pointNumber++
            //并递归调用 printValidIPAddress(s,i+1,pointNumber)
            s.insert(i,'.');
            pointNumber++;
```

```
      printValidIPAddress(s,i+1,pointNumber);
      //回溯到上一层，然后继续探索下一个分支
      pointNumber--;
      s.deleteCharAt(i);
    }
  }
}
```

上面这段代码并没有真的创建一棵解空间树，而是通过递归回溯的方式模拟探索解空间树的过程。

函数 printValidIPAddress(StringBuffer s, int index, int pointNumber)的作用是打印出参数 s 指定的字符串的所有可能的 IP 地址。其中参数 index 为本次递归调用中所要判定的子串在 s 中的起始位置的下标，参数 pointNumber 表示本次递归调用要放置第几个分割点，它相当于访问到解空间树的层数。

在函数 printValidIPAddress()内部通过一个 for 循环访问解空间树中一个节点的不同分支。如果 isValid(s.substring(index,i))的返回值为 true，则说明 s 中从 index 到 $i-1$ 的子串满足 IP 地址的格式要求，于是在字符串 s 的第 i 个位置上插入分割点（.），然后将 pointNumber 加 1，并递归地调用 printValidIPAddress(s,i+1,pointNumber)，也就是向解空间树的下一层继续探索。当深层的解空间树都探索完毕后，再执行 pointNumber 减 1，并删除刚才在 s 的第 i 个位置上插入的分割点（.），然后进入下一次循环，也就是继续探索下一个分支。如果 isValid(s.substring(index,i))的返回值为 false，则说明 s 中从 index 到 $i-1$ 的子串不满足 IP 地址的格式要求，于是直接进入下一次 for 循环，而不再递归调用函数 printValidIPAddress()继续探索，相当于剪枝操作。

在这里函数 isValid(String s)的作用是判断子串 s 是否符合 IP 地址的格式要求，也就是判断子串 s：（1）是否包含非数字的字符；（2）所代表的数字是否大于 255；（3）是否以 0 开头。在上述 3 个条件中，只要满足一个，即可判定该子串不符合 IP 地址的格式要求，于是返回 false。

```
public static boolean isValid(String s) {
  if (s.length() == 0) {
    return false;
  }
  int ans = 0;
  for (int i=0; i<s.length(); i++) {
    if (s.charAt(i) - '0' > 9 || s.charAt(i)-'0' < 0) {
      return false;
    }
    ans = ans * 10 + (s.charAt(i)-'0');
    if (ans > 255) {
      return false;
```

```
    }
  }

  if (s.charAt(0) == '0' && s.length()>1 ) {
    return false;
  }
  return true;
}
```

当 pointNumber == 3 时，说明已经探索到解空间树的第 3 层，如果此时 isValid(s.substring(index,s.length()))的返回值为 true，则说明最后一个字段也满足 IP 地址的格式要求，例如 333.33.3.33（最后一个字段为 33，符合 IP 地址的格式要求），此时就找到了一个答案，于是输出字符串 s；如果此时 isValid(s.substring(index,s.length()))的返回值为 false，则说明最后一个字段不满足 IP 地址的格式要求，例如 333.3.3.333（最后一个字段为 333，大于 255），此时直接返回即可，也就是回溯到解空间树的上一层。

下面给出本题的测试程序。

```
public static void main(String[] args) {
    StringBuffer ip = new StringBuffer("25525511135");
    IPAddressChecking.printValidIPAddress(ip,0,0);
}
```

在测试程序中首先创建了一个 StringBuffer，初始化字符串为"25525511135"，然后调用函数 IPAddressChecking.printValidIPAddress(ip,0,0)输出由该字符串构成的所有可能的 IP 地址，该程序的运行结果如图 14-20 所示。

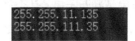

图 14-20　运行结果

本题完整的代码及测试程序可从"微信公众号@算法匠人→匠人作品→《算法大爆炸》全书源代码资源→14-5"中获取。

14.6　矩阵中的相邻数

题目描述：

给定一个仅包含正整数 1 和 5 的矩阵，同时给定其中一个数字 5 在矩阵中的坐标 (row,column)，要求计算出该矩阵中与(row,column)位置上的元素 5 相邻的 5 的数量，并打印出这些相邻元素 5 在矩阵中的坐标（行号和列号）。所谓相邻指该元素的上下左右 4 个方向上的元素，同时相邻具有可传递性，即相邻的相邻也算相邻。

　　举例说明：如图 14-21 所示，给定一个仅包含正整数 1 和 5 的矩阵，同时给定其中一个 5 的坐标为 row=1，column=0。

　　与第 1 行第 0 列的 5 相邻的 5 共有 7 个，除去矩阵中左下角的 5 和右下角的 5，其他的 5 均与（1,0）位置上的 5 相邻，如图 14-22 所示。

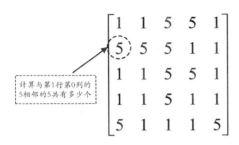

图 14-21　给定的矩阵　　　　　图 14-22　相邻的 5 共有 7 个

本题难度：★★★

题目分析：

　　解答本题的比较简单的方法是回溯法。这里并不需要真的创建一棵解空间树，而是通过递归回溯的方式模拟探索解空间树的过程。

　　假设给定元素 5 的初始坐标为（1,0），我们可以采取深度优先搜索策略，逐步查找出与矩阵中第 1 行第 0 列的元素 5 相邻的元素 5。该方法类似于图的深度优先搜索遍历，只要从矩阵中（1,0）的位置出发进行深度优先搜索，便可以找出所有与之相邻的元素 5，而不与之相邻的元素 5 都是访问不到的。

　　具体步骤如下。

　　（1）定义变量 count 用来计算矩阵中相邻元素 5 的数量，初始值为 0。

　　（2）从第 1 行第 0 列的元素 5 出发，依次访问与其相邻的 4 个元素。

　　◎　如果当前访问到的相邻元素是 5，则计数器变量 count 自增 1，然后将这个元素 5 作为新的起点，继续进行深度优先搜索。

　　◎　如果当前访问到的相邻元素不是 5，则回退到上一次访问的元素 5，继续访问下一个相邻元素。

　　上述步骤大致描述了寻找相邻数的过程。这是一个递归回溯的过程，每一层递归调用都处于解空间树的某一层。在一般情况下，矩阵中的每个元素都有上下左右 4 个相邻元素，对应到解空间树中就是一个根节点可以派生出 4 个子节点。如果访问到的某一个相邻元素不是 5，就停止搜索，回退到上一层递归调用中，也就是"剪枝—回溯"的过程，如图 14-23 所示。"剪枝—回溯"过程可以减少对解空间树中节点的搜索，从而提高了算法的效率。

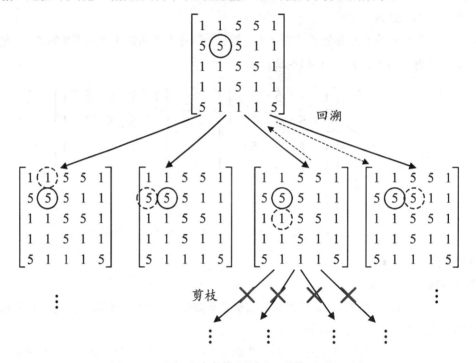

图 14-23　寻找 5 的相邻数过程中的"剪枝—回溯"过程

　　当一个元素 5 的所有相邻元素都完成深度优先搜索后，递归调用会回退到解空间树的上一层。最终递归调用会回退到第 1 层的函数调用中，也就是回退到解空间树的根节点，此时计数器变量 s 中保存的值就是与第 1 行第 0 列的元素 5 相邻的 5 的数量。

　　但是上述过程没有考虑两个重要问题：重复搜索和矩阵越界。

　　重复搜索指已经被访问过的元素再一次被访问。例如图 14-21 所示矩阵中第 1 行第 1 列的元素 5（行列号从 0 开始）的相邻元素 5 包括其左边的元素 5 和其右边的元素 5，但是其左边的元素 5（第 1 行第 0 列）已经被访问过，所以不应包含在内。

　　避免重复访问的方法有很多，一种比较简便且高效的方法是利用 HashSet 辅助查重。具体做法可参看后面给出的详细代码。

　　另一个问题是矩阵越界。矩阵中的边界元素并没有上下左右 4 个相邻元素，例如图 14-21 所示矩阵中第 1 行第 0 列的元素 5，它的相邻元素只有上下右 3 个，在程序设计时要充分考虑这一点。

　　综上所述，算法描述如下。

```java
public class AdjacentNumber {
    public static int count = 0;
    public static HashSet<String> set = new HashSet<String>();

    public static int getAdjacentNumber(int row, int column, int[][] matrix) {
        //上下左右 4 个元素的行号
        int[] rowIndex = {row+1,row,row-1,row};
        //上下左右 4 个元素的列号
        int[] columnIndex = {column,column+1,column,column-1};
        String index = row + "," + column;
        set.add(index);  //将当前访问的元素 5 的矩阵坐标加入 HashSet，以便查重

        for (int i=0; i<4; i++){
            //依次从（row,column）的上下左右 4 个方向深度优先搜索
            if (isValidPosition(rowIndex[i], columnIndex[i],matrix)) {
                //如果（rowIndex[i], columnIndex[i]）上的元素满足以下条件
                //(1) 该位置没有越界
                //(2) 该元素为 5
                //(3) 该元素未被访问过
                //则打印出该相邻元素 5 的坐标
                System.out.println("row = " + rowIndex[i]
                                        + " column " + columnIndex[i]);
                 //统计相邻元素 5 的数量
                count++;
                //递归调用函数 getAdjacentNumber()，从该元素 5 开始继续深度优先搜索
                getAdjacentNumber(rowIndex[i], columnIndex[i],matrix);
            }
        }
        return count;
    }

    public static boolean isValidPosition(int row, int column,
                                            int[][] matrix) {
        //判断（row,column）是否越界
        if (row<0 || row>=matrix.length || column<0
                        || column>=matrix[0].length) {
            return false;
        }
        //判断相邻元素是否为 5
        if (matrix[row][column] != 5) {
```

```
        return false;
    }
    //判断（row,column）上的元素是否被访问过
    String index = row + "," + column;
    if (set.contains(index)) {
        return false;
    }
    return true;
    }
}
```

在上述代码中定义了类 AdjacentNumber，它是一个工具类，用来计算矩阵中给定元素 5 的相邻的元素 5 的数量。在类 AdjacentNumber 中定义了两个成员变量：整型变量 count 用来记录相邻的元素 5 的数量，HashSet 对象 set 用作辅助查重。

函数 getAdjacentNumber(int row, int column, int[][] matrix)的作用是计算矩阵 matrix 中与(row,column)元素 5 相邻的元素 5 的数量，并将所有的相邻元素 5 打印出来。在该函数中，首先将当前访问的元素 5 的坐标(row,column)加入成员变量 set，表示已经访问过该元素 5。然后通过一个 for 循环依次从(row,column)位置的上下左右 4 个方向深度优先搜索整个矩阵。在访问这些相邻元素之前，要使用函数 isValidPosition(rowIndex[i], columnIndex[i],matrix)来判断(rowIndex[i], columnIndex[i])位置上的元素是否满足被访问以及继续深度优先搜索的条件。如果(rowIndex[i], columnIndex[i])没有超出矩阵的范围，同时该元素等于 5，并且未被访问过，则函数 isValidPosition()会返回 true。只有函数 isValidPosition()的返回值为 true 时，才能将计数变量 count 自增 1，然后递归地调用函数 getAdjacentNumber(rowIndex[i], columnIndex[i],matrix)，从 (rowIndex[i], columnIndex[i])继续深度优先搜索。如果 isValidPosition()的返回值为 false，则进入下一次 for 循环，也就是判断下一个相邻元素是否满足条件。

当递归函数 getAdjacentNumber()返回第 1 层时，变量 count 中保存了相邻元素 5 的数量，变量 set 中则保存了它们的坐标。

下面给出测试程序。

```
public static void main(String[] args) {
    int[][] matrix = { {1,1,5,5,1},
                       {5,5,5,1,1},
                       {1,1,5,5,1},
                       {1,1,5,1,1},
                       {5,1,1,1,5}};
    System.out.println(AdjacentNumber.getAdjacentNumber(1,0,matrix));
}
```

在 main()函数中定义了一个二维数组，该数组中的内容与图 14-21 所示的矩阵内容相同。调用函数 AdjacentNumber.getAdjacentNumber(1,0,matrix)计算与矩阵中（1,0）位置上的元素 5 相邻的元素 5 的数量并输出。该程序的运行结果如图 14-24 所示。

图 14-24　运行结果

本题完整的代码及测试程序可从"微信公众号@算法匠人→匠人作品→《算法大爆炸》全书源代码资源→14-6"中获取。

14.7　被包围的区域

题目描述：

给定一个二维矩阵，包含字母 X 和 O。请找到所有被 X 围绕的区域，并将这些区域里所有的 O 用 X 替换。

例如，给定如图 14-25 所示的二维矩阵，

$$\begin{bmatrix} X & X & X & X \\ X & X & O & X \\ X & O & X & X \\ X & O & X & X \end{bmatrix}$$

图 14-25　包含 X 和 O 的矩阵

将 X 围绕区域中的 O 用 X 填充后得到如图 14-26 所示的矩阵。

$$\begin{bmatrix} X & X & X & X \\ X & X & X & X \\ X & O & X & X \\ X & O & X & X \end{bmatrix}$$

图 14-26　将 X 围绕的 O 替换为 X

如图 14-26 所示，矩阵中第 1 行第 2 列的 O 被替换为 X，因为只有它被 X 包围，其他的 O

都没有被替换为 X。

本题难度：★★★

题目分析：

观察图 14-25 和图 14-26 不难发现，矩阵中所有边界上的 O 以及与它们相连的 O 都没有被替换为 X，而其他的 O 都被替换为 X。这是因为边界上的 O 及与它们相连的 O 都不能被 X 包围，也就是存在一个出口使它们与外界相通，而不与边界上的 O 连通的 O 就不存在这样的出口。清楚了这一点，本题就不难求解了。

现在的问题焦点变为怎样找出与边界上的 O 连通的 O。我们可以参考上一题的做法，采用回溯法的策略，从边界上的一个 O 开始深度优先搜索与这个 O 连通的全部 O，这些 O 不会被替换为 X，而矩阵中的其他 O 都会被替换为 X，因为它们都被 X 包围。

下面给出回溯法解决本题的代码实现。

```java
public static void surroundAreas(char[][] matrix) {
    int maxX = matrix.length-1;    //矩阵的行数-1
    int maxY = matrix[0].length-1; //矩阵的列数-1

    for (int j=0; j<=maxY; j++) {
        if (matrix[0][j] == 'o') {
            expand(0,j,matrix,maxX,maxY);
        }
    }
    for (int j=0; j<=maxY; j++) {
        if (matrix[maxX][j] == 'o') {
            expand(maxX,j,matrix,maxX,maxY);
        }
    }
    for (int i=1; i<maxX; i++) {
        if (matrix[i][0] == 'o') {
            expand(i,0,matrix,maxX,maxY);
        }
    }
    for (int i=1; i<maxX; i++) {
        if (matrix[i][maxY] == 'o') {
            expand(i,maxY,matrix,maxX,maxY);
        }
    }

    for (int i=0; i<=maxX; i++) {
        for (int j=0; j<=maxY; j++) {
            if (matrix[i][j] == 'o') {
```

```
        matrix[i][j] = 'x';
    } else if (matrix[i][j] == '#') {
        matrix[i][j] = 'o';
    }
    }
  }
}
```

函数 surroundAreas(char[][] matrix)的作用是将矩阵 matrix 中所有被 X 包围的 O 替换为 X。

在函数 surroundAreas()中，首先计算矩阵 matrix 的行数和列数，然后用 maxX 保存矩阵 matrix 的行号最大值（行数–1），用 maxY 保存矩阵 matrix 的列号最大值（列数–1）。再通过 4 个 for 循环沿着矩阵的 4 条外围边缘查找字符 O，一旦找到就调用函数 expand()查找与它连通的所有 O。图 14-27 所示为一个 8×8 矩阵，在矩阵的边缘共有 4 个 O，我们需要通过 4 个 for 循环找到这 4 个 O，然后调用 expand()函数分别查找与之连通的 O。

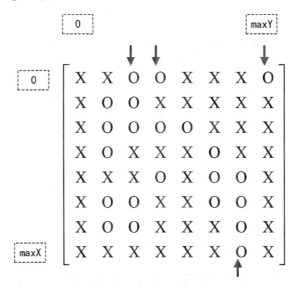

图 14-27 在 8×8 的矩阵中寻找边缘上的 O

函数 expand(int x, int y, char[][] matrix, int maxX, int maxY)的作用是实现在矩阵中深度优先搜索与边界上的 O 连通的字符 O，找到后用字符#将其替换，用#替换 O 的目的是做一个标记，最后还要将它们替换为 O。函数 expand()的实现如下。

```
public static void expand(int x, int y, char[][] matrix, int maxX, int maxY) {
    if (x>maxX || x<0 || y>maxY || y<0) {
        return;
```

```
    }
    if (matrix[x][y] == 'x') {
        return;
    }
    if (matrix[x][y] == '#') {
        return;
    }
    if (matrix[x][y] == 'o') {
        matrix[x][y] = '#';
    }
    expand(x+1,y,matrix,maxX,maxY);
    expand(x,y+1,matrix,maxX,maxY);
    expand(x-1,y,matrix,maxX,maxY);
    expand(x,y-1,matrix,maxX,maxY);
}
```

经过上述操作，可将图 14-27 所示的矩阵变为图 14-28 的样子。

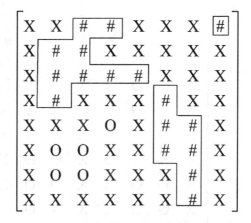

图 14-28　将与外界连通的 O 替换为#

最后通过一个二重循环遍历整个矩阵，将矩阵中的 O 全部替换为 X，将矩阵中的#全部替换为 O，这样就实现了将矩阵中所有被 X 包围的 O 替换为 X。

下面给出本题的测试程序。

```
public static void main(String[] args) {
    char[][] matrix = {
        {'x','x','o','o','x','x','x','o'},
        {'x','o','o','x','x','x','x','x'},
        {'x','o','o','o','o','x','x','x'},
        {'x','o','x','x','x','o','x','x'},
```

```
    {'x','x','x','o','x','o','o','x'},
    {'x','o','o','x','x','o','o','x'},
    {'x','o','o','x','x','x','o','x'},
    {'x','x','x','x','x','x','o','x'}
};

SurroundAreas.surroundAreas(matrix);

for (int i=0; i<=7; i++) {
    for (int j=0; j<=7; j++) {
        System.out.print(matrix[i][j] + " ");
    }
    System.out.println();
}
}
```

在 main() 函数中首先定义了一个如图 14-27 所示的二维数组，然后调用 surroundAreas(matrix)函数将被 X 包围的 O 替换为 X，程序的运行结果如图 14-29 所示。

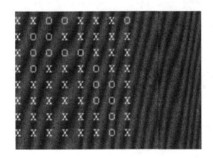

图 14-29　运行结果

本题完整的代码及测试程序可从"微信公众号@算法匠人→匠人作品→《算法大爆炸》全书源代码资源→14-7"中获取。

第15章
其他类型算法面试题

大厂面试的题目灵活多样，不拘一格。除了前面章节中介绍的经典算法题目，还有一些题目很难被归类到某一种特定的算法中，这些题目往往与实际的工作联系更加紧密，也更能考查面试者利用计算机思维解决实际问题的能力。本章就为大家介绍一些这样的题目。

15.1 相差多少天

题目描述：

输入两天的信息（年、月、日），计算这两天之间相差多少天。注意：这两天可以是任意年份和任意月份。

本题难度：★★

题目分析：

首先要明确"相差多少天"的概念。一般认为，两天之间相差的天数应该不包含前面的那一天，而要包含后面的那一天，如图 15-1 所示。

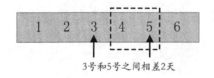

3号和5号之间相差2天

图 15-1 某月 3 号和 5 号之间相差 2 天

如图 15-1 所示，某月 3 号和 5 号之间相差 2 天，这两天包括 4 号和 5 号，而不包括 3 号。明确了相差多少天的概念后，就不难解决本题了。

要计算两天之间的相差天数，最容易的方法就是找一个基准点，然后分别计算这两天到基准点的天数，将两个结果求差即为两天之间相差的天数，图 15-2 可以形象地描述这个过程。

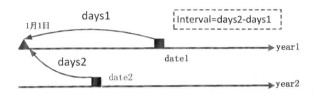

图 15-2　计算两天间隔的示意图

如图 15-2 所示，要计算某两天（date1、date2）之间相差多少天，只要分别计算出这两天到较小年份（year1）的 1 月 1 日各有多少天（days1、days2），再用 days2 减去 days1。为什么将这个基准点指定为 year1 的 1 月 1 日呢？其实只是出于计算方便，你也可以将基准点指定为任何一天，甚至是 date1 本身，只要计算方便即可。

计算 days1 就是计算 date1 是一年中的第几天，现在的关键是如何计算 days2 的值。我们可以先计算出 date2 是一年中的第几天，再计算从 year1 到 year2–1 的天数，两者相加即为 days2 的值，如图 15-3 所示。

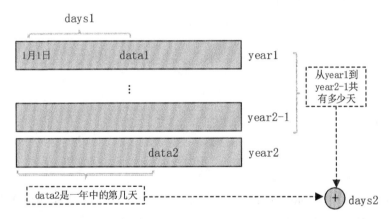

图 15-3　计算 day1 和 day2

需要注意的是，在计算 days1 和 days2 时，还要考虑闰年的问题，即闰年的 2 月有 29 天，全年共 366 天，平年的 2 月有 28 天，全年共 365 天。

下面给出计算给定的两天相差多少天的代码实现。

```
public static int getIntervalDays(Date date_1, Date date_2) {
    int days1, days2;
    if (date_1.year < date_2.year) {
        //计算 date_1 是一年中的第几天
```

```
        days1 = getDaysInOneYear(date_1.year, date_1.month, date_1.day);
        //计算 date_2 到 date_1 所处年份的 1 月 1 日所经历的天数
        days2 = getDaysInOneYear(date_2.year, date_2.month, date_2.day)
                        + getYearsDays(date_2.year, date_1.year);
    } else if (date_1.year > date_2.year) {
        //计算 date_2 是一年中的第几天
        days1 = getDaysInOneYear(date_2.year, date_2.month, date_2.day);
        //计算 date_1 到 date_2 所处年份的 1 月 1 日所经历的天数
        days2 = getDaysInOneYear(date_1.year, date_1.month, date_1.day)
                        + getYearsDays(date_1.year, date_2.year);
    } else {
        //date_1 和 date_2 处在同一年的情形
        days1 = getDaysInOneYear(date_2.year, date_2.month, date_2.day);
        days2 = getDaysInOneYear(date_1.year, date_1.month, date_1.day);
    }
    return Math.abs(days2 - days1);
}
```

函数 getIntervalDays(Date date_1, Date date_2)的作用是计算 date_1 和 date_2 之间相差的天数，其中参数类型 Date 表示日期，定义如下。

```
class Date {
    int year;
    int month;
    int day;
    public Date(int year, int month, int day) {
        this.year = year;
        this.month = month;
        this.day = day;
    }
}
```

因为不确定 date_1 和 date_2 所处年份的先后，所以在计算 date_1 和 date_2 之间相差的天数时需要分 date_1.year < date_2.year、date_1.year > date_2.year、date_1.year == date_2.year 3 种情形讨论。

函数 getDaysInOneYear()计算某天是一年中的第几天，函数 getYearsDays()计算从 year1 到 year2-1 的天数，这两个函数的代码实现如下。

```
public static int getYearsDays(int year_1, int year_2) {
    int i, early, late;
    int days = 0;
    if (year_1 <= year_2) {
```

```
        early = year_1;
        late = year_2;
    } else {
        early = year_2;
        late = year_1;
    }
    for (i=early; i<late; i++) {
        if (isLeapYear(i)) {
            days = days + 366;      //闰年累加上 366
        } else {
            days = days + 365;      //平年累加上 365
        }
    }
    return days;
}

public static int getDaysInOneYear(int year, int month, int date)
{
    int[] months={31,0,31,30,31,30,31,31,30,31,30,31};
    int days=0;

    if(isLeapYear(year)) {          //判断是否是闰年
        months[1]=29;
    } else {
        months[1]=28;
    }
    for(int i=0; i<month-1; i++) {   //计算天数
        days = days + months[i];
    }
    days = days + date;
    return days;
}
```

下面给出本题的测试程序。

```
public static void main(String[] args) {
    Date date1 = new Date(2022,2,5);
    Date date2 = new Date(2021,2,5);
    System.out.println("Interval days are " + getIntervalDays(date1,date2));
}
```

计算 2021 年 2 月 5 日与 2022 年 2 月 5 日相差多少天，程序的运行结果如图 15-4 所示。

```
Interval days are 365
```

图 15-4　运行结果

本题完整的代码及测试程序可从"微信公众号@算法匠人→匠人作品→《算法大爆炸》全书源代码资源→15-1"中获取。

15.2 万年历

题目描述：

实现一个万年历程序，输入年份和月份，输出该月的日历。例如输入 2022 年 1 月，应输出如图 15-5 所示的日历。

Mon	Tue	Wed	Thu	Fri	Sat	Sun
					1	2
3	4	5	6	7	8	9
10	11	12	13	14	15	16
17	18	19	20	21	22	23
24	25	26	27	28	29	30
31						

图 15-5 2022 年 1 月的日历

要求：

（1）不需要输出农历的信息，只需要输出公历的信息和星期数。

（2）该万年历的范围设定在 1900 年以后，1900 年之前的日历不必支持。

本题难度：★★★

题目分析：

要想得到某年某月的日历，需要知道以下几个信息。

◎ 年份和月份。

◎ 这个月对应的天数。

◎ 这个月的 1 号是星期几。

只要知道了以上 3 个信息，就可以很容易地得到这个月的日历。

首先年份和月份是输入的信息，可以直接得到。其次，每个月的天数都是固定的，即 1 月、3 月、5 月、7 月、8 月、10 月、12 月都是 31 天；4 月、6 月、9 月、11 月都是 30 天；闰年的 2 月是 29 天，平年的 2 月是 28 天。所以，解决本题的关键就是计算出这个月的 1 号是星期几。

众所周知，每周有 7 天，如果将星期一作为原点，从星期一开始到某天共有 N 天，那么这一天的星期数就应当是（$N \bmod 7$）。举例说明，如果 N 等于 8，这一天就是星期一；如果 N 等于 9，这一天就是星期二，如图 15-6 所示。

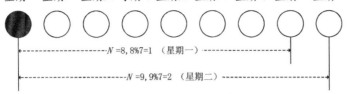

图 15-6　计算星期几的方法

不过也有例外的情况：如果（N mod 7）恰好等于 0，那么这一天就是星期日。

本题设定的万年历的范围在 1900 年以后，而 1900 年 1 月 1 日恰好是星期一，所以我们自然会想到将 1900 年 1 月 1 日作为"星期一原点"。要想知道以后任何一天是星期几，只需计算出这一天到 1900 年 1 月 1 日有多少天，然后用这个天数 mod 7。

我们可以参考上一题中计算 days2 值的方法来计算这个天数。

下面给出万年历程序的代码实现。

```java
public static void printCalendar(int year, int month) {
    int days = 0;
    int[] months = { 31, 28, 31, 30, 31, 30, 31, 31, 30, 31, 30, 31 };
    String[] weekDays = { "Mon", "Tue", "Wed", "Thu", "Fri", "Sat", "Sun" };

    //计算从 1900 年到第（year-1）年之间的天数
    for (int j = 1900; j < year; j++) {
        if (isLeapYear(j)) {
            days += 366;  //闰年 366 天
        } else {
            days += 365;  //平年 365 天
        }
    }
    //计算本年度（第 year 年）从 1 月到 month-1 月的总天数
    boolean isLeapYear = isLeapYear(year);
    for (int k = 1; k <  month; k++)
    {
        if ((isLeapYear) && (k == 2)) {
            days += 29;    //闰年 2 月 29 天
        }
        days += months[(k - 1)];
    }

    //计算 year 年 month 月的 1 号是星期几
    int week = (days + 1) % 7;  //因为计算的是 month 月 1 号，所以 days 还要加 1 再 mod 7
    if (week == 0) {
```

```
        week = 7;    //如果(days + 1) % 7 等于 0, 则表示 1 号恰好是星期日
    }

    //打印日历
    //打印日历的星期栏
    for (int m = 0; m < 7; m++) {
        System.out.print(String.format("%6s", weekDays[m]));
    }
    System.out.println();
    //创建二维数组 calendar 用来保存日历中的日期
    int[][] calendar = new int[6][7];
    //变量 day 用来累加迭代一个月中的日期
    int day = 1;
    //变量 days 用来保存当月的总天数
    if (( month == 2) && (isLeapYear)) {
        days = 29;
    } else {
        days = months[( month - 1)];
    }
    //通过一个二重循环填写矩阵 calendar
    boolean finished = false;
    for (int row = 0; (row < 6) && (!finished); row++) {
        for (int column = 0; column < 7; column++) {
            if ((row != 0) || (column >= week - 1)) {
                calendar[row][column] = day;    //将 1 号填写到正确的星期的列中
                day++;
                if (day > days) {
                    finished = true;
                    //一旦 day>days, 就表示已填写完本月的全部日期, 循环要提前结束
                    break;
                }
            }
        }
    }
    //在屏幕上输出当月的日历
    for (int row = 0; row < 6; row++) {
        for (int column = 0; column < 7; column++) {
            if (calendar[row][column] == 0) {
                System.out.print(String.format("%6s", " "));
            } else {
                System.out.print(String.format("%6s", calendar[row][column]));
            }
        }
        System.out.println();
```

```
    }
}
```

在上述代码中，函数 printCalendar(int year, int month)的作用是在屏幕上输出某年某月的日历。在函数 printCalendar()内部，主要包含以下操作。

首先计算出某年某月的 1 号距 1900 年 1 月 1 日的天数，然后用得到的天数 mod7，得到的值即为某年某月 1 号是星期几。接下来将某年某月的日历信息填写到二维数组 calendar 中。这里有两点需要注意:(1)必须将本月的 1 号填写到正确的星期列中，也就是上面计算得到的 week值；(2)在填写 calendar 数组的过程中，要控制本月的天数，一旦 day>days，表示已填写完本月的全部日期，要结束循环。

最后将日历的信息输出到屏幕上。

下面给出本题的测试程序。

```
public static void main(String[] paramArrayOfString) {
    printCalendar(2022, 6); //打印出 2022 年 6 月的日历
}
```

在测试程序中，调用了函数 printCalendar(2022, 6)输出 2022 年 6 月的日历，本程序的运行结果如图 15-7 所示。

图 15-7　运行结果

本题完整的代码及测试程序可从"微信公众号@算法匠人→匠人作品→《算法大爆炸》全书源代码资源→15-2"中获取。

15.3　1 的数量

题目描述:
给定一个整数（正数、负数皆可），计算该整数二进制表达中 1 的数量。

本题难度: ★★

题目分析:
本题考查的是整数的二进制表示以及位运算的相关知识。最简单直观的解法是位运算中的

移位运算和按位与运算。具体而言，可将给定的整数 n 按位右移，每右移一位，都将得到的整数与 1 做按位与运算。如果按位与运算的结果等于 1，则说明移位后的整数的最后一位为 1，于是将变量 count 加 1（变量 count 用来统计该整数中 1 的数量）；如果按位与运算的结果不等于 1，则说明移位后的整数的最后一位为 0，count 保持不变。当给定的整数 n 的每一位都右移出最低位后，n 变为 0，此时按位右移操作可结束，而变量 count 统计出来的结果即为该整数二进制表达中 1 的数量。

下面通过一个例子说明该算法。假设给定的 32 位整数为 25，它的二进制形式共 32 位，最后 5 位为 11001，前面 27 位都是 0。使用上述方法计算 25 的二进制表达中包含 1 的数量的过程如图 15-8 所示。

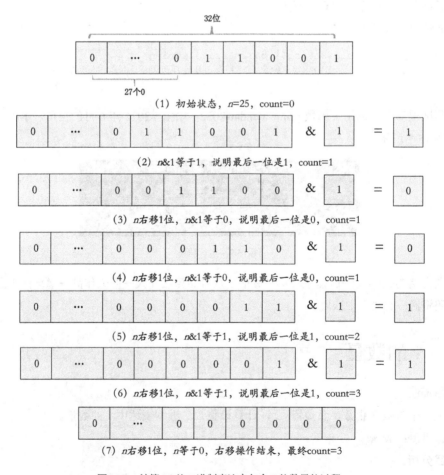

图 15-8　计算 25 的二进制表达中包含 1 的数量的过程

需要注意的是，如果给定的整数 n 为负数，则它在计算机中是以补码的形式存在的，例如 32 位整型的−5 的补码为 1111 1111 1111 1111 1111 1111 1111 1011。因此我们在将整数 n 按位右移时，应采用无符号按位右移的方式，即 n>>>1，这样最高位将用 0 来填补。如果采用 n>>1 的方式右移，那么负数的最高位将用 1 来填补，这样 n 将永远不会变为 0，也就无法正确地得到 1 的数量。

下面给出该算法的代码实现。

```
public static int getBitOneCount(int n) {
    int count = 0;
    while (n != 0) {
        count = count + (n & 1);
        n >>>= 1;
    }
    return count;
}
```

上述算法简单直观，但是也存在效率较为低下的缺点。举例来说，如果给定的 32 位整数 n 等于 2147483648，那么它的二进制形式为 10000000000000000000000000000000。如果采用上述算法计算二进制中 1 的数量，则需要将 n 向右移位 31 位后才能使得 n&1==1，能不能找出一种方法，不需要机械地将每一位都右移，就能统计出 1 的数量呢？

这里为大家介绍一个位运算的知识点，对于整数 n，运算 n&(n−1)可以消除 n 的二进制表达中最后一个 1。举例说明，给定 n=12，它对应的二进制表达为 1100；而 n−1=11 对应的二进制表达为 1011。1100&1011=1000，恰好消除了 1100 的最后一个 1。因此可以利用位运算的这一特性计算二进制整数中 1 的数量。

具体来说，可以将 n 与(n−1)进行按位与（&）运算，然后将运算的结果赋值给 n，重复执行上述操作，直到 n 等于 0。因为每执行一次 n&(n−1)都可以消除 n 中最后的一个 1，所以当 n 等于 0 时，执行过的 n&(n−1)的次数即为 n 的二进制表达中 1 的数量。

下面给出该算法的代码实现。

```
public static int getBitOneCount2(int n) {
    int count = 0;
    while (n != 0) {
        n &= (n-1);
        count++;
    }
    return count;
}
```

下面给出本题的测试程序。

```
public static void main(String[] args) {
    System.out.println(String.format
            ("%d contains %d '1' in the binary. ", 5, getBitOneCount(5)));
    System.out.println(String.format
            ("%d contains %d '1' in the binary. ", -5, getBitOneCount(-5)));
    System.out.println(String.format
            ("%d contains %d '1' in the binary. ", 5, getBitOneCount2(5)));
    System.out.println(String.format
            ("%d contains %d '1' in the binary. ", -5, getBitOneCount2(-5)));
}
```

测试程序分别调用 getBitOneCount() 和 getBitOneCount2() 函数计算 5 和–5 的二进制表达中 1 的数量，程序的运行结果如图 15-9 所示。

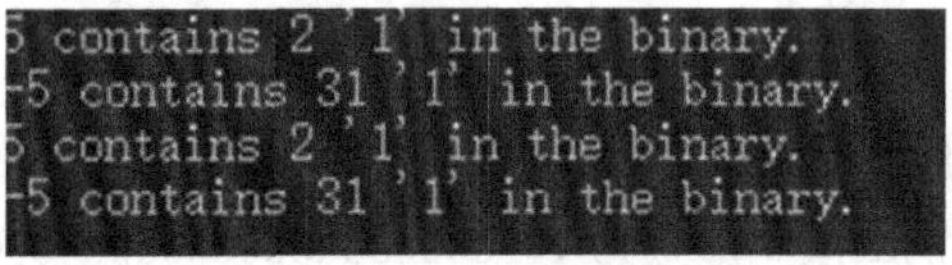

图 15-9　运行结果

32 位整型数 5 的二进制表达为 00000000000000000000000000000101，所以它包含 2 个 1；–5 的补码形式为 11111111111111111111111111111011，所以它包含 31 个 1。

本题完整的代码及测试程序可从 "微信公众号@算法匠人→匠人作品→《算法大爆炸》全书源代码资源→15-3" 中获取。

15.4　找出人群中唯一的 "单身者"

题目描述：

一个数组中除了一个数字只出现一次，其余数字均出现偶数次，这个只出现一次的数字我们叫它 "单身者"。要求只扫描数组一次，找出这个只出现一次的数字。

本题难度：★★

题目分析：

有些读者试图将数组排序，然后从头到尾扫描一遍找出答案，但是题目对时间复杂度有要求（只扫描数组一次），因此不能通过排序解决。

那么我们如何才能通过一次循环操作，找出这个只出现一次的数字呢？答案是借助位运算中的异或（^）操作。

两个相同的数字进行异或的结果为 0，因此异或运算非常适合去重，将数组中所有出现偶数次的数字进行异或，最终结果为 0。再根据任何数字与 0 进行异或的结果是这个数字本身这一性质，将数组中所有数字进行异或操作，由此找出那个在数组中只出现一次的数字。

下面给出该算法的代码实现。

```
int getSingleDog(int[] array) {
    int result = 0;
    for (int i = 0; i < array.length; i++) {
        result ^= array[i];
    }
    return result;
}
```

下面给出本题的测试程序。

```
public static void main(String[] args) {
    int array[] = {1,1,3,5,6,3,7,8,5,7,6};
    System.out.println("The single dog of this array is " + getSingleDog(array));
}
```

在测试程序中，首先初始化了数组 int array[] = {1, 1, 3, 5, 6, 3, 7, 8, 5, 7, 6}；然后调用函数 getSingleDog()在该数组中找出仅出现一次的数字，并将该数字输出。程序的运行结果如图 15-10 所示。

The single dog of this array is 8

图 15-10 运行结果

本题完整的代码及测试程序可从"微信公众号@算法匠人→匠人作品→《算法大爆炸》全书源代码资源→15-4"中获取。

15.5 找出人群中 3 个"单身者"中的任意一个

题目描述：

一个数组中除了 3 个数字只出现一次，其他数字均出现偶数次，用最小的时间复杂度找出这个 3 个数字中的任意一个。

本题难度：★★★

题目分析：

如果像上一题那样直接将数组中所有的数字进行异或操作，那么虽然能将所有出现偶数次的数字抵消，但是剩余的 3 个只出现一次的数字异或的结果无法标识任何一个数字，所以单纯的异或操作肯定不行。我们仍要从异或操作着手，毕竟异或操作有去重的作用。

现在数组里有 3 个只出现一次的数字，要求找出其中任何一个即可。如果有一种方法能将这 3 个数字拆分到两个不同的组里，一个组中包含两个，另一个组中包含一个，而每组中的其他数字都成对出现，此时对仅包含一个"单身者"的数组中的数字做异或操作，就能得到我们想要的结果。因此该问题就转换为"如何将所有的数字按照某种方式分成两组"的问题。

我们可以通过数字的二进制位对数组中的数字进行分组。有的读者可能想按照每个数字的二进制表达的最后一位对数字进行分组，最后一位为 1 的分为一组，最后一位为 0 的分为一组。这样一定能将所有数字按照我们的想法分成两组吗？答案是否。

假设所有的数字都是奇数，那么最后一位必然都是 1，所有的数字都会被分到同一组中，因此只进行一次分组可能是不够的。

所以我们继续用数字的二进制表达的倒数第 2 位进行分组，如果还是没能将只出现一次的3 个数字拆分到两个组里，那么可以再尝试用二进制表达式的倒数第 3 位进行分组，以此类推，最终总能找到一种分组方案可以将 3 个只出现一次的数字拆分到两个组里。

为什么按照上述方法就能将 3 个互不相等的数字拆分到两个组里呢？其实这并不难理解：试想如果从数字二进制表达的最后一位开始对元素进行分组，却找不到按照任何一位分组的结果能将这 3 个数分到两个不同的组里，就说明这 3 个数的每一个二进制位都是相等的，也就是这 3 个数是相等的，这显然是错误的。

那么我们如何来判断已将这 3 个"单身者"分到了不同的组中呢？我们知道，最终必然有两个"单身者"在一个组里，而另外一个"单身者"在另一个组里。同时在这两组中，除了"单身者"，其他的数字都是成对出现的（因为按照此法分组，不可能将成对出现的数字拆分到两个组中）。所以：（1）在包含一个"单身者"的数组中，数组元素一定是奇数个，同时每个元素异或后得到的值恰好就是"单身者"对应的数字；（2）而在包含两个"单身者"的数组中，数组元素一定是偶数个，同时将数组元素异或后得到的值一定不为 0。我们可以通过以上标准来判断是否完成了正确的分组。

下面我们通过一个具体实例对该解法进行梳理。简便起见，数组里的数字都是很小的整数，假设二进制数只有四位。

初始状态如下。

数组元素：{ 2, 5, 7, 6, 4, 5, 7, 2, 8 }

二进制数：2 = 0x0010、5 = 0x0101、7 = 0x0111、6 = 0x0110、4 = 0x0100、8 = 0x1000

首先根据二进制数的最后一位进行分组，分组结果如下。

组（1）：2 = 0x0010、6 = 0x0110、4 = 0x0100、2 = 0x0010、8 = 0x1000

组（2）：5 = 0x0101、7 = 0x0111、5 = 0x0101、7 = 0x0111

组（2）中的元素为偶数个，将每个元素异或后结果为 0，说明当前分组并没有把 3 个 "单身者"（4、6、8）拆开，它们都被分到了组（1）中。

于是我们再根据二进制数的倒数第 2 位进行分组，分组结果如下。

组（1）：5 = 0x0101、4 = 0x0100、5 = 0x0101、8 = 0x1000

组（2）：2 = 0x0010、7 = 0x0111、6 = 0x0110、7 = 0x0111、2 = 0x0010

此时将组（1）中每个数字进行异或的结果不为 0，同时组（1）中有偶数个元素，这说明有两个 "单身者" 被分到了组（1），而有一个 "单身者" 被分到了组（2）。因此对组（2）中的数字进行异或会将所有成对出现的数字抵消，最终得到出现一次的数字 6 = 0x0110。也就是我们要找的 "单身者"。

数组元素的二进制位数是有限的，因此程序的时间复杂度为 $O(n)$，其中 n 表示数组中元素的数量。

下面给出上述算法的代码实现。

```java
public static int getSingleDog(int[] numbers) {
    int i = 0, j = 0;
    int BITNUM = 32;
    for (i = 0; i < BITNUM; i++) {
        int result_1 = 0, result_2 = 0, count_1 = 0, count_2 = 0;
        int benchmark = 1 << i;
        for (j = 0; j < numbers.length; j++) {
            if ((numbers[j] & benchmark)!=0) {
                //将第 benchmark 位为 1 的元素分为一组，计算元素的异或值
                result_1 ^= numbers[j];
                count_1++;                //统计第 1 组元素数量
            } else {
                //将第 benchmark 位为 0 的元素分为一组,计算元素的异或值
                result_2 ^= numbers[j];
                count_2++;                //统计第 2 组元素数量
            }
        }
```

```
    if (((count_1 & 1) != 0) && result_2 != 0) {
        //如果第 1 组元素为奇数个，同时第 2 组元素异或结果不为 0
        //则说明第 1 组中包含 1 个单身者，第 2 组包含 2 个单身者
        //此时返回第 1 组元素的异或结果 result_1 就是单身者对应的元素
        return result_1;
    }
    if (((count_2 & 1) != 0) && result_1 != 0) {
        //如果第 2 组元素为奇数个，同时第 1 组元素异或结果不为 0
        //则说明第 2 组中包含 1 个单身者，第 1 组中包含 2 个单身者
        //此时返回第 2 组元素的异或结果 result_2
        return result_2;
    }
}
return -111;  //没有找到单身者，返回错误码-111
}
```

在上述代码中，最外层的 for 循环控制将数组元素进行分组的 benchmark；内层的 for 循环负责将数组 numbers 中的元素以 benchmark 所指示的位进行分组，并在分组的过程中将数组中的每个元素进行异或操作，同时用变量 count_1 和 count_2 来统计每个数组中元素的数量。

当一次分组结束后，需要按照前面介绍的标准来判断结果是否正确。如果完成了分组，则直接将对应的异或结果（result_1 或 result_2）返回。如果经过了所有可能的分组，都没有达到正确分组的标准，则说明给定的数组 numbers 中并没有 3 个"单身者"，此时返回错误码-111。

下面给出本题的测试程序。

```
public static void main(String[] args) {
    int[] numbers = { 2, 9, 7, 3, 5, 5, 7, 2, 11 };
    System.out.println("The single dog is " + getSingleDog(numbers));
}
```

在测试程序中，首先初始化数组 int[] numbers = { 2, 9, 7, 3, 5, 5, 7, 2, 11 }，该数组中包含 3 个"单身者"：9、3、11。然后调用函数 getSingleDog(numbers)从该数组中找出一个"单身者"，程序的运行结果如图 15-11 所示。

The single dog is 9

图 15-11　运行结果

本题完整的代码及测试程序可从"微信公众号@算法匠人→匠人作品→《算法大爆炸》全书源代码资源→15-5"中获取。

15.6　空瓶换汽水问题

题目描述：

商店为回收汽水瓶，规定 3 个空瓶换一瓶汽水。一个人买 10 瓶汽水喝完之后又拿空瓶去换汽水，请问他一共可以喝多少瓶汽水（包括他已喝的 10 瓶汽水）？

本题难度：★★

题目分析：

本题是一道有趣的智力题，也被一些大厂拿来作为面试题，这是因为本题可通过编程来解决。同时通过编程，还可将本题扩展为"买 N 瓶汽水，最终可以喝多少瓶汽水"的问题。

首先我们要找一下空瓶换汽水问题存在什么规律。请看图 15-12。

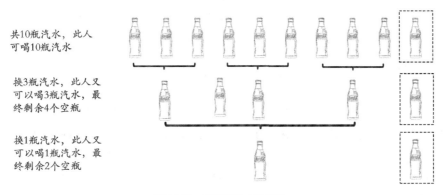

共10瓶汽水，此人可喝10瓶汽水

换3瓶汽水，此人又可以喝3瓶汽水，最终剩余4个空瓶

换1瓶汽水，此人又可以喝1瓶汽水，最终剩余2个空瓶

图 15-12　空瓶换汽水的规律

如图 15-12 所示，最初一个人买了 10 瓶汽水，那么这个人可以先喝 10 瓶汽水，然后产生 10 个空瓶。

然后用这 10 个空瓶换 3 瓶汽水，余下 1 个空瓶，这样这个人又可以喝 3 瓶汽水，这时有 4 个空瓶。

然后用这 4 个空瓶子换 1 瓶汽水，余下 1 个空瓶，这样这个人又可以喝 1 瓶汽水，最终有 2 个空瓶。

至此，这个人一共喝了 10+3+1=14 瓶汽水，同时还剩余 2 个空瓶。如果仔细想一想，此人还可以向老板借 1 个空瓶，然后用 3 个空瓶再换一瓶汽水，喝完后把空瓶还给老板，这样这个人最多可以喝 15 瓶汽水。

如何用程序来解决这个问题呢？如果有 n 个空瓶，那么一定可以换 $n/3$ 瓶汽水，也就是一定可以再喝到 $n/3$ 瓶汽水。再用 $n\%3$ 得到的值就是本次"空瓶换汽水"后不能换成汽水的空瓶数，我们可用一个变量 c 来记录这个空瓶数，在下一次用空瓶换汽水时，需要加上 c。

因为这里的规则是 3 个空瓶换 1 瓶汽水，所以最终只可能有剩余 1 个空瓶或 2 个空瓶的情况。当剩余 1 个空瓶时，我们无法通过向老板借 2 个空瓶的方法换汽水，所以无法再换汽水。而当剩余 2 个空瓶时，可以通过向老板借 1 个空瓶的方法换汽水，最终可以多喝 1 瓶汽水。

综上所述，本题可以通过下面的代码实现。

```java
public static int getBottlesNumber(int n) {
    int c;                          //c 用来记录剩余空瓶数
    int count = n;                  //用来统计已喝汽水的瓶数，初始值为 n
    while (n != 1 && n != 2) {
        c = n % 3;                  //剩余的空瓶数
        n = n / 3;                  //下一次可换的汽水瓶数
        count += n;                 //count 用来统计喝了多少瓶汽水
        n = n + c;                  //n 更新为当前的空瓶数（包括剩余的空瓶数）
    }
    if (n == 1) return count;
    return count + 1;
}
```

函数 getBottlesNumber(int n)的作用是得到最终可以喝到汽水的瓶数，参数 n 表示最开始的汽水瓶数。在该函数中，变量 c 用来记录每次空瓶换汽水后，剩余的空瓶数；变量 count 用来统计一共喝了多少瓶汽水，count 的初始值为 n，表示这个人最少可以喝到 n 瓶汽水。

在接下来的 while 循环中，每次都将 n%3 的结果赋值给变量 c，表示本次换汽水后剩余的空瓶数；再将 n/3 的结果赋值给 n，表示本次换到的汽水瓶数，然后将 n 累加到 count 中，用 count 来统计一共喝掉多少瓶汽水；最后将 n+c 的结果赋值给 n，表示下一次可以换汽水的空瓶数。这个 while 循环的结束条件是 n 等于 1 或者 n 等于 2，此时空瓶数小于 3，也就是无法再换汽水了。

在 while 循环结束后，变量 count 中保存的值即为当前已喝到的汽水的瓶数，接下来还要继续看剩余空瓶的数量（变量 n 的值）。如果此时 n 等于 2，则返回 count+1；如果 n 等于 1，则 count 值，即最终喝掉的汽水的瓶数，此时返回 count 即可。

下面给出本题的测试程序。

```java
public static void main(String[] args) {
    System.out.println(" He can drink " + getBottlesNumber(10)
                        + " bottles of soda");
    System.out.println(" He can drink " + getBottlesNumber(18)
                        + " bottles of soda");
}
```

在测试程序中分别计算了在最初有 10 瓶汽水和 18 瓶汽水的情况下，最终可以喝到多少瓶汽水。程序的运行结果如图 15-13 所示。

He can drink 15 bottles of soda
He can drink 27 bottles of soda

图 15-13　运行结果

本题完整的代码及测试程序可从"微信公众号@算法匠人→匠人作品→《算法大爆炸》全书源代码资源→15-6"中获取。

15.7　渔夫捕鱼问题

题目描述：

A、B、C、D、E 5 个渔夫夜间合伙捕鱼，凌晨时都疲倦不堪，各自在河边的树丛中找地方睡着了。待日上三竿，渔夫 A 第 1 个醒来，他将鱼分作 5 份，把多余的一条扔回河中，拿自己的一份回家去了。渔夫 B 第 2 个醒来，也将鱼分作 5 份，扔掉多余的一条，拿走自己的一份，接着 C、D、E 依次醒来，也都按同样的办法分鱼，问 5 个渔夫至少合伙捕了多少条鱼？

本题难度：★★

题目分析：

假设 5 位渔夫捕得的鱼的数量不够多，那么当某个渔夫醒来后，他会发现剩下的鱼不能分为 5 份。例如第 1 个渔夫醒来发现剩下的鱼为 6 条，于是他按照规则将其分为 5 份，并把多余的一条扔回河中，拿自己的一份回家。这样剩下的鱼为 4 条，当第 2 个渔夫醒来后，无法按照规则将鱼分成 5 份。

因此要保证鱼的数量足够 5 位渔夫按照规则分，就要保证第 5 个渔夫（E）醒来分鱼时，剩下的鱼至少为 6 条。按照分鱼的规则，此时剩下的鱼的数量的通式为 $5n+1$，$n \geq 1$，$n \in \mathbf{R}$。

第 5 位渔夫看到剩下的鱼有多少条才能满足题目的要求呢？这个问题似乎不是很容易回答。假设第 5 位渔夫醒来看到的鱼有 6 条，那么这位渔夫可以扔掉 1 条鱼，然后将剩下的 5 条鱼平均分为 5 份，自己拿走 1 条，这次分配看起来合情合理。但是如果以此为基础，反推第 4 位渔夫醒来看到的鱼的数量，就会发现问题。

设第 4 位渔夫醒来看到的鱼数为 x，那么一定有如下关系。

$$\frac{4}{5}(x-1)=6$$

这个方程的解为 $x=8.5$，这显然是不符合实际的，所以第 5 位渔夫醒来看到的鱼就不应该是 6 条。

假设第 n 位渔夫醒来看到的鱼的数量为 S_n，第 $n-1$ 位渔夫醒来看到的鱼的数量为 S_{n-1}，它们之间存在如下关系。

$$S_n = \frac{4}{5}(S_{n-1} - 1)$$

$$S_{n-1} = \frac{5}{4}S_n + 1$$

在解决此问题时，我们从第 5 位渔夫看到的鱼的数量入手，反推第 4 位渔夫、第 3 位渔夫，一直到第 1 位渔夫醒来看到的鱼的数量 S_1，S_1 就是 5 位渔夫总的捕鱼数量。在这个反推过程中，如果从 S_n 求取 S_{n-1} 时得到了非整数，那么就要调整 S_5，并以此为基础重新反推，直到 S_4、S_3、S_2、S_1 都是整数，此时的 S_1 即为所求。

基于上述分析，我们可以得到下面的算法。

```
public static int getFishCount() {
    int leftFish;
    double s;
    boolean flag = false;
    int i,n;
    for (n = 1; n < 10000; n++) {
        leftFish = 5*n+1;              //第 5 位渔夫醒来看到的鱼数，只能是 5n+1 条
        s = leftFish;                  //以假设 leftFish 为基础向上反推
        for (i=0; i<4; i++) {          //循环反推 S4、S3、S2、S1
            s = (5.0*s)/4.0+1.0;       //从 Sn 反推 Sn-1 的结果
                if (isInteger(s)) {
                    flag = true;        //如果 s 为整数，则 flag 标记为 true
                } else {
                    flag = false;       //一旦 s 不是整数，就将 flash 置为 false
                    break;              //跳出内层循环,调整 leftFish 重新反推
                }
        }
        if (flag) {
            return (int)s;             //返回最终结果
        }
    }
    return -1;         //返回错误标志
}
```

函数 getFishCount() 的作用是计算渔夫捕鱼的数量，并将其返回，如果无法得到答案则返回

–1。在函数中通过一个循环来试探得出第 5 位渔夫醒来看到的鱼的数量，然后通过它来反推第 4 位渔夫、第 3 位渔夫，一直到第 1 位渔夫看到的鱼的数量。如果这 4 个值中有一个不是整数，就说明最初假设的 S_5 是错误的，需要跳出内层循环重新试探。

下面给出本题的测试程序。

```java
public static void main(String[] args) {
    System.out.println("The fisherman fished at least " + getFishCount());
}
```

程序的运行结果如图 15-14 所示。

图 15-14　运行结果

本题完整的代码及测试程序可从"微信公众号@算法匠人→匠人作品→《算法大爆炸》全书源代码资源→15-7"中获取。

15.8　亲密数

题目描述：

如果 a 的所有正因子和等于 b，b 的所有正因子和等于 a，因子包括 1 但不包括其本身，且 a 不等于 b，则称 a、b 互为亲密数。编程找出 3000 以内整数的亲密数。

本题难度：★★

题目分析：

从亲密数的定义可知，只有在 x_i 的因子和等于 s_i，s_i 的因子和也等于 x_i 时，(x_i, s_i) 才是一对亲密数，所以如果 s_i 的因子和不等于 x_i，则 x_i 一定不存在亲密数。根据这个性质，我们可以设计出较为高效的算法寻找 3000 以内整数的亲密数。

从整数 1 开始顺序向后查找，每查找到一个整数 x_i，都计算它的因子和 s_i，如果 s_i 的因子和也等于 x_i，则将 (x_i, s_i) 输出；如果 s_i 的因子和不等于 x_i，则继续查找下一个整数 x_{i+1} 的亲密数。这样只需从 1 到 3000 遍历一遍整数集合，就可以找出 3000 以内所有整数的亲密数。遍历整数集合的时间复杂度为 $O(n)$，计算每一个整数的因子和的时间复杂度为 $O(n)$，所以算法整体的时间复杂度为 $O(n^2)$。

另外，亲密数对一定是唯一的，也就是说，如果 (x_i, s_i) 是一对亲密数，则一定不存在一个整数 s_j 与 s_i 互为亲密数。这个性质很好理解，假设 s_i 与 s_j 互为亲密数，同时 s_j 不等于 x_i，则 s_i 的

因子和必然等于 s_j，又因为 s_i 的因子和等于 x_i，所以 x_i 必然等于 s_j，这跟前面的假设产生了矛盾。

根据上述性质，我们还可以进一步优化查找亲密数的算法。设置一个 HashSet 容器用来保存 x_i 的亲密数 s_i，当找到 x_i 的亲密数 s_i 时，就将 s_i 保存到 HashSet 中。每当遍历到一个元素时，都要判断一下该元素是否已保存在 HashSet 中，如果 HashSet 中已存在该元素，则说明已找到它的亲密数，这样就不需要再计算它的因子和并查找它的亲密数了。通过这个方法可以进一步减少冗余计算。

下面给出本算法的代码实现。

```java
public static void printIntimacyNumber(n) {
    HashSet<Integer> set = new HashSet<Integer>();
    for (int i=1; i<=n; i++) {
        if (!set.contains(i)){ //当 set 中没有元素 s 时
            int s = getFactorSum(i);
            if (i == getFactorSum(s) && i != s) {
                set.add(s);     //如果 s 跟 i 互为亲密数，则将 s 加到 set 中
                System.out.println(i + " , " + s); //输出亲密数对(i,s)
            }
        }
    }
}
```

下面给出本题的测试程序。

```java
public static void main(String[] args) {
    System.out.println("Intimacy numbers within 3000");
    printIntimacyNumber(3000);
}
```

在测试程序中，调用函数 "printIntimacyNumber(3000);" 计算 3000 以内整数的亲密数，程序的运行结果如图 15-15 所示。

图 15-15　运行结果

本题完整的代码及测试程序可从 "微信公众号@算法匠人→匠人作品→《算法大爆炸》全书源代码资源→15-8" 中获取。

15.9　筛选出 100 以内的素数

题目描述：

编写一个程序，筛选出 100 以内的素数，要求算法的性能尽量高。

本题难度：★★

题目分析：

寻找 100 以内素数最简单直观的方法就是穷举法。我们可以遍历 100 以内的每一个正整数，然后根据素数的定义逐个进行判断，如果是素数，则收集起来；否则就跳过该数，继续判断下一个数。利用穷举法筛选出 10 以内的素数的过程如图 15-16 所示。

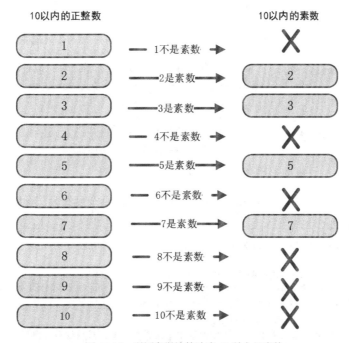

图 15-16　利用穷举法筛选出 10 以内的素数

穷举法虽然简单直观，但是效率很低，需要判断给定范围内的每一个正整数是否是素数，而素数在正整数中所占的比例很小，所以这种方法将大量的时间和运算都消耗在了判断素数，而不是寻找素数上。

这里介绍一种更为高效的寻找素数的方法——筛法。筛法是公元前 300 年左右由古希腊数学家埃拉托色尼（Eratosthenes）提出的，因此也叫作埃拉托色尼筛法（The Sieve of Eratosthenes）。

用筛法获取素数的基本思想是：将给定的正整数从小到大排列，选取里面最小的素数，将其倍数 "滤掉"，然后找到下一个素数，将其倍数 "滤掉"，以此类推，直到将给定范围的自然数中所有素数的倍数全部 "滤掉"，剩下的就是素数。这个过程就好像用一个筛子将给定范围内的正整数进行过滤，滤掉其中所有的合数，剩在筛子里的就是素数。图 15-17 所示为使用筛法获取 10 以内素数的过程。

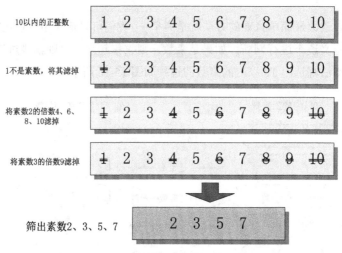

图 15-17　使用筛法获取 10 以内素数

利用筛法获取素数的效率比穷举法高很多。筛法的时间复杂度约为 $O(n\log n)$，而穷举法的时间复杂度要达到 $O(n^2)$。

下面给出利用筛法寻找指定范围内的素数的代码实现。

```java
public static void printPrime(int range) {
    HashSet<Integer> set = new HashSet<Integer>(); //set 中保存非素数
    set.add(1);        //1 不是素数，所以将 1 加到 set 中
    for (int i=1; i<=range; i++) {
        if (set.contains(i)) {  //如果 i 不是素数，则直接跳过本次循环
            continue;
        }
        System.out.print(i + " "); //i 是素数，将其输出
        for (int j=2; i*j<=range; j++) {
            set.add(i*j);                //将 i 的倍数加入 set 中，因为 i*j 不是素数
        }
    }
}
```

函数 printPrime(int range)的作用是输出 1~range 范围内的全部素数。首先定义了一个 HashSet 类型对象 set，用来存放 1~range 范围内的所有非素数，因为 1 不是素数，所以首先把 1 添加到 set 中。

然后进入一个 for 循环，遍历 1~range 中的每一个正整数。如果 i 可以被添加到 set 中，则说明 i 不是素数，此时通过 continue 语句直接跳出 for 循环即可；如果 i 没有被添加到 set 中，则说明 i 是素数，直接将其输出，然后将 i 的倍数添加到 set 中。这样容器 set 中就会保存下指定范围内被过滤掉的全部非素数，而不在 set 中的正整数就都是素数了。

在上述代码中，没有根据素数的定义判断一个正整数是否是素数，而是通过素数的倍数一定是非素数的特性将非素数筛选出来并保存到 HashSet 中，这就是筛法的精髓，也是筛法比穷举法更加高效的原因。

下面给出本题的测试程序。

```
public static void main(String[] args) {
    System.out.println("Prime numbers within 100");
    printPrime(100);  //寻找 100 以内的素数
}
```

在测试程序中，调用函数"printPrime(100);"寻找 100 以内的全部素数，程序的运行结果如图 15-18 所示。

图 15-18　运行结果

本题完整的代码及测试程序可从"微信公众号@算法匠人→匠人作品→《算法大爆炸》全书源代码资源→15-9"中获取。

15.10　寻找丑数

题目描述：

我们把只包含因子 2、3、5 的数称为丑数。例如 6、8 都是丑数，而 14 不是丑数，因为它包含因子 7。通常我们也把 1 当作丑数。编程找出 1500 以内的全部丑数。注意：使用的算法效率应尽量高。

本题难度：★★★

题目分析：

本题最直观的解法是穷举筛选法：遍历 1~1500 这 1500 个整数，判断每一个数是否是丑数，如果是则输出，否则跳过该数继续遍历下一个整数。

这个解法的关键是如何判断丑数。根据题目已知，丑数只包含因子 2、3、5，同时 1 也是丑数，因此可以把一个非 1 的丑数形式化地表示为

$$\text{UglyNumber} = 2 \times 2 \times 2 \times \cdots \times 2 \times 3 \times 3 \times 3 \times \cdots \times 3 \times 5 \times 5 \times 5 \times \cdots \times 5$$

不难看出，如果将该丑数循环除以 2，直到除不尽；再循环除以 3，直到除不尽；再循环除以 5，那么最终得到的结果一定为 1。如果按照此法得到的结果不为 1，则说明该数中除 2、3、5 外，还包含其他因子，所以该数不是丑数。上述判断丑数的方法可用下面这段代码描述。

```java
boolean isUglyNumber(int number) {
    while(number % 2 == 0) {
        number /= 2;
    }
    while(number % 3 == 0) {
        number /= 3;
    }
    while(number % 5 == 0) {
        number /= 5;
    }
    return number == 1;            //如果是丑数则返回 true，否则返回 false
}
```

接下来遍历 1~1500 这 1500 个整数，判断每个数是否是丑数，并将丑数输出。算法描述如下。

```java
int printUglyNumbers(int range) {
    int count = 0, i;
    for (i = 1; i <= range; i++) {
        if (isUglyNumber(i)) {
            count++;
            System.out.println(i + " ")
        }
    }
    return count;
}
```

函数 printUglyNumbers() 可将 1~limit 之间的丑数输出，并返回 1~limit 之间丑数的数量。如果要计算 1500 以内的全部丑数，只需将 1500 作为参数传递给函数 printUglyNumbers()。

这个方法的实现固然简单，但是题目中要求算法效率尽量高，而上述算法还有优化空间。因为通过穷举法在指定的范围内逐一判断每个数是否是丑数，无法避免对不是丑数的数字进行判断。实践证明，整数区间越向后移，丑数的数量越少，例如[1，100]包含 34 个丑数，而[8000，9000]仅包含 6 个丑数。所以采用穷举法搜索丑数，搜索范围越大，无用的计算越多。可以通过计算直接获取某一范围内的丑数，这种方法比穷举法更加高效。

由于丑数中只包含因子 2、3、5，所以任何除 1 外的丑数都能通过一个丑数乘以 2 或 3 或 5 获得，所以可以采用将已有的丑数乘以 2、3、5 得到新丑数的方法来计算某一范围内的丑数，这样每次计算得到的都是丑数，效率要比穷举法高很多。

我们可以将计算出来的丑数放入一个数组，那么下一个丑数一定是数组中已存在的某个丑数乘以 2 或 3 或 5 所得。这是该算法的核心思想，可用图 15-19 表示。

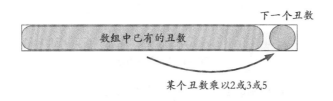

图 15-19　计算丑数的核心思想

问题来了：新的丑数要通过数组中已有的丑数获得，那么第 1 个丑数怎样获得呢？数组中已有的任何一个丑数乘以 2、3、5 都是丑数，要怎样获得下一个丑数才能保证数组中的丑数没有遗漏呢？

第 1 个问题很好解决，因为约定 1 是丑数，而 1 乘以 2、3、5 得到的也是丑数，所以数组中的第 1 个元素设置为 1 即可，以此为基础衍生出后续的丑数。

第 2 个问题则相对复杂一些。我们先看一个例子，看看这样计算丑数会不会有问题。

假设要计算[1,10]范围内的丑数，最初数组中只存放 1，数组为{1}；再用 1×2 得到第 2 个丑数 2，数组变为{1，2}；再用 2×2 得到第 3 个丑数 4，数组变为{1，2，4}；再用 4×2 得到第 4 个丑数 8，数组变为{1，2，4，8}；再用 2×5 得到第 5 个丑数 10，数组变为{1，2，4，8，10}。最终得到[1,10]范围内的丑数为{1，2，4，8，10}。

这种计算方法当然是有问题的，至少 3 和 5 没有算进去。出现这个错误的原因是我们计算下一个丑数的方法不对。那么怎样保证计算结果没有重复和遗漏呢？用一句话概括就是：保证计算出来的下一个丑数是顺序递增且增量最小的。我们仍以计算[1,10]范围内的丑数为例介绍这个方法，如图 15-20 所示。

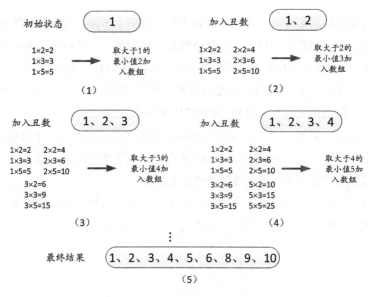

图 15-20 计算丑数的方法

通过上面的一系列计算，得到的丑数集合是不重不漏的。但是新的问题又出来了：怎样计算大于数组中最后丑数的所有丑数中最小的一个呢？如果像图 15-20 那样把数组中已有的丑数都计算一遍（分别乘以 2、3、5）再找出合适值，显然是存在冗余计算的。因为数组元素一定是顺序递增的，所以每次只要从上次计算的点向后继续计算即可，前面的元素没有必要重复计算。那么具体应该怎样做呢？

我们先给出算法的代码描述，再进行详细的讲解。

```java
public static int getNext(Integer loc2, Integer loc3,
                          Integer loc5, int array[], int index) {
    while (array[loc2]*2 <= array[index]) {
        loc2++;
    }
    while (array[loc3]*3 <= array[index]) {
        loc3++;
    }
    while (array[loc5]*5 <= array[index]) {
        loc5++;
    }
    if (array[loc2]*2 < array[loc3]*3) {
        return array[loc2]*2 < array[loc5]*5 ? array[loc2]*2 : array[loc5]*5;
    } else {
        return array[loc3]*3 < array[loc5]*5 ? array[loc3]*3 : array[loc5]*5;
```

```
      }
   }
```

函数 getNext()的作用是根据数组中已有的丑数获取下一个丑数，并将其返回。参数 array 为保存丑数的数组，index 为 array 数组中最后一个元素的下标，参数 loc2、loc3、loc5 分别为数组 array 中 3 个丑数元素的下标指针，通过这 3 个下标指针可以计算得到下一个丑数。

在 getNext()中，loc2 指向的元素只乘以 2，loc3 指向的元素只乘以 3，loc5 指向的元素只乘以 5。

```
while (array[loc2]*2 <= array[index]) {
   loc2++;
}
```

通过上面的 while 循环，最终 array[loc2]*2 会大于 array[index]，并且 array[loc2]是数组中已有元素乘以 2 且大于 array[index]的最小值。同理，array[loc3]是数组中已有元素乘以 3 且大于 array[index]的最小值，array[loc5]是数组中已有元素乘以 5 且大于 array[index]的最小值。

```
if (array[loc2]*2 < array[loc3]*3) {
   return array[loc2]*2 < array[loc5]*5 ? array[loc2]*2 : array[loc5]*5;
} else {
   return array[loc3]*3 < array[loc5]*5 ? array[loc3]*3 : array[loc5]*5
}
```

通过上面的条件判断，计算出 array[loc2]*2、array[loc3]*3 和 array[loc5]*5 中的最小值，该值就是我们求得的下一个丑数。

需要注意的是，loc2、loc3、loc5 都是引用类型对象，将在 getNext()中被修改，当计算下一个丑数时，只需要从 loc2、loc3 和 loc5 指向的数组元素开始，它们前面的数组元素乘以 2、3、5 都小于当前数组中最后一个丑数。

按照上面步骤逐个计算数组中的下一个丑数，每次得到的丑数都是从数组中已有丑数里衍生出来的丑数中的最小的一个。通过这种方式获得丑数的算法可描述如下。

```
public static int printUglyNumbers(int range) {
   int count = 1;
   int[] uglyNumberArray = new int[1000];
   Integer loc2 = 0, loc3 = 0, loc5 = 0;
   int m2, m3, m5, max;
   int index = 0;
   int i;

   uglyNumberArray[0] = 1;              //初始化数组，第 1 个赋值为 1
```

```
    max = getNext(loc2,loc3,loc5,uglyNumberArray,index); //计算下一个丑数

    while (max <= range) {            //循环计算下一个丑数，直到下一个丑数超出范围 range
        index++;                      //index 指向数组中最后一个元素
        uglyNumberArray[index] = max;   //将得到的丑数放入数组
        count++;                        //记录数组中元素的数量
        max = getNext(loc2,loc3,loc5,uglyNumberArray,index); //计算下一个丑数
    }=0; i<count; i++) {
        //打印数组中的全部元素
        System.out.print(String.format("%5d", uglyNumberArray[i]));
    }

    for (i
    return count;
}
```

函数 printUglyNumbers()可将 1~limit 的丑数输出，并返回该范围内丑数的数量。

下面给出本题的测试程序。

```
public static void main(String[] args) {
    System.out.println("Ugly number within 1500");
    printUglyNumbers(1500);
}
```

在测试程序中调用函数 printUglyNumbers(1500)寻找 1500 以内的丑数，程序的运行结果如图 15-21 所示。

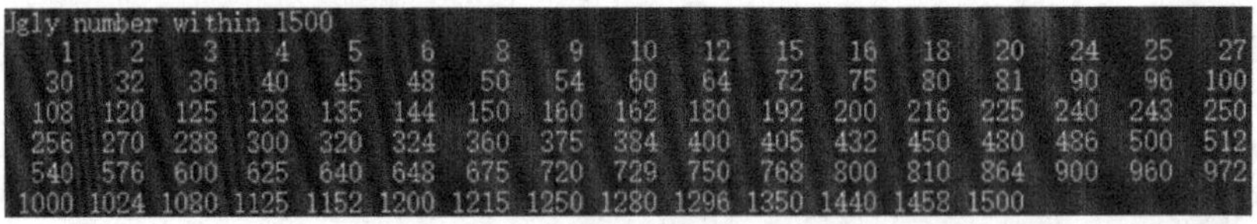

```
Ugly number within 1500
    1    2    3    4    5    6    8    9   10   12   15   16   18   20   24   25   27
   30   32   36   40   45   48   50   54   60   64   72   75   80   81   90   96  100
  108  120  125  128  135  144  150  160  162  180  192  200  216  225  240  243  250
  256  270  288  300  320  324  360  375  384  400  405  432  450  480  486  500  512
  540  576  600  625  640  648  675  720  729  750  768  800  810  864  900  960  972
 1000 1024 1080 1125 1152 1200 1215 1250 1280 1296 1350 1440 1458 1500
```

图 15-21 运行结果

本题完整的代码及测试程序可从“微信公众号@算法匠人→匠人作品→《算法大爆炸》全书源代码资源→15-10”中获取。

15.11 组成最小的数

题目描述：

把一个正整数数组里的所有数拼接起来构成一个数，打印出能拼接出来的最小的数。例如

整数数组为 {3, 32, 321}，打印出这三个数字组成的最小数字 321323。

本题难度： ★★★

题目分析：

本题最简单直观的解法就是将数组中的每个整数全排列后组成一些大数，然后比较它们的大小，从中找出最小的。以题目中的数组为例，{3, 32, 321} 可组成 332321、332132、323321、323213、321323、321332 这 6 个大数，其中最小的是 321323。

上述方法有两个缺点，一是时间复杂度较高。n 个数字全排列后有 $n!$ 种结果，计算量非常庞大。二是如果数组里面的元素较多，那么组成的大数将会非常大，可能超过基本数据类型的上限，这样处理起来也比较麻烦。所以最好不要使用上述方法。

我们可以借助排序的思想来解答本题。假设一个整型数组为 {2, 3, 1, 4}，那么将该数组中的元素从小到大排序后将构成数组 {1, 2, 3, 4}，显然按照这个顺序组成的大数 1234 是最小的。但是直接使用从小到大排序的方法能否完全解决此题呢？答案是否定的。就以题目中给出的数组为例，{3，32，321} 从小到大排序后组成的大数为 332321，这个数显然不是最小的。

其实只要对比较大小的规则稍加改造就能解决这个问题。我们知道要想使得数组元素组成的大数最小，一定要遵循高位的数字尽量小的原则。所以我们在比较数组中两个元素的大小时只需保证两个数拼接出来的数字最小，这样当整个数组元素按值有序时，整体拼接出来的大数就一定是最小的，请看下面这个例子。

原数组为 {12, 1009, 21}，如果按照数值从小到大排列，则组成的大数为 12211009，这个数显然不是最小的。所以我们按照保证两个数拼接出来的数字最小这个规则对该数组重新排序。为了更加简捷，我们用符号 "≮" 表示小于关系，a≮b 的含义是 a 和 b 拼接在一起的数字 ab 小于 b 和 a 拼接在一起的数字 ba。

首先比较 12 和 1009，因为 121009 大于 100912，所以 1009≮12，交换 12 和 1009 的位置，数组变为 {1009, 12, 21}。

再来比较 12 和 21，因为 1221 小于 2112，所以 12≮21，12 和 21 在数组中的位置不变。至此数组已经按值有序，排序后的数组变为 {1009, 12, 21}，组成的大数 10091221 是最小的。

下面给出该算法的代码实现。

```java
public static void printSmallestNumber(int[] array) {
    int[] tmpArray = new int[array.length];
    System.arraycopy(array,0,tmpArray,0,array.length);
    int i, j, tmp, flag = 1;
    for(i=0; i<tmpArray.length-1 && flag==1; i++) {
        flag = 0;    //flag 初始化为 0
```

```
        for(j=0; j<tmpArray.length-i-1; j++) {
            if(compare(tmpArray[j],tmpArray[j+1])>0) {
                //数据交换，将较大的数向后换实现从小到大排序
                tmp = tmpArray[j+1];
                tmpArray[j+1] = tmpArray[j];
                tmpArray[j] = tmp;
                flag = 1;          //发生数据交换，标志 flag 置为 1
            }
        }
    }
    //将排序后的 tmpArray 的内容拼接在一起输出
    for (i = 0; i<tmpArray.length; i++) {
        System.out.print(tmpArray[i]);
    }
}

private static int compare(int a, int b) {
    String sa = String.valueOf(a);
    String sb = String.valueOf(b);
    if (Integer.parseInt(sa+sb)>Integer.parseInt(sb+sa)) {
        return 1;
    } else {
        return -1;
    }
}
```

上述代码中函数 printSmallestNumber(int[] array)的作用是按照两个数拼接出来的数字最小的规则对数组 array 进行从小到大的排序，然后将数组中全部元素拼接在一起输出。其中调用的函数 compare()实现对参数 a 和 b 的比较，如果 a≪b 则返回 1；如果 b≪a 则返回-1。

下面给出本题的测试程序。

```
public static void main(String[] args) {
    int[] array = {3000,32,321,2999,2000};
    printSmallestNumber(array);
}
```

在测试程序中，初始化了一个数组 {3000, 32, 321, 2999, 2000}，然后调用 printSmallestNumber()函数对其进行排序，并将排序后的数组元素拼接起来组成这个大数并输出到屏幕上。程序的运行结果如图 15-22 所示。

2000299930003 2132

图 15-22　运行结果

本题完整的代码及测试程序可从"微信公众号@算法匠人→匠人作品→《算法大爆炸》全书源代码资源→15-11"中获取。

15.12　数字翻译器

题目描述：

编写一个程序，将阿拉伯数字翻译成中文形式，例如，1011→一千零一十一。要求：输入的阿拉伯数字小于 100000000（1 亿）。

本题难度：★★★

题目分析：

要想解决本题，首先要了解在中文中如何表达数字。我们知道中国传统的计数法是由数字和单位两部分组成的，数字从小到大包括零、一、二、三、四、五、六、七、八、九；单位则包括个、十、百、千、万、十万、百万、千万等。任何数字都可以表示为相应位上的数字加上对应的单位的形式，我们来看图 15-23 中的例子。

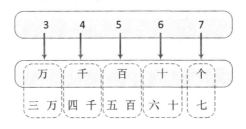

图 15-23　中文数字表示

图 15-23 所示为数字 34567 的中文数字表示。正如前面所讲的，它可以表示为相应位上的数字加上对应的单位的形式。这里万位上的数字为 3，所以读作三万；千位上的数字为 4，所以读作四千；百位上的数字为 5，所以读作五百；十位上的数字为 6，所以读作六十，个位上的数字为 7，但是这里比较特殊，不读作七个，而读作七。所以 34567 的中文表示就是三万四千五百六十七。

但是这个规则显然存在很多漏洞。因为一旦数字超过万这个量级，中文表述就会发生变化。例如 234567 这个数字，按照上述规则最高位是十万位，所以这个数字应当表示为二十万三万四千五百六十七，但是我们通常将该数读作二十三万四千五百六十七，也就是说万这个单位我们只用一次（这里限定在一亿以内的数字表示）。

那么是不是只要把上述表达中多余的万字去掉就正确了呢？答案是否定的。例如对于

230456 这个数字，按照上述规则应表示为二十三万零千四百五十六，但是我们通常将该数读作二十三万零四百五十六。也就是说零这个数字后面的单位要忽略掉。

以上规则是否完备了呢？还没有！我们再来看一个例子。例如对于数字 2300450，按照上述规则，应表示为二百三十万零零四百五十零，而我们通常将该数读作二百三十万零四百五十，也就是说当一串中文表示中有多个连续的零时，只取一个，同时中文表示中最后的零要去掉。

通过以上几步的细化，数字中文表达的规则才算比较完备了。上述算法的 Java 代码描述如下。

```java
public static String translate(int amount) {
    char[] number = {'零','一','二','三','四','五','六','七','八','九'};
    String[] unit = {"千万","百万","十万","万","千","百","十"};
    String amountStr = String.valueOf(amount);
    int len = amountStr.length();
    StringBuffer rawStr = new StringBuffer();
    int i = 0;
    while(len>=2) {
        rawStr.append(number[amountStr.charAt(i)-'0']);
        if (amountStr.charAt(i) != '0') { //只有数字不为 0 时才加上位数单位
            rawStr.append(unit[7-len+1]);
        }
        i++;
        len--;
    }
    rawStr.append(number[amountStr.charAt(i)-'0']);
    String result = filterNumber(rawStr.toString());
    return result;
}

private static String filterNumber(String src) {
    StringBuffer res = new StringBuffer();
    //过滤掉中文表示中连续重复的零
    for (int i=0,j=0; i<src.length(); i++,j++) {
        res.append(src.charAt(i));
        if (i!=0 && src.charAt(i-1) == '零' && src.charAt(i) == '零') {
            res.deleteCharAt(j);
            j--;
        }
    }
    //如果中文表示末尾有零则删除
    if (res.charAt(res.length()-1) == '零'){
```

```
        res = res.deleteCharAt(res.length()-1);
    }
    boolean flag = false;
    //只保留一个万字
    for (int i=res.length()-1; i>0; i--) {
        if (res.charAt(i) == '万' && flag == false) {
            flag = true;
        }else if (res.charAt(i) == '万' && flag == true) {
            res.deleteCharAt(i);
        }
    }
    return res.toString();
}
```

上述代码可将 1 亿以内的整数（不包含 1 亿）转换为中文表示。大于 1 亿的数字转换算法与上述算法大同小异，读者可以参照上述代码自己实现。

代码中函数 String translate(int amount)的作用是将参数 amount 指定的整数转换为对应的中文表示，并将该中文表示的字符串返回。该函数通过一个 while 循环将参数 amount 的每一位分离出来，再在数组 number 中找到对应的中文表示，在数组 unit 中找到对应的单位。然后将最原始的翻译后的中文字符串保存在 rawStr 中。需要注意的是，这里做了一步处理，就是当分离出来的数字为 0 时，不将对应的单位存放到 rawStr 中。

原始的中文表示字符串 rawStr 并非最终的答案，因为它里面可能包含多余的 "零" 和多余的 "万"。所以接下来还要调用函数 String filterNumber(String src)将 rawStr 中多余的字符过滤掉，并返回最终的中文表示字符串。

下面给出本题的测试程序。

```
public static void main(String[] args) {
    Scanner input = new Scanner(System.in);
    System.out.println("请输入一个整数: ");
    int amount = input.nextInt();
        System.out.print(translate(amount));
}
```

上述代码通过 Scanner 类的 input 对象从终端接收一个整数，然后调用 translate()函数将该整数转换为中文表示，并将转换后的结果输出。程序的运行结果如图 15-24 所示。

图 15-24　运行结果

本题完整的代码及测试程序可从"微信公众号@算法匠人→匠人作品→《算法大爆炸》全书源代码资源→15-12"中获取。

15.13　计算 π 值

题目描述：

编程计算 π 的近似值。

本题难度：★★★

题目分析：

计算 π 值的方法有很多，这里为大家介绍两种常用的。

方法 1：多边形近似法

多边形近似法计算 π 值的核心思想是极限。假设有一个直径 d 为 1 的圆，只要求出该圆的周长 C，就可以通过公式 $\pi=C/d$ 计算出 π 的值，所以问题的关键是求出该圆的周长 C。这里采用多边形近似法计算圆的周长。

多边形近似法计算圆的周长源自我国古代的"割圆术"，其核心思想是：一个圆的内接正多边形边数越多，其周长就越接近于外接圆的周长。如图 15-25 所示，图(b)中的内接正八边形的周长相较于图(a)中的内接正四边形的周长更接近于外接圆的周长。不难想象，随着内接正多边形的边数不断增加，其周长也会越来越接近外接圆的周长。我们就是用这个正多边形的周长近似圆的周长。

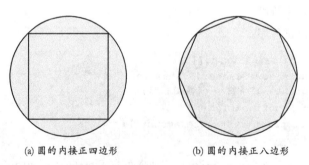

(a) 圆的内接正四边形　　　　　　　(b) 圆的内接正八边形

图 15-25　圆的内接正四边形和内接正八边形

有这样的迭代关系：假设单位圆（直径为 1 的圆）的内接正多边形的边长为 b，边数为 i，则该正多边形的周长为 $C=ib$。该多边形的边数加倍后，新多边形的边长如下。

$$b'=\frac{1}{2}\sqrt{2-2\sqrt{1-b^2}}$$

这样新多边形的周长就变为 $C=2ib'$。

如果最初单位圆的内接正多边形为正四边形，则 $b=\dfrac{\sqrt{2}}{2}$，$i=4$，以此作为初始状态，可求出正八边形的边长如下。

$$b = \frac{1}{2}\sqrt{2 - 2\sqrt{1 - \left(\frac{\sqrt{2}}{2}\right)^2}}$$

以此类推，可求出单位圆中内接正多边形的边长，再乘以对应的边数 i 就可得到正多边形的周长 C。因为都是在单位圆中计算的（直径 $d=1$），所以周长 C 就是 π 的近似值。表 15-1 为随着圆内接正多边形边数的增加，其边长 b 和周长 C 的变化。可以看到，随着边数 i 的不断增加，周长 C 的值越来越接近 π。

表 15-1　随着圆内接正多边形边数的增加，其边长 b 和周长 C 的变化

正多边形的边数	边长 b	周长 C
8	0.38268343236508984	3.0614674589207187
16	0.1950903220161283	3.121445152258053
32	0.09801714032956065	3.1365484905459406
64	0.0490676743274178	3.140331156954739
128	0.024541228522912163	3.141277250932757

下面给出利用多边形法计算 π 的近似值的代码实现。

```
public static double getPi(int n) {
    int i = 4;                   //初始的边数
    double b = Math.sqrt(2)/2;   //初始的四边形边长
    double c = 0;
    for (int j=1; j<n; j++) {    //循环 n-1 次，计算多边形的边长 b 和边数 i
        i = i * 2;
        b = Math.sqrt(2-2*Math.sqrt(1-b*b)) * 0.5;
    }
    c = i * b;   //计算多边形的周长 c
    return c;
}
```

函数 getPi(int n)的作用是利用多边形近似法计算 π 值，其中参数 n 表示要循环迭代的次数。该函数相当于用 $2^{(n+1)}$ 边形的周长近似代替 π 值。

大爆炸

2：概率算法

概率算法是利用概率论的思想解决实际问题的一类算法。利用概率算法计算 π 值的核心思想是在一个边长为 r 的正方形中，以一个顶点为圆心，以 r 为半径做一个 1/4 圆，然后随机向正方形中投点，其中落入该 1/4 圆中的点的概率的 4 倍就是 π 的近似值，如图 15-26 所示。

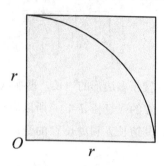

图 15-26　边长为 r 的正方形和半径为 r 的 1/4 圆

根据概率论的知识，随机点落入半径为 r 的 1/4 圆中的概率为"半径为 r 的 1/4 圆的面积"与"边长为 r 的正方形面积"的比值，即 $\pi r^2/4 : r^2$，结果为 π/4，因此这个概率的 4 倍就是 π 的近似值。

应用概率算法计算 π 的近似值的代码实现如下。

```
public static double getPi2(int accurate) {
    double x, y;
    int count = accurate;
    int inCirclePoints = 0;
    while (count>0) {   //随机投点 accurate 次
        Random r = new Random();
        x = r.nextDouble();
        y = r.nextDouble();
        if (x*x+y*y<1) {
            inCirclePoints ++ ;   //用变量 isCirclePoints 统计落在 1/4 圆内的点数
        }
        count--;
    }
    return 4.0 * inCirclePoints/accurate ;
}
```

函数 getPi2(int accurate) 的作用是获取 π 的近似值，参数 accurate 的作用是控制投点的数量，理论上 accurate 的值越大，投点数量越多，得到的 π 值越精准。

在函数内部，使用 Random 类的 nextDouble() 函数可生成两个范围在 (0.0,1.0) 之间的随机数

x 和 y，将 (x, y) 作为一个随机点的坐标。这样点 (x, y) 必将落在边长为 1 的正方形中。而那些 $x^2+y^2<1$ 的点 (x, y) 就是落在 1/4 圆中的点，如图 15-27 所示。

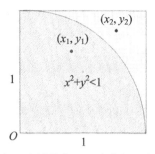

图 15-27　落在 1/4 圆中的点 (x_1, y_1) 和落在 1/4 圆外的点 (x_2, y_2)

通过一个 while 循环语句循环 accurate 次，就可在边长为 1 的正方形中投入 accurate 个随机点，再用变量 inCirclePoints 统计落在 1/4 圆内的点数，两者比值的 4 倍（4.0×inCirclePoints/accurate）就是 π 的近似值。

下面给出本题的测试程序。

```
public static void main(String[] args) {
    System.out.println("The approximation value of PI is " + getPi(10));
    System.out.println("The approximation value of PI is "
                        + getPi2(5000000));
}
```

在测试程序中，首先调用函数 getPi(10) 计算 π 的近似值，这里传入的参数为 10，表示用 $2^{11}=2048$ 边形的周长来近似代替 π 值。然后调用 getPi2(5000000) 利用概率算法计算 π 的近似值，这里传入的参数为 5000000，表示向边长为 1 的正方形中投点 5000000 个。测试程序的运行结果如图 15-28 所示。

图 15-28　运行结果

需要特别提醒大家的是，概率算法具有随机性，理论上投点数目越多计算结果越精准，但是在实践中，我们可能发现计算结果的精准度不一定随着投点数目的增加而提高。

本题完整的代码及测试程序可从"微信公众号@算法匠人→匠人作品→《算法大爆炸》全书源代码资源→15-13"中获取。